高等职业教育“新资源、新智造”系列精品教材

变频器应用与实训
教、学、做一体化教程
（第2版）

李冬冬　许连阁　马宏骞　主　编
崔立功　关长伟　谢海洋　副主编

電子工業出版社
Publishing House of Electronics Industry
北京·BEIJING

内 容 简 介

本书以变频器应用为主线，采用任务教学形式编写。全书以三菱 FR-A740 系列变频器为目标机型，介绍了变频器的结构、工作原理和应用。在开关量控制中，重点介绍以 PU 和端子为主要操作形式的控制方法；在模拟量控制中，重点介绍三菱 FX 系列 PLC 模拟量模块的应用、读/写指令及模拟量控制程序的编制；在 PLC RS-485 通信控制中，重点介绍三菱 FX_{3G}-485-BD 通信板的使用、变频器通信专用指令及通信控制程序的编制。

本书主要内容包括变频器认识训练、变频器拆装操作训练、变频器基础操作训练、变频器的测量操作训练、功能参数预置操作训练、外部端子控制变频器运行操作训练、PLC 模拟量控制变频器运行操作训练、PLC RS-485 通信控制变频器运行操作训练和 PLC 网络控制变频器运行操作训练。

本书突出了工程实用性，力求降低教材内容的难度，做到通俗易懂、图文并茂、内容翔实。本书既可作为高职院校自动化类专业的教学用书，又可供相关专业工程技术人员参考使用。

图书在版编目（CIP）数据

变频器应用与实训教、学、做一体化教程/李冬冬，许连阁，马宏骞主编. —2 版. —北京：电子工业出版社，2021. 5

ISBN 978-7-121-37779-2

Ⅰ. ①变… Ⅱ. ①李… ②许… ③马… Ⅲ. ①变频器-高等职业教育-教材 Ⅳ. ①TN773

中国版本图书馆 CIP 数据核字（2019）第 240659 号

责任编辑：王昭松　　　特约编辑：田学清
印　　刷：三河市华成印务有限公司
装　　订：三河市华成印务有限公司
出版发行：电子工业出版社
　　　　　北京市海淀区万寿路 173 信箱　　邮编：100036
开　　本：787×1 092　1/16　　印张：12. 75　　字数：343 千字
版　　次：2016 年 1 月第 1 版
　　　　　2021 年 5 月第 2 版
印　　次：2025 年 2 月第 14 次印刷
定　　价：46. 00 元

凡所购买电子工业出版社图书有缺损问题，请向购买书店调换。若书店售缺，请与本社发行部联系，联系及邮购电话：（010）88254888，88258888。

质量投诉请发邮件至 zlts@ phei. com. cn，盗版侵权举报请发邮件至 dbqq@ phei. com. cn。

本书咨询联系方式：wangzs@ phei. com. cn，QQ83169290，（010）88254015。

前　　言

育人的根本在于立德。本书全面贯彻党的教育方针，落实立德树人根本任务，培养德智体美劳全面发展的社会主义建设者和接班人。

电气传动控制技术是以生产机械的驱动装置——电动机为控制对象的，它以微电子装置为核心、以电力电子装置为执行机构，在自动控制理论、信息传输理论的指导下组成了电气传动控制系统。电气传动控制系统控制电动机的转速按给定的规律进行自动调节，使之既能满足生产工艺的最佳要求，又能取得提高效率、减少能耗、提高产品质量、降低劳动强度的最佳效果。电气传动控制技术广泛应用于国防、能源、交通、冶金、煤炭、化工、港口等领域。纵观各国近代工业发展史，放眼现代工业发展的新潮流，人们越来越认识到电气传动控制技术是现代化国家的一个重要技术基础。从20世纪80年代末开始，电气传动控制领域进行了一场重要的技术变革——使原来只用于恒速传动的交流电动机实现了速度控制，而引发这一技术变革的导火索就是变频器。因而，变频器及其控制技术成为高职院校自动化类专业学生和负责生产现场维护的电气人员必须掌握的知识与技术。

目前，面向高职院校学生的变频器教材虽然很多，但大多是针对变频器工作原理和开关量控制编写的，在内容上，很少涉及模拟量控制和网络通信控制两方面的知识，不能使学生了解主流电气传动控制技术和控制方法；在形式上，没有体现“教、学、做”一体化教学理念，不能切实提高学生的实践能力。本书以变频器应用为切入点，专门对三菱FR-A740机型做了全面的解读，不仅可以使学生学习到一些基础的理论知识和基本操作，还能使学生熟悉和掌握变频器的“精细化、数字化、网络化”控制方法。

本书按照高职人才培养要求编写，注重理论联系实际，内容由浅入深、循序渐进、通俗易懂，有助于学生在较短的时间内掌握变频器的基本理论，并具备一定的动手实践能力。全书共包括9个任务，分别是变频器认识训练（任务1）、变频器拆装操作训练（任务2）、变频器基础操作训练（任务3）、变频器的测量操作训练（任务4）、功能参数预置操作训练（任务5）、外部端子控制变频器运行操作训练（任务6）、PLC模拟量控制变频器运行操作训练（任务7）、PLC RS-485通信控制变频器运行操作训练（任务8）、PLC网络控制变频器运行操作训练（任务9）。这9个任务的教学内容是相互独立的，各高职院校可以根据自己的实训条件和学习情况选取其中某些任务来组织教学。

本书在内容取材及安排上具有以下特点。

(1) 以变频器的基本结构、外部接口、控制方法及实际应用等作为任务教学的主体，注重每个任务的分析与应用，强化学生的工程意识，既能让学生懂得变频器的工作原理，又能培养学生解决实际问题的能力。

(2) 每个任务的开篇均提出了知识目标与技能目标；正文中的【课堂讨论】、【工程经验】、【小知识】及【注意】等大多针对工程中实际遇到的问题，具有很高的工程实用性。

(3) 每个任务都以“实际、实用、实践”为原则，从职业素质、专业素质及解答工程实际问题三方面培养学生的工程素质。

(4) 文字表述简洁，并附有大量图片，便于加强学生对变频器的直观认识和对变频控制技术的深入了解。

通过本课程的学习，可以使学生掌握变频控制技术方面的必备知识，具备从事变频器的安装、维修、维护等工作的基本技能。

本书由辽宁机电职业技术学院的李冬冬、许连阁、马宏骞任主编，由滨州职业学院的崔立功、辽宁机电职业技术学院的关长伟和谢海洋任副主编。其中，李冬冬编写任务1和任务2；崔立功编写任务3；谢海洋编写任务4；迟颖编写任务5；马宏骞编写任务6和附录A；关长伟编写任务7；许连阁编写任务8；苏安辉编写任务9。

由于编者水平有限，书中不妥之处在所难免，敬请兄弟院校的师生及其他读者给予批评和指正。请您把对本书的建议和意见告诉我们，以便修订时改进。所有意见和建议请寄往 E-mail：zkx2533420@163.com。

编　者

目　　录

任务1　变频器认识训练

【任务要求】

以认识变频器为训练任务，通过对变频器外部结构和铭牌的学习，使学生熟悉变频器，掌握其铭牌信息及主要参数。

1. 知识目标

（1）熟悉变频器的外部结构、防护形式及散热方式。

（2）熟悉变频器的操作单元、显示内容及键盘设置。

（3）掌握变频器的铭牌信息、型号标识及主要参数。

2. 技能目标

（1）能准确识别变频器的铭牌及型号。

（2）能正确读取变频器的主要参数。

【知识储备】

电力传动诞生于19世纪，距今已有100多年的历史，现已成为动力机械传动的主要方式。一直以来，在不变速传动系统或调速性能要求不高的场合采用的都是交流电动机，而在调速性能要求较高的系统中则主要采用直流电动机。从20世纪80年代末开始，随着电力电子器件及信息控制技术的发展，电气传动控制领域进行了一场重要的技术变革，而引发这一技术变革的导火索就是变频器。

变频器又称变频调速器，它是一种电能控制装置。变频器利用功率型半导体器件的通断作用，将固定频率的交流电转换为可变频率的交流电。在电气传动控制领域，变频器的作用非常重要，应用也十分广泛。目前，从一般要求的小范围调速传动到高精度、快响应、大范围的调速传动，从单机传动到多机协调运转，几乎都可以采用变频控制技术。变频器可以改变电动机的运行频率，实现电动机的变速运行，从而达到节电的目的；可以在零频率、零电压下逐步启动，减少对电网的冲击，不会产生峰谷差值过大的问题；可以按照用户的需要进行平滑加速；可以控制电气设备的启/停，使整个控制操作更加方便可靠，寿命也会相应延长；可以优化生产工艺过程，并能根据工艺过程迅速改变，通过PLC或其他控制器实现远程速度控制。

【学习经验】

对于初学者来讲，如何学好变频器是一个令人头疼的问题。学习中除了要掌握一定的基础知识，还要有理论学习后的实践操作。在理论方面，要多看变频器方面的书籍，了解变频器的工作原理、参数含义及控制方式，要知道《使用手册》的大概内容。在实践操作方面，要多了解与变频器相关的资讯，多参与变频器项目，结合实际的一些特殊要求多动手操作，并注重现场经验的积累。在有条件的情况下，还可以去参加一些变频器、PLC培训机构组织的学习，通过有针对性的培训，使自己的综合实践能力在短期内得到快速提升。另外，上网浏览或直接参与工控方面的论坛也是快速成手的一个好途径。

变频器的内部结构相当复杂，除了由整流、滤波、逆变组成的主电路，还有以微处理器为核心的运算、检测、保护、隔离等控制电路。但对大多数用户来说，他们只是把变频器作为一种电气设备的整体来使用，因此，可以不必探究其内部电路的深奥原理，但对变频器有个基本了解还是必要的。

本书以三菱 FR-A740-0.75K-CHT 变频器为例，详细介绍了三菱 FR-A740 系列变频器的使用方法及相关操作，并结合电气传动控制技术的发展，重点讲解了 PLC 模拟量控制、PLC RS-485 通信控制和 CC-Link 总线控制等主流控制方法。

1. 变频器的结构

三菱 FR-A740 系列变频器的结构基本相同，其整体外形为半封闭式，从外观上看，它主要由操作单元、护盖、器身和底座组成，如图 1.1 所示，其拆分结构如图 1.2 所示。

图 1.1 三菱 FR-A740 系列变频器的结构

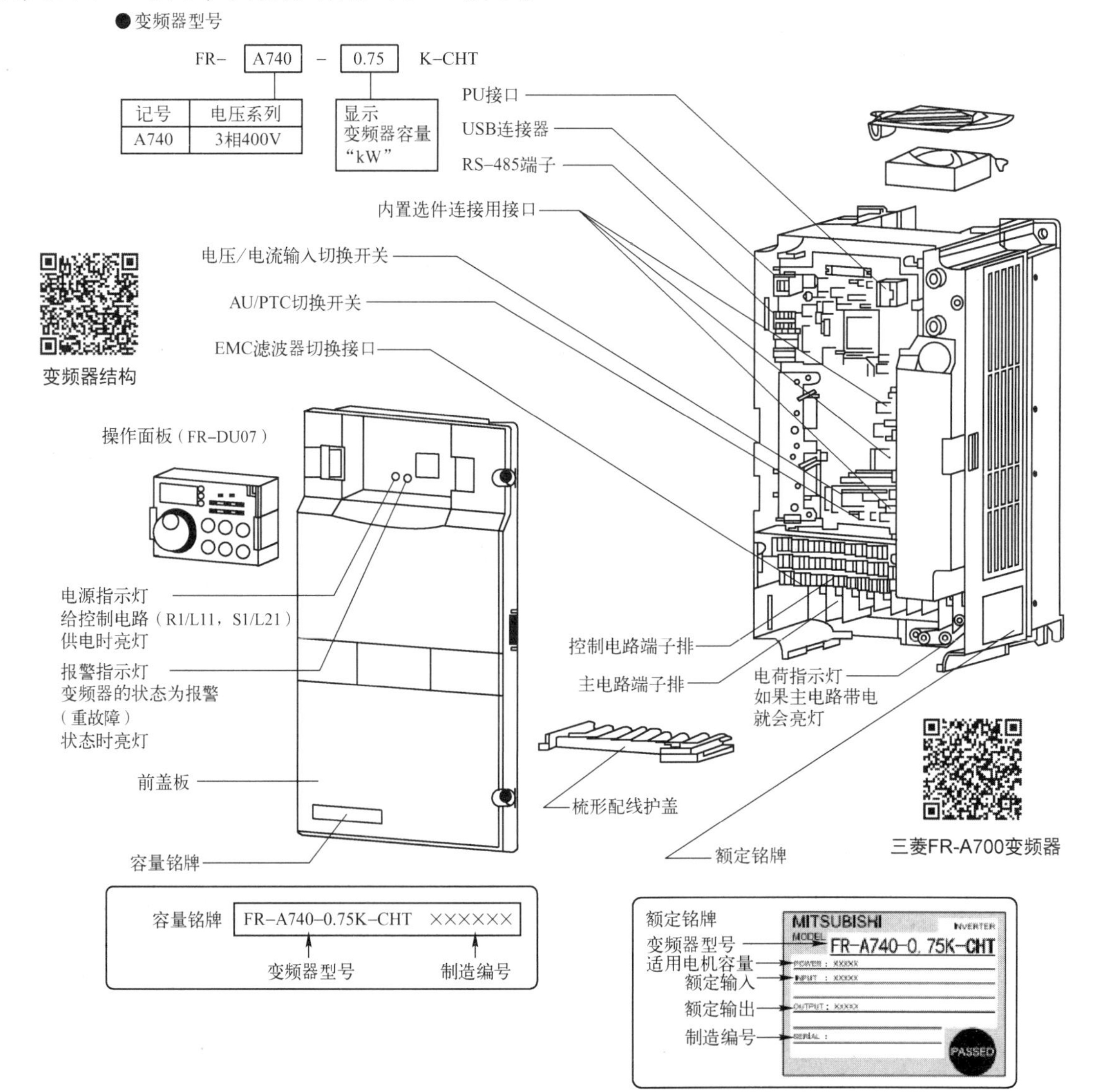

图 1.2 三菱 FR-A740 系列变频器的拆分结构

在变频器的底座上，有 4 个定位安装孔，用 4 个螺钉就可以将变频器固定在控制箱上，如图 1.3 所示。

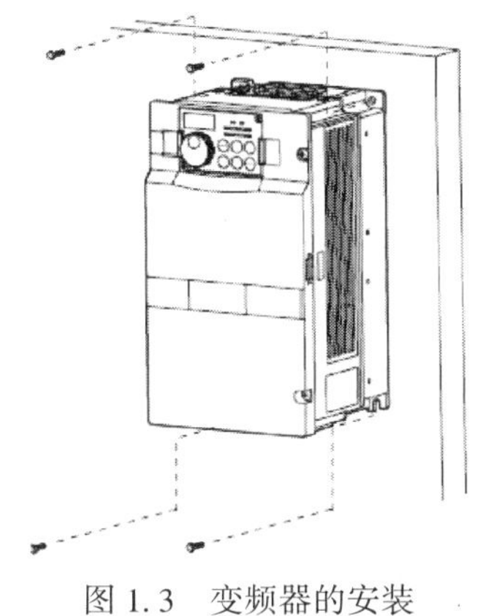

变频器的安装

图 1.3　变频器的安装

2. 变频器的操作单元

变频器的操作单元因品牌不同而千差万别，但它们的基本功能是相同的。三菱 FR-A740 系列变频器的操作单元（简称 PU）如图 1.4 所示，分为数据显示区、状态指示区和操作按键区，各区域的功能如图 1.5 所示。

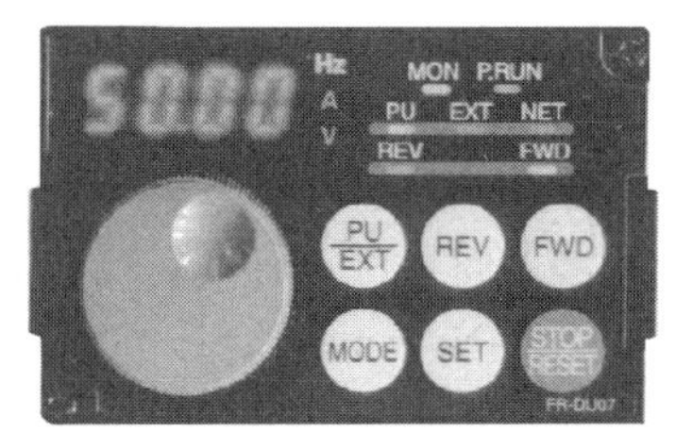

（a）正面

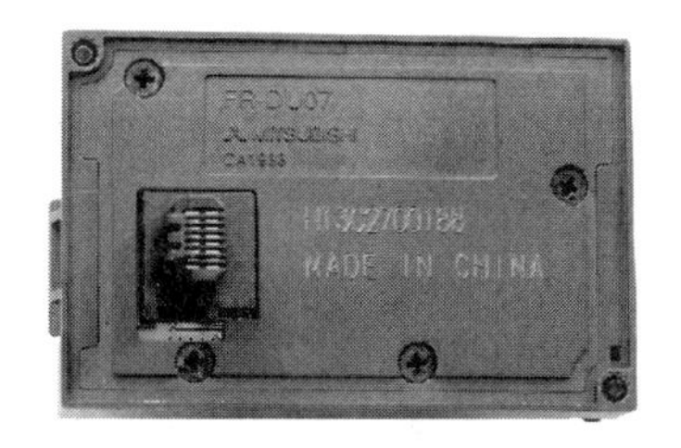

（b）反面

图 1.4　三菱 FR-A740 系列变频器的操作单元

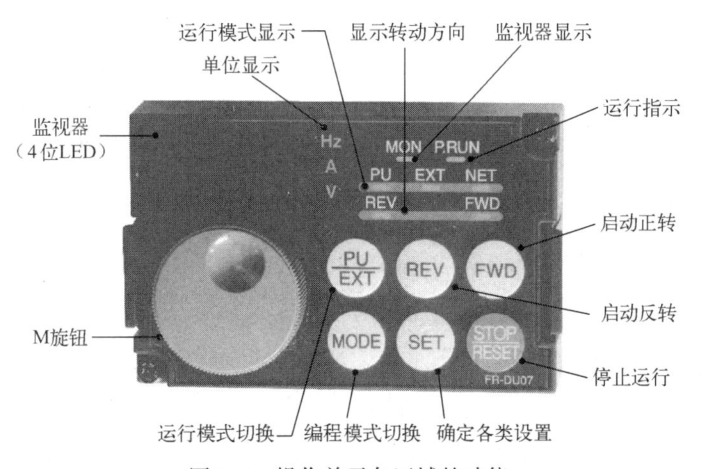

变频器的操作单元

图 1.5　操作单元各区域的功能

（1）数据显示区。

FR-A740 系列变频器操作单元有一个由 4 只 8 段数码管构成的显示器，它可以显示功能参数（如参数编号、设定值）、工作状态数据（如频率、电压、电流）、DI/DO 信号状态（如 UP、DOWN）、报警（如参数写入错误、输入缺相、通信异常）等内容。显示器旁边的 Hz、A、V 指示灯用于显示当前值的单位。

（2）状态指示区。

FR-A740 系列变频器操作单元的状态指示区有 7 个状态指示灯，用于变频器工作状态的指示。指示灯的具体作用如下。

MON：状态监控，如果该指示灯亮，则表示变频器选择了状态监控操作。

P. RUN：运行指示，如果该指示灯亮，则表示变频器正在运行中。

PU：操作单元操作（PU 模式）指示，如果该指示灯亮，则表示 PU 操作有效。

EXT：外部操作（EXT 模式）指示，如果该指示灯亮，则表示 EXT 操作有效。

NET：网络操作（NET 模式）指示，如果该指示灯亮，则表示 NET 操作有效。

FWD：正转指示，如果该指示灯亮，则表示变频器正转输出。

REV：反转指示，如果该指示灯亮，则表示变频器反转输出。

（3）操作按键区。

FR-A740 系列变频器的操作单元布置有 6 个按键和 1 个手轮式旋钮（又称 M 旋钮），M 旋钮用于实现数据额的增减，其他操作按键的含义如下。

【PU/EXT】：操作转换键，用于切换变频器的 PU/EXT 工作模式。

【FWD】【REV】：方向键，在 PU 模式下，该键用于改变变频器的输出方向。

【MODE】：编程模式键，用于切换操作单元的参数显示/编程模式。

【SET】：设置键，用于查看和设定变频器的参数值。

【STOP/RESET】：停止/复位键，用于停止变频器运行或复位变频器。

【小知识】

三菱 FR-A740 系列变频器的操作面板是可拆卸的，在使用参数单元连接电缆将其与变频器相连后，可以将操作面板安装在电气柜的表面，使现场操作性更好，如图 1.6 所示。

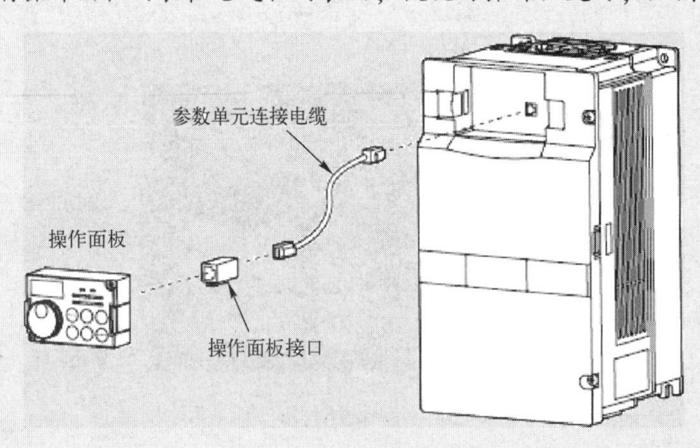

图 1.6　操作面板与变频器的远距离连接

3. 变频器的铭牌

铭牌是选择和使用变频器的重要依据与参考，其内容一般包括厂商的产品系列、序号或标识码、基本参数、电压级别和标准可适配电动机容量等。FR-A740-0.75K-CHT 变频器铭牌的位置和相关内容如图 1.7 所示。

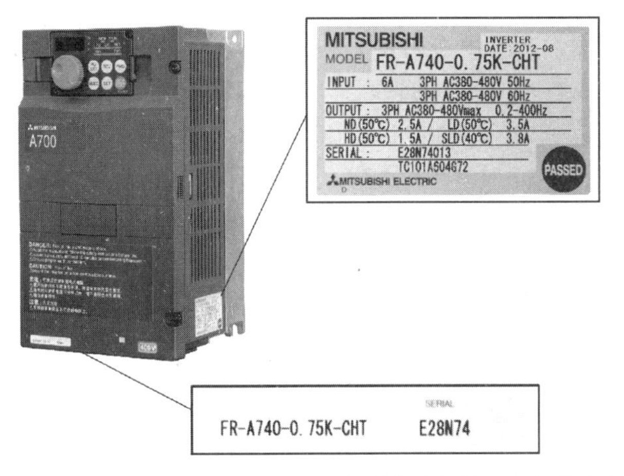

变频器的铭牌

图 1.7　FR-A740-0.75K-CHT 变频器铭牌的位置和相关内容

【小知识】

三菱 FR-A740 系列变频器铭牌的设计非常独特，也非常人性化。为方便用户识别变频器，在变频器的机身上贴有大小两个铭牌，其中，大铭牌是额定铭牌，主要用于标识变频器的机型、额定值和频率指标；小铭牌是容量铭牌，主要用于标识变频器的机型和容量。

4. 产品型号及规格

产品型号一般都标注在铭牌的醒目位置，是辨识变频器身份的主要依据。下面以 FR-A740-0.75K-CHT 机型为例，介绍三菱 FR-A740 系列变频器型号的具体含义，其型号标识如图 1.8 所示。

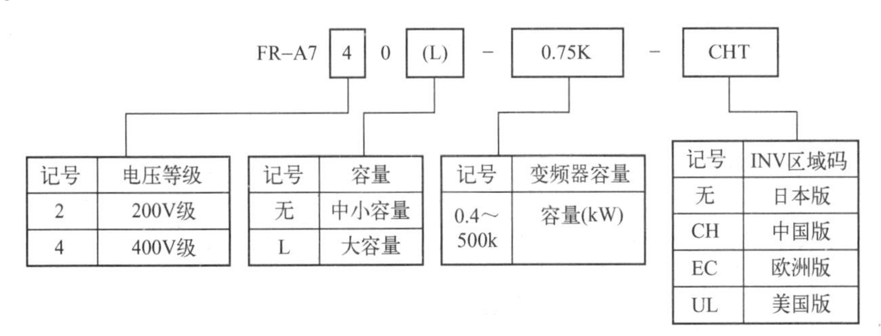

图 1.8　三菱 FR-A740 系列变频器的型号标识

【工程经验】

变频器的寿命由其自身的品牌品质、技术含量、使用条件和维修保养等因素综合决定。变频器虽为静止装置，但它也有像滤波电容器、冷却风扇那样的消耗器件，如果能对它们进行定期维护，那么变频器的使用寿命可达 10 年以上。具体还要看变频器的品牌，如三菱变频器在正常情况下的使用寿命可达20年。另外，还要看使用者的爱护程度、工作周围的环境、温升等。

FR-A740系列变频器的产品规格如表1.1所示，表中的SLD为110%过载不大于60s的轻微过载；LD为120%过载不大于60s的轻载；ND为150%过载不大于60s的正常负载；HD为200%过载不大于60s的重载；AC 400V允许输入的电压为AC（325～528）V；输入容量为参考数据。

表1.1　FR-A740系列变频器的产品规格

变频器型号	输入容量/kVA	适用电动机功率/kW				额定输出电流/A			
		SLD	LD	ND	HD	SLD	LD	ND	HD
A740-0.4K-CH	1.5	0.75	0.75	0.4	0.2	2.3	2.1	1.5	0.8
A740-0.75K-CH	2.5	1.5	1.5	0.75	0.4	3.8	3.5	2.5	1.5
A740-1.5K-CH	4.5	2.2	2.2	1.5	0.75	5.2	4.8	4	2.5
A740-2.2K-CH	5.5	3.7	3.7	2.2	1.5	8.3	7.6	6	4
A740-3.7K-CH	9	5.5	5.5	3.7	2.2	12.6	11.5	9	6
A740-5.5K-CH	12	7.5	7.5	5.5	3.7	17	16	12	9
A740-7.5K-CH	17	11	11	7.5	5.5	25	23	17	12
A740-11K-CH	20	15	15	11	7.5	31	29	23	17
A740-15K-CH	28	18.5	18.5	15	11	38	35	31	23
A740-18.5K-CH	34	22	22	18.5	15	47	43	38	31
A740-22K-CH	41	30	30	22	18.5	62	57	44	38
A740-30K-CH	52	37	37	30	22	77	70	57	44
A740-37K-CH	66	45	45	37	30	93	85	71	57
A740-45K-CH	80	55	55	45	37	116	106	86	71
A740-55K-CH	100	—	—	55	45	—	—	110	86
A740-75K-CH	110	110	90	75	55	216	180	144	110
A740-90K-CH	137	132	110	90	75	260	216	180	144
A740-110K-CH	165	160	132	110	90	325	260	216	180
A740-132K-CH	198	185	160	132	110	361	325	260	216
A740-160K-CH	248	220	185	160	132	432	361	325	260
A740-185K-CH	275	250	220	185	160	481	432	361	325
A740-220K-CH	329	250	250	220	185	547	481	432	361
A740-250K-CH	367	315	250	250	220	610	547	481	432
A740-280K-CH	417	355	315	250	250	683	610	547	481
A740-315K-CH	465	400	355	315	250	770	683	610	547
A740-355K-CH	521	450	400	355	315	866	770	683	610

续表

变频器型号	输入容量/kVA	适用电动机功率/kW				额定输出电流/A			
		SLD	LD	ND	HD	SLD	LD	ND	HD
A740-400K-CH	587	500	450	400	355	962	866	770	683
A740-450K-CH	660	560	500	450	400	1094	962	866	770
A740-500K-CH	733	630	560	550	450	1212	1094	962	866

5. 变频器的额定值

(1) 输入侧的额定值。

变频器输入侧的额定值主要是指输入侧交流电源的相数和电压参数。在我国的中小容量变频器中，输入电压的额定值有以下几种（均为线电压）。

① 380V/(50 ~ 60Hz)，三相，主要用于绝大多数设备中。

② 230V/50Hz，两相，主要用于某些进口设备中。

③ 230V/50Hz，单相，主要用于民用小容量设备中。

此外，对变频器输入侧电源电压的频率也都做了规定，通常都是工频 50Hz 或 60Hz。

(2) 输出侧的额定值。

① 额定输出电压：由于变频器在变频的同时要变压，所以输出电压的额定值是指变频器输出电压中的最大值。在大多数情况下，它就是输出频率等于电动机额定频率时的输出电压值。

② 额定输出电流：变频器允许长时间输出的最大电流，是用户在选择变频器时的主要依据。

③ 额定输出容量：变频器在正常工作情况下的最大容量，一般用 kVA 表示。

④ 配用电动机容量：变频器规定的配用电动机容量适用于长期连续负载运行。

⑤ 过载能力：变频器输出电流超过额定电流的允许范围和时间。大多数变频器都规定为 1.5 倍的额定电流 、60s 或 1.8 倍的额定电流、0.5s。三菱 FR-A740-0.75K-CHT 变频器的过载能力如表 1.2 所示。

表 1.2　三菱 FR-A740-0.75K-CHT 变频器的过载能力

类　型	环境温度/℃	过载电流额定值
SLD	40	110%　60s，120%　3s
LD	50	120%　60s，150%　3s
ND	50	150%　60s，200%　3s
HD	50	200%　60s，250%　3s

【工程问题】

变频器能用来驱动单相电动机吗？答案是基本上不能。对于调速器开关启动式的单相电动机，在工作点以下的调速范围内会烧毁辅助绕组；对于电容启动式或电容运转方式的单相电动机，会诱发电容爆炸。

6. 变频器的频率指标

（1）频率范围。

频率范围指变频器输出的最高频率和最低频率。各种变频器规定的频率范围不尽一致，通常最低工作频率为0.1～1Hz，最高工作频率为200～500Hz。

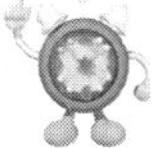

【小知识】

三菱FR-A740系列变频器的频率范围为0.2～400Hz。当看到这样一个数据时，对于初学者来说，可能没什么感觉，但如果把它拿到实际现场中去应用，你马上就会感到惊诧。假设用三菱变频器驱动一台四极三相异步电动机，那么当运行频率为0.2Hz时，电动机的同步转速只有6r/min，显然这个转速比爬行还要慢很多；当运行频率为400Hz时，电动机的同步转速高达12000r/min，这是普通电动机机械强度无法承受的速度，并且在6～12000r/min这样一个宽广的速度调节范围内，变频器驱动电动机可在任意转速点上稳定工作。

【现场讨论】

变频器为什么不能在低频域内连续运转呢？

变频器在低频输出时，普通电动机靠装在轴上的风扇或转子端环上的叶片冷却，若速度降低，则冷却效果下降，因而不能承受与高速运转相同的发热，必须降低负载转矩或采用专用的变频器电动机。

（2）频率精度。

频率精度指变频器输出频率的准确度，由变频器实际输出频率和给定频率的最大误差与最高工作频率之比的百分数表示。例如，三菱FR-A740系列变频器的频率精度为±0.01Hz，这是指在-10～15℃的环境下，通过参数设定所能达到的最高频率精度。

例如，用户给定的最高工作频率为$f_{max}=120Hz$，频率精度为0.01%，则最大误差为

$$\Delta f_{max}=120\times0.01\%=0.012$$

通常，由数字量给定时的频率精度约比模拟量给定时的频率精度高一个数量级。

（3）频率分辨率。

频率分辨率指变频器输出频率的最小改变量，即每相邻两挡频率的最小差值。

例如，当工作频率为$f=25Hz$时，如果变频器的频率分辨率为0.01Hz，则上一挡的频率为

$$f_{上一挡}=25+0.01=25.01\ (Hz)$$

下一挡的频率为

$$f_{下一挡}=25-0.01=24.99\ (Hz)$$

【现场讨论】

变频器的频率分辨率有什么意义？

对于数字控制变频器来说，即使频率指令为模拟信号，输出频率也是有级给定的。这个级差的最小单位就为频率分辨率。变频器的频率分辨率越小越好，通常为 0.01 ～ 0.5Hz。如果变频器的频率分辨率为 0.5Hz，那么 23Hz 的上一挡频率应为 23.5Hz，因此，电动机的动作也是有级的跟随。在某些场合中，级差的大小对被控对象的影响较大。例如，对于造纸厂的纸张连续卷取控制，如果频率分辨率为 0.5Hz，则 4 极电动机 1 个级差对应电动机的转速差就高达 15r/min，使纸张卷取时转速差过大，容易造成纸张卷取“断头”现象；如果频率分辨率为 0.01Hz，则 4 极电动机 1 个级差对应电动机的转速差仅为 0.3r/min，显然，这样极小的转速差不会影响卷取工艺。

7. 变频器的产品简介

（1）通用变频器简介。

变频器的生产厂家很多，究竟选用什么品牌的变频器，应根据用户的具体要求、性能、价格、售后服务等因素决定。目前国内市场上流行的变频器品牌繁多，主要品牌按地区分类如下。

① 我国变频器产品。我国变频器品牌有德力西、康沃、佳灵、惠丰、森兰等。尽管目前我国变频器市场的国产品牌占有率较低，在技术方面，国产变频器还跟不上欧美等部分发达国家的水平，但是随着科技的发展，国产变频器的技术日益提高，越来越向发达国家水平靠近。

② 日本变频器产品。日本变频器品牌主要有东芝、三菱、富士、欧姆龙、安川等。日本变频器产品具有结构紧凑、功能丰富、操作简单和性价比高等特点，在我国占有较大的市场份额。

③ 欧美变频器产品。目前，ABB、西门子、施耐德、AB、罗宾康、GE、丹佛斯、艾默生等欧美公司生产的变频器产品均已进入我国市场。欧美变频器产品在我国也占有重要的市场份额。

【小知识】

欧美国家的产品以性能优良、环境适应能力强而著称；日本的产品以外形小巧、功能多而闻名；我国港澳台地区的产品因符合国情、功能简单实用而流行，我国内地地区的产品凭借其大众化、功能简单专用、价格低的优势而得到广泛应用。

（2）三菱系列变频器简介。

三菱公司是日本研发、生产变频器最早的企业，三菱系列变频器是进入我国市场最早的变频器产品之一，其产品规格齐全、使用简单、调试容易、可靠性高。在三菱变频器中，使用较广泛的是 FR-500 和 FR-700 两大系列，其中，FR-500 系列是 20 世纪末推出的产品，有较大的市场占有率；FR-700 系列是用于替代 FR-500 系列的新产品。因此，两者在功能、参数、连接、调试等方面极其类似。

FR-700系列与FR-500系列相比，扩大了调速范围、提高了普通型变频器和节能型变频器的最大输出频率与过载能力、加快了动态响应速度、减小了变频器的体积、增强了网络功能等。在采用了闭环矢量控制、配套专用电动机后，FR-740系列的整体性能已经接近于交流伺服驱动。

【任务实施】

1. 实训器材

（1）变频器，型号为三菱FR-A740-0.75K-CHT，每组1台。

（2）对称三相交流电源，线电压为380V，每组1个。

（3）电工常用仪表和工具，每组1套。

2. 实训步骤

（1）识别变频器铭牌。

操作步骤：目视变频器铭牌。

操作要求：FR-A740-0.75K-CHT变频器的额定铭牌如图1.9所示。观察铭牌，记录信息，包括品牌及系列号、型号、出厂编号、容量、基频、输入电压、输入电源相数、输入电流、频率调节范围、出厂日期，并填写表1.3。

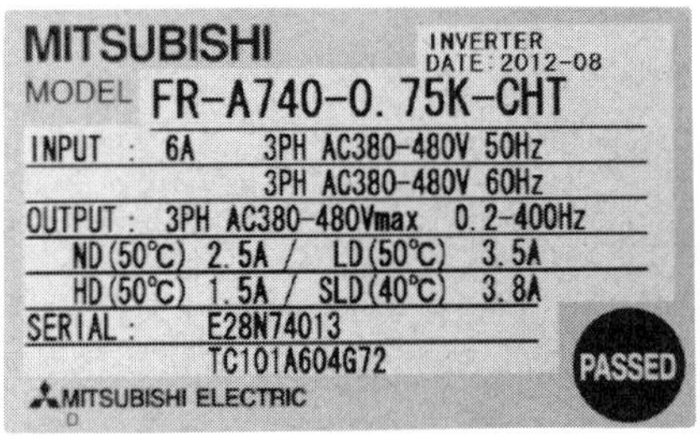

图1.9　FR-A740-0.75K-CHT变频器的额定铭牌

表1.3　变频器铭牌记录

品牌及系列号	型　号	出厂编号	容　量	输入电压
频率调节范围	出厂日期	输入电源相数	基　频	输入电流

（2）识别变频器操作单元。

操作步骤：目视变频器操作单元。

操作要求：观察变频器操作单元，画出其外形结构图，并对重点部位用文字进行标注。

【工程素质培养】

1. 职业素质培养要求

在放置变频器时，一定要轻拿轻放，不要使变频器跌落或受到强烈冲击，以防塑料面板碎裂；在搬运变频器时，不要握住前盖板或设定用的旋钮，这样会造成变频器掉落或故障。

2. 专业素质培养问题

问题1：在三菱FR-A740系列变频器的面板上，有一个外形硕大、转动灵活的旋钮，在其他品牌变频器上却很少见到，这是为什么呢？

解答：这个旋钮的设计和使用为三菱变频器所独有，它具有操作简单、方便顺手、功能性强等特点，深受用户好评。如果旋转此旋钮，则可以方便地改变频率和设定参数；如果按压此旋钮，则可以显示监控模式下的设定频率等。

问题2：三菱FR-A740系列变频器没有采用全封闭式防护结构，这是为什么呢？针对这种结构，在设置变频器使用场所时应注意什么问题？

解答：三菱FR-A740系列变频器采用的是半开启式防护结构，这种结构的好处是有利于变频器的散热、方便接线操作和观察变频器的内部情况，特别有利于观察电荷指示灯。但这种结构也存在一些问题。例如，在环境温度变化较大时，变频器内部易出现结露现象，使其绝缘性能降低，甚至可能引发短路事故；在有腐蚀性气体的场合中，如果腐蚀性气体浓度大，则不仅会腐蚀元器件的引线、印制电路板等，还会加速塑料器件的老化，降低绝缘性能。因此，三菱FR-A740系列变频器应该安装在干燥、温差变化小、无腐蚀性、无可燃性、无强磁干扰的场所中。

问题3：三菱FR-A740-0.75K-CHT变频器机身上有大小两个铭牌（见图1.7），这是为什么呢？

解答：两个铭牌的设置体现了三菱产品人性化设计的先进理念。因为变频器在维修或更换时，技术人员必须要查看铭牌，而变频器通常安装在电气控制箱内，如果变频器的安装位置如图1.10所示，那么查看铭牌将是一件非常困难的事情。所以，三菱FR-A740-0.75K-CHT变频器不仅在机身的侧面设置了一个大铭牌（额定铭牌），还在机身的正面设置了一个小铭牌（容量铭牌），使技术人员查看铭牌变得十分方便。

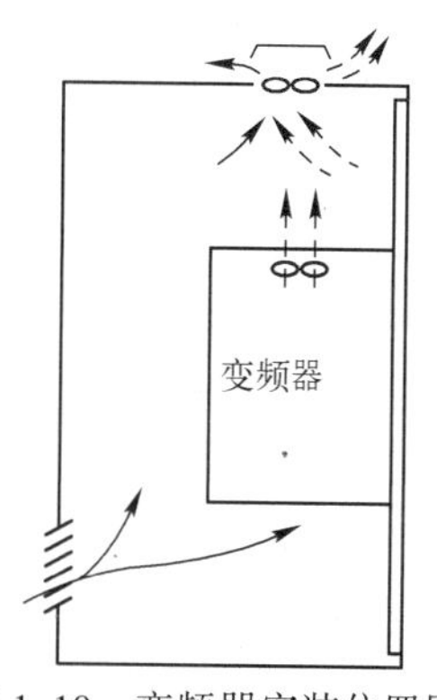

图1.10　变频器安装位置图

问题4：如图1.7所示，在三菱FR-A740-0.75K-CHT变频器壳体正面有一个醒目的“A700”标识，而在该变频器的铭牌上标注的是“A740”，这是为什么呢？

解答：FR-A700系列变频器作为三菱公司最新推向市场的高性能产品，汇集了以往三菱变频器中代表性产品的特点，具有过载能力强、控制功能多、通信功能强等特点。根据额定输入电压等级的不同，FR-A700系列变频器又分为FR-A720和FR-A740两个子系列，其中，FR-A720子系列变频器的额定输入电压为200V；FR-A740子系列变频器的额定输入电压为400V。以FR-A740-0.75K-CHT机型为例，它只是FR-A740子系列中容量为0.75kVA的一款产品，因此，在变频器的壳体正面出现了“A700”的标识，而在铭牌上标注的是“A740”。

3. 解答工程实际问题

问题情境：变频器不仅在其外壳的顶端开有一个通风口，还在其金属底座上带有片状的散热片，如图1.11所示。

趣味问题：与一般电气设备相比，变频器为什么需要加强散热呢？

现场演示：由指导教师执行操作，先将变频器的输出频率调整到50Hz，然后启动变频器运行，要求学生观察变频器的散热情况。

（a）外壳顶端

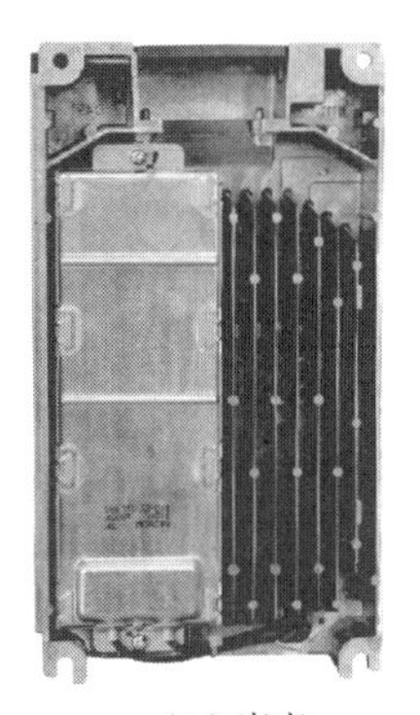

（b）底座

图 1.11　变频器壳体

讨论结果：变频器作为一种电能控制装置，其内部有多种功率型的电力电子器件。在变频器上电使用时，其运行极易受到工作温度的影响。通常，变频器的工作温度一般要求为 0～55℃，最好控制在 40℃以下。实践证明，温度每升高 10℃，变频器的使用寿命将折损一半，故障率也会明显上升。因此，提供一个良好的散热条件是变频器能够持续稳定工作的重要保证。三菱 FR-A740 系列变频器的散热问题是这样解决的：一方面，采取强迫风冷措施；另一方面，采用金属底座，以此来加强变频器的散热能力。

任务2　变频器拆装操作训练

【任务要求】

以拆装变频器为训练内容，通过对变频器外部接口的学习，使学生认识变频器的接线端子，掌握变频器的拆装要求和拆装过程。

1. 知识目标

（1）了解变频器的内部结构，掌握变频器的拆装要求。

（2）了解变频器的外部接口，熟悉变频器的接线端子。

2. 技能目标

（1）能识别变频器接线端子。

（2）能拆装变频器。

【知识储备】

三菱FR-A740系列变频器的外部接口如图2.1所示，它主要由主电路端子、控制电路端子和通信接口组成。

1. 主电路端子

如图2.2（a）所示，变频器的输入端（R、S、T）接入频率固定的三相交流电，输出端（U、V、W）输出频率在一定范围内连续可调的三相交流电，并接至电动机。变频器与电源、电动机的实际连接如图2.2（b）所示。

对于不同容量、不同品牌的变频器，其主电路端子的排列顺序可能有所不同，但各端子的功能是不变的。三菱FR-A740系列变频器的主电路端子如图2.3所示。

【案例剖析】

案情：变频器因接线问题“炸机”。

问题描述：广东东莞某胶带厂用户反映，使用一台TD1000-4T0015G变频器，在使用一段时间后，运行时突然“炸机”；协调深圳一代理商做联保处理，更换备机一台，在运行了10小时后，变频器又“炸机”。

问题处理：现场检查发现，变频器电源输入侧的交流接触器有一相螺钉松动，拆下后发现螺钉已受热变色，与之连接的变频器输入电源线接头被烧断，并且所有电源线无接线“鼻子”（压接端子）；测量发现变频器内部模块整流桥部分参与工作的两相二极管的上下桥臂均开路。更换变频器外部输入电源线及接触器螺钉，重新紧固输入进线端的所有接点，再次更换变频器备机一台后恢复正常。

案例分析：由于交流接触器螺钉松动导致变频器只有两相输入，即变频器的三相整流桥仅有两相工作，在正常负载情况下，参与工作的四个整流二极管上的电流比正常时的电流大

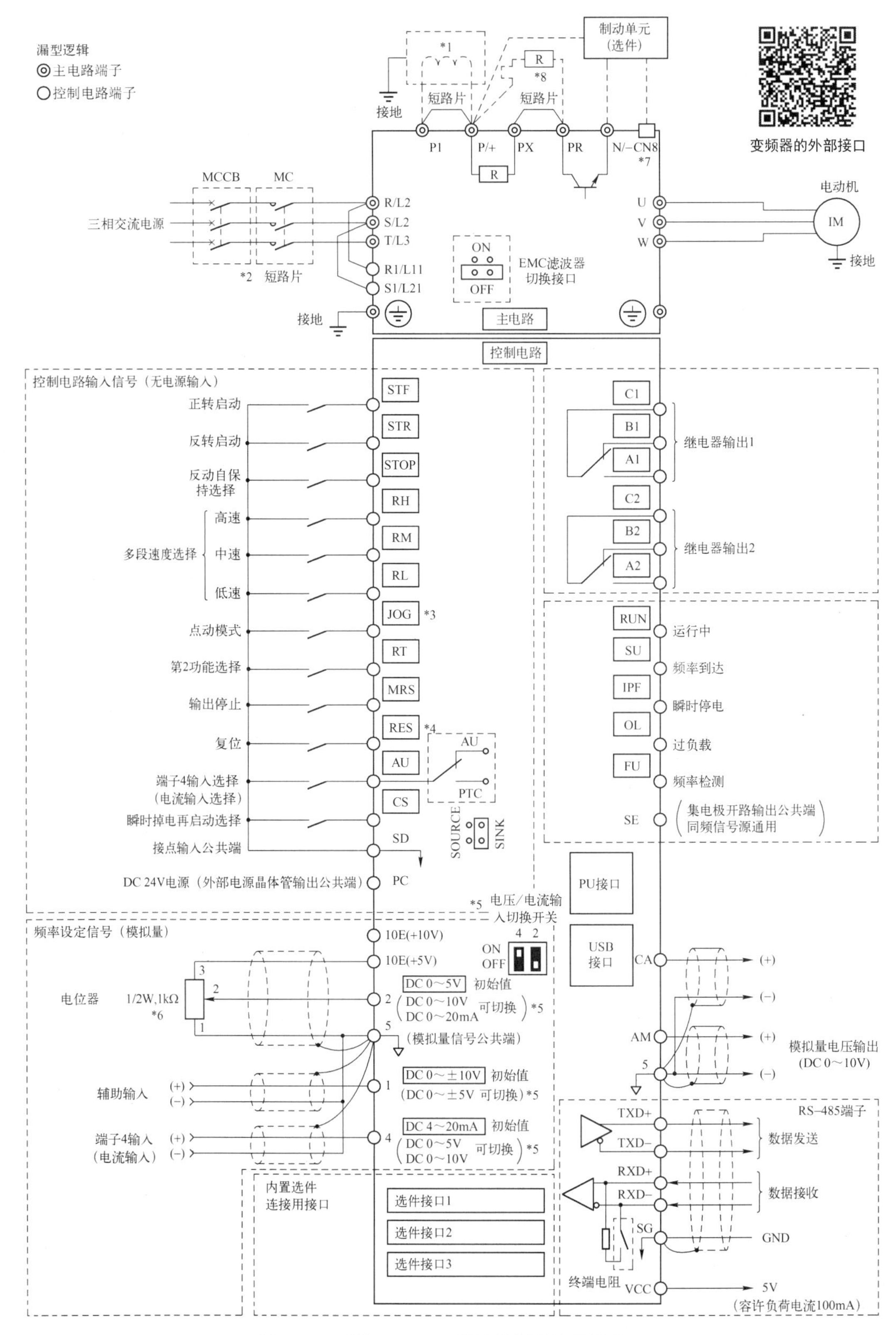

图 2.1　三菱 FR-A740 系列变频器的外部接口

70%以上，整流桥因过电流导致几小时后PN结温度过高而损坏。建议用户在使用变频器时一定要注意接线规范并定期维护，代理商去现场处理问题时也应仔细检查相关电路并找出故障原因，不要只更换变频器。

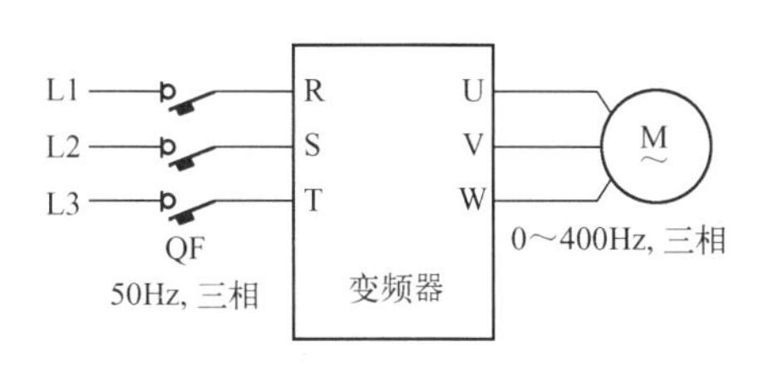

（a）变频器连接示意图

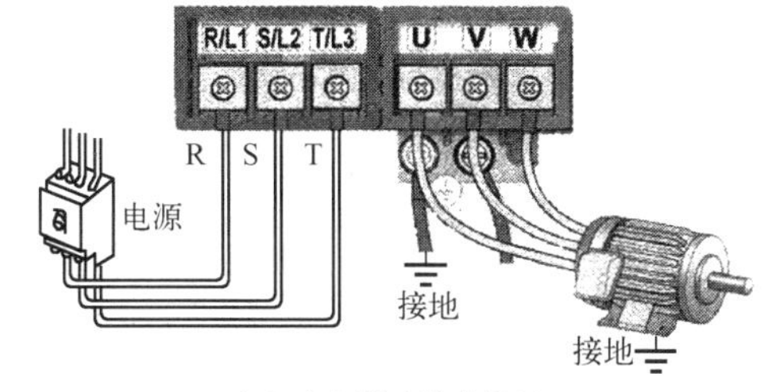

（b）变频器连接实物图

图2.2　变频器的连接

变频器的主电路端子

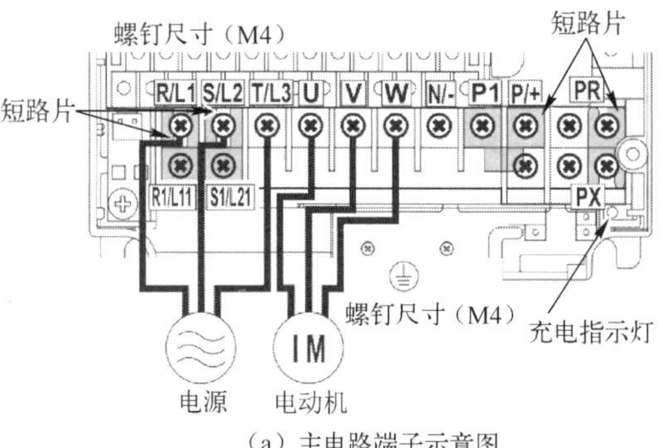

（a）主电路端子示意图

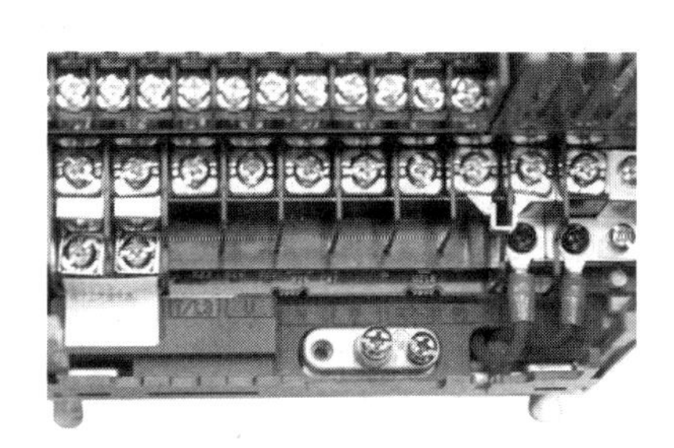

（b）主电路端子实物图

图2.3　三菱FR-A740系列变频器的主电路端子

变频器的控制电路端子

【工程经验】

变频器是生产线中最容易损坏的部件之一，技术人员除了做好日常保养，还要弄清楚是否有变频器的代理商、维修商，改用其他变频器是否方便，如何接线及调整参数。

2. 控制电路端子

三菱FR-A740系列变频器的控制电路端子如图2.4所示，它分为3部分，分别是输入信号端子、输出信号端子和RS-485通信端子。关于RS-485通信端子，在本书任务8中做详细介绍。

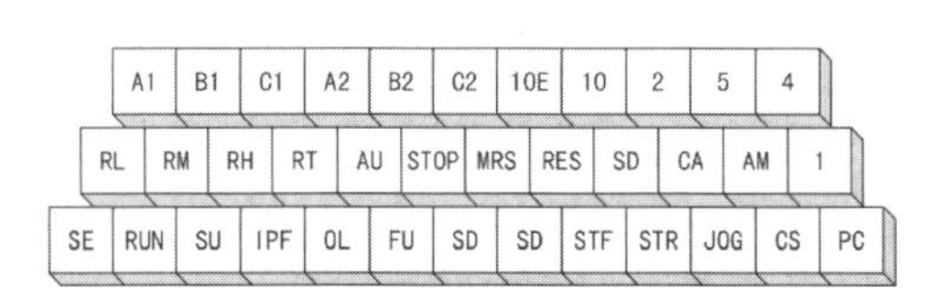

（a）控制电路端子示意图

（b）控制电路端子实物图

图2.4　三菱FR-A740系列变频器的控制电路端子

【工程经验】

在维修或更换变频器时，为了提高工作效率、缩短人为停机时间，可以保持控制电路连线不动，将原变频器控制电路的端子排拆下，直接替换到新变频器上。

3. 通信接口

使用PU接口或RS-485通信端子后，变频器能与计算机进行通信。用户可以用程序对变频器进行操作，包括监视及读出参数、写入参数，如图2.5所示。

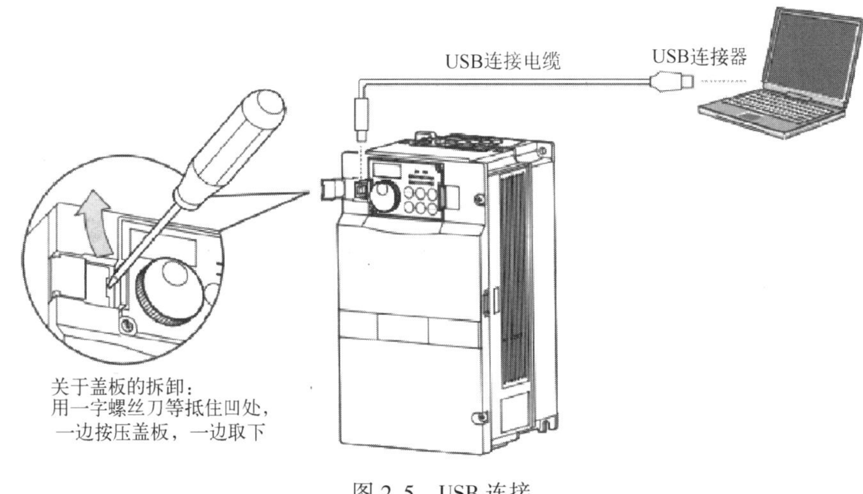

图2.5 USB连接

【任务实施】

1. 实训器材

(1) 变频器，型号为三菱FR-A740-0.75K-CHT，每组1台。

(2) 电工常用仪表和工具，每组1套。

(3) 对称三相交流电源，线电压为380V，每组1个。

2. 实训步骤

(1) 操作单元的拆卸与安装。

操作步骤1：拆卸操作单元。

操作要求：松脱操作单元上的两处固定螺钉（螺钉不能拆下），如图2.6所示；按住操作单元两侧的插销，把操作单元往前拉出后卸下，如图2.7所示。

操作步骤2：安装操作单元。

操作要求：将操作单元笔直地插入并安装牢靠，然后旋紧螺钉即可。

(2) 前盖板的拆卸与安装。

操作步骤1：拆卸前盖板。

操作要求：松脱安装前盖板用的螺钉，如图2.8所示；一边按住前盖板上的安装卡爪，一边以左边的固定插销为支点向前拉取下前盖板，如图2.9所示。

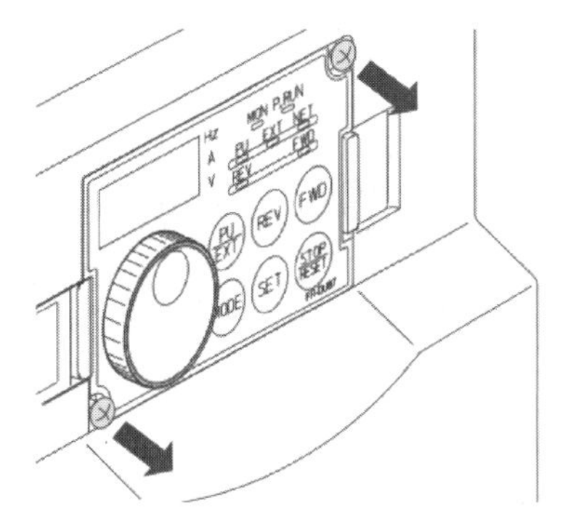

（a）松脱操作单元螺钉示意图

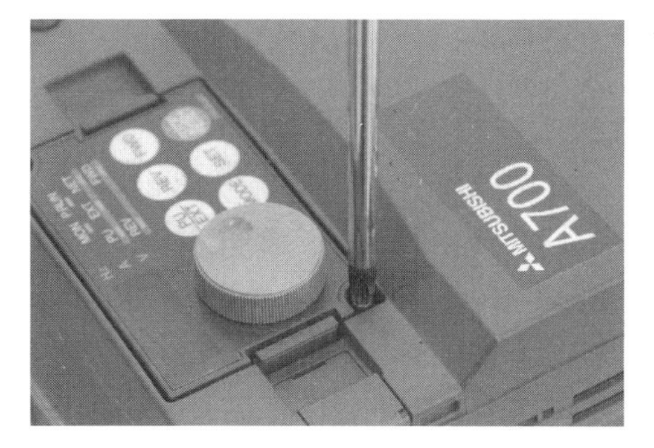

（b）松脱操作单元螺钉现场图

图 2. 6　松脱操作单元螺钉

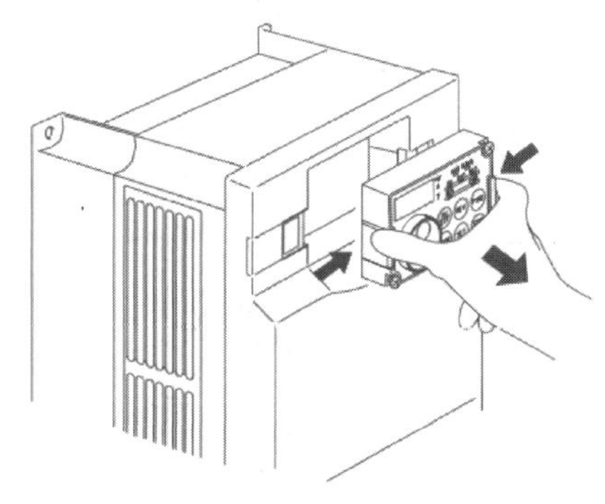

（a）拉出操作单元示意图

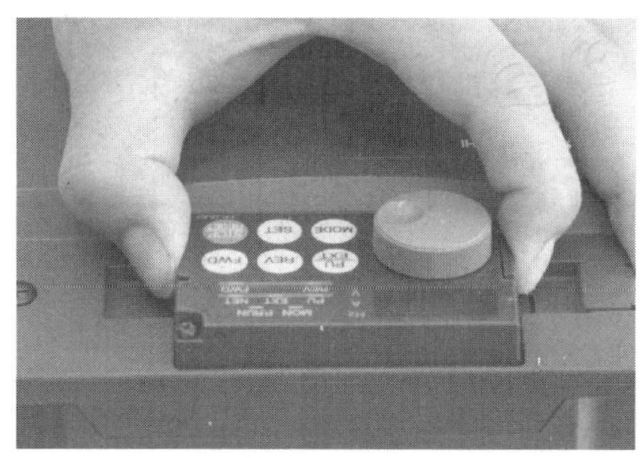

（b）拉出操作单元现场图

图 2. 7　拉出操作单元

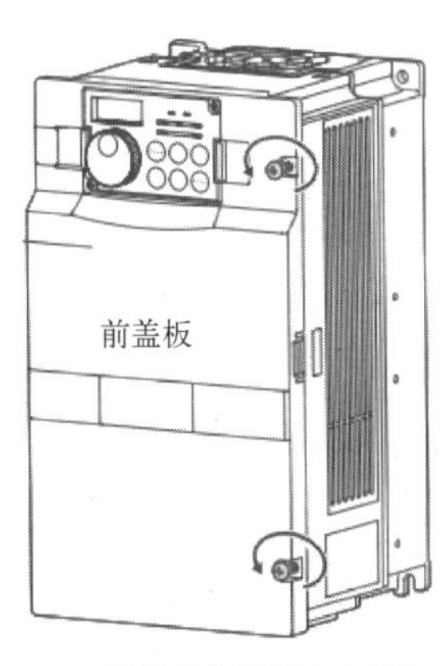

（a）松脱前盖板螺钉示意图

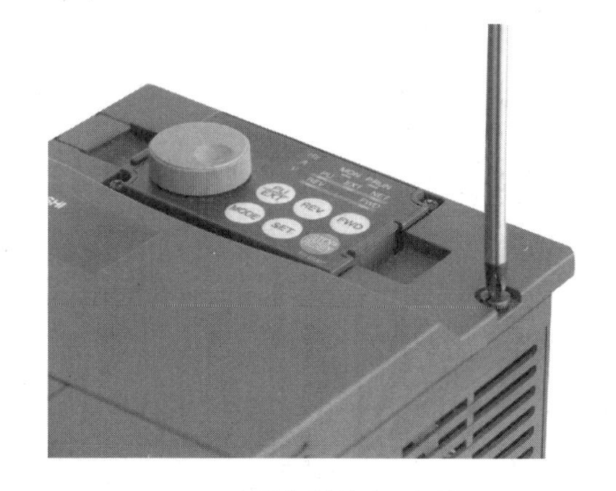

（b）松脱前盖板螺钉现场图

图 2. 8　松脱前盖板螺钉

操作步骤 2：安装前盖板。

操作要求：将前盖板左侧的两处固定插销插入机体的接口中，如图 2. 10 所示；以固定插销部分为支点将前盖板压进机体，如图 2. 11 所示；旋紧前盖板安装螺钉，如图 2. 12 所示。

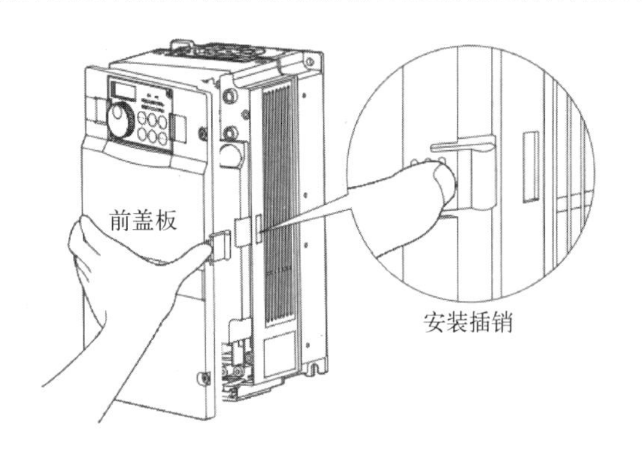

（a）拉取下前盖板示意图

（b）拉取下前盖板现场图

图 2.9　拉取下前盖板

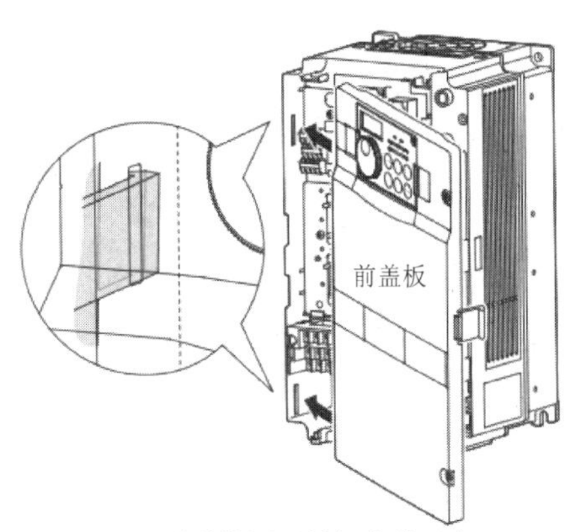

（a）将前盖板插销插入机体示意图

（b）将前盖板插销插入机体现场图

图 2.10　将前盖板插销插入机体

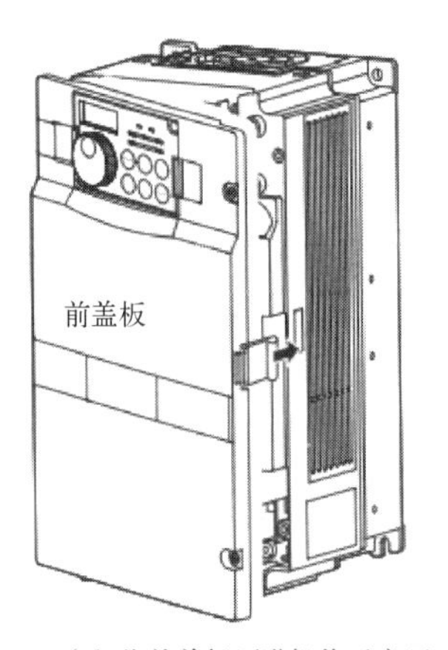

（a）将前盖板压进机体示意图

（b）将前盖板压进机体现场图

图 2.11　将前盖板压进机体

（3）变频器外部端子的识别。

操作步骤：掀开配线盖板。

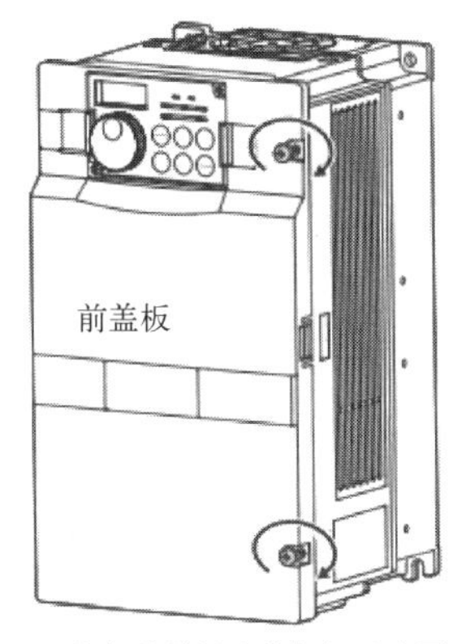

（a）旋紧前盖板安装螺钉示意图

（b）旋紧前盖板安装螺钉现场图

图 2. 12　旋紧前盖板安装螺钉

操作要求：配线盖板如图 2. 13 所示，对照《FR-A740 使用手册》和配线盖板，识别每个端子的符号标识；分别画出主电路端子、控制电路端子排列图。

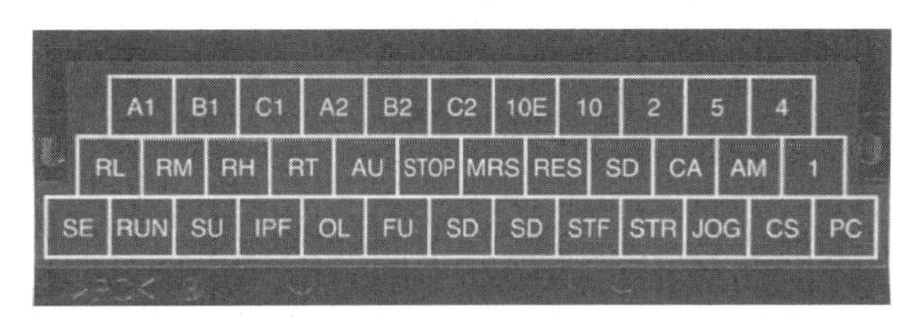

图 2. 13　配线盖板

【小知识】

配线盖板设置在控制电路端子排的上方，如图 2. 14 所示。它有两个用途，当掀开盖板时，控制电路端子的排列图能够清晰可见，如图 2. 13 所示，为接线和查线带来了方便；当合上盖板时，盖板紧密贴合在控制电路端子排上，又为控制电路端子的防尘、防水提供了有效保护。

图 2. 14　配线盖板与控制电路端子排

(4) 更换控制电路端子排。

操作步骤1：拆卸控制电路端子排。

操作要求：松开控制电路端子排底部的两个安装螺钉（螺钉不能被卸下），如图2.15所示；用双手把控制电路端子排从其背面拉下，注意不要把控制电路上的跳线插针弄弯，如图2.16所示。

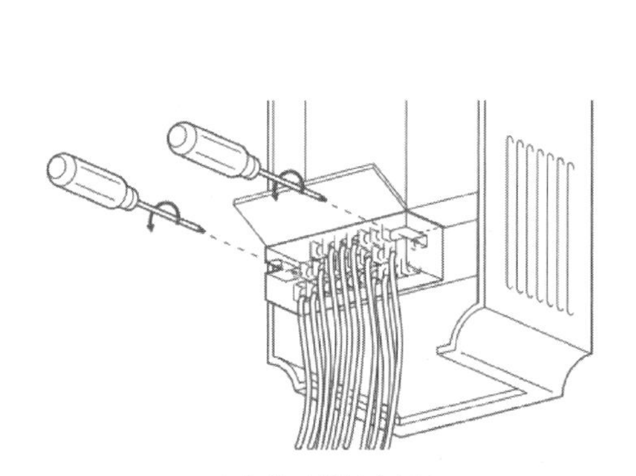

(a) 松开螺钉示意图

(b) 松开螺钉现场图

图2.15　松开控制电路端子排底部的安装螺钉

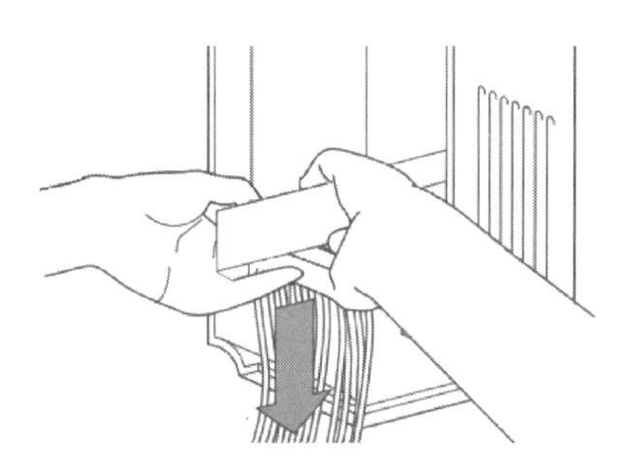

(a) 拉下控制电路端子排示意图

(b) 拉下控制电路端子排现场图

图2.16　拉下控制电路端子排

操作步骤2：安装控制电路端子排。

操作要求：将控制电路端子排重新安装上，如图2.17所示；旋紧控制电路端子排底部的两个安装螺钉，如图2.18所示。

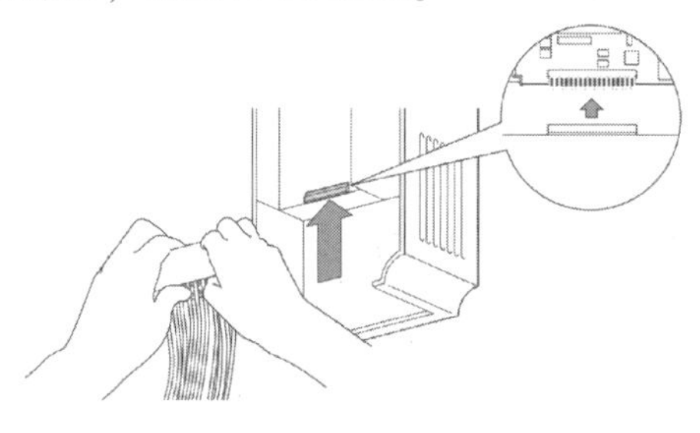

(a) 安装控制电路端子排示意图

(b) 安装控制电路端子排现场图

图2.17　重新安装控制电路端子排

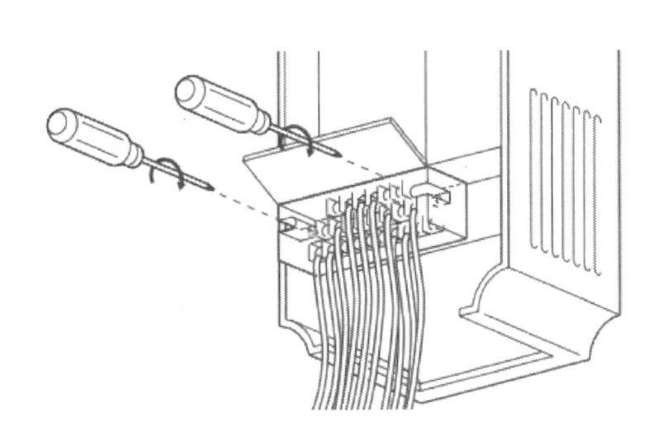

（a）旋紧螺钉示意图

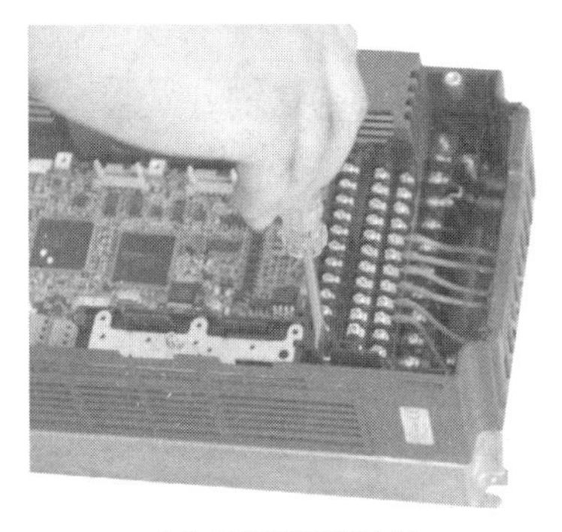

（b）旋紧螺钉现场图

图 2.18 旋紧控制电路端子排的安装螺钉

【工程素质培养】

1. 职业素质培养要求

（1）在松脱或旋紧螺钉时，一定要沿着面板的对角线均匀用力，防止操作单元因受力不均而翘起；螺钉也不要旋得过紧，以防塑料面板碎裂。

（2）不要在带电的情况下拆装变频器；不要使变频器跌落或受到强烈撞击。

（3）当安装操作单元时，操作单元要笔直地插入并安装牢固，然后旋紧螺钉。

（4）当安装前盖板时，可以与操作面板一起安装，但一定要把接口完全连接好。

（5）前盖板安装要牢固，务必旋紧表面护盖的安装螺钉。

（6）防止螺钉、电缆碎片或其他导电物体、油类等可燃性物体进入变频器。

（7）拆装要在操作台上进行，机身要平放，不能倒置或侧置，周围环境也要保持干净、干燥。

2. 专业素质培养问题

问题1：在三菱 FR-A740-0.75K-CHT 变频器的端子排上，变频器主电路端子和控制电路端子在空间上是分开的，而且主电路端子的形态要比控制电路端子的形态稍大，如图 2.19 所示，这是为什么呢？

图 2.19 变频器的端子排

解答：为了防止接线错误和信号间彼此干扰，三菱 FR-A740 系列变频器的主电路端子排和控制电路端子排常分层布置，其中主电路端子排设置在下层，控制电路端子排设置在上层。

由于主电路流过的是大电流，所以其端子形态相对比较大，端子螺钉尺寸为M4，旋紧转矩为1.5N·m，配用的导线线径为0.75～2mm²。控制电路流过的是小电流，因此端子形态相对稍小，端子螺钉尺寸为M3.5，旋紧转矩为1.2N·m，配用的导线线径为0.75～1mm²。

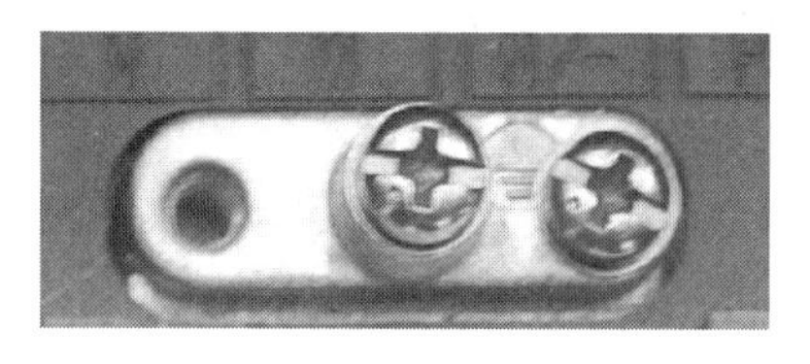

图2.20　接地端子

问题2：在三菱FR-A740-0.75K-CHT变频器的端子排上，有一个如图2.20所示的接地端子，这个接地端子该如何接地呢？

解答：为了防止触电和减少电磁噪声，在变频器主电路端子排上设有接地端子。接地端子必须单独可靠地接地，接地电阻要小于1Ω，且接地线应尽量用粗线、接线应尽量短、接地点应尽量靠近变频器。当变频器和其他设备或有多台变频器一起接地时，每台设备都必须分别和地线相接，如图2.21（a）、（b）所示，不允许将一台设备的接地端和另一台设备的接地端相接后接地，如图2.21（c）所示。

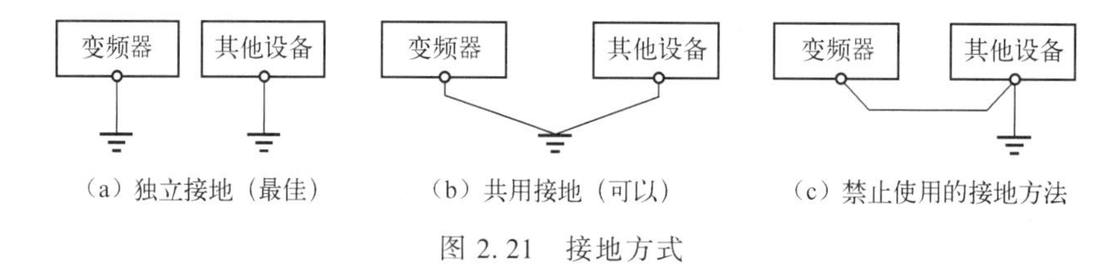

图2.21　接地方式

【工程经验】

夏天有很多变频器被雷电“光顾”，损坏严重，大多主板也坏掉了。会被雷电损坏的变频器多数是没接地的或接地不良的。当你看到维修报价单时才会知道地线的重要性。检查地线接地是否良好也很简单：将一个100W/220V的灯泡接到相线与地线上试一下，然后看其亮度就能知道接地是否良好。

3. 解答工程实际问题

问题情境：在变频器铭牌上有这样一条文字信息，如图2.22所示。

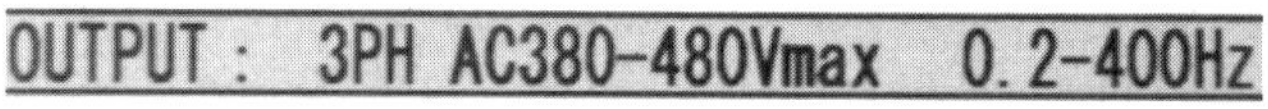

OUTPUT：3PH AC380-480Vmax　0.2-400Hz

图2.22　铭牌信息

趣味问题：由铭牌上的文字信息可知，变频器输出频率的调节范围是0.2～400Hz，那么，当频率在0.2Hz以下时，变频器就没有频率和功率输出了吗？

现场演示：由指导教师执行操作，将变频器的输出频率慢慢调整到0.15Hz，观察变频器的屏显数据及负载电动机的运行状态。

讨论结果：现场演示证明，当变频器输出频率在0.2Hz以下时，仍然可输出功率。如果电动机温升不高、负载转矩又较小，那么即使最低使用频率在0.2Hz左右，变频器也可输出一定的转矩，电动机也不会出现严重发热问题。

任务 3　变频器基础操作训练

【任务要求】

以变频器基础操作为训练任务，通过对变频器工作原理的学习，使学生熟悉变频器的工作模式，掌握用操作单元控制变频器启/停的操作方法。

1. 知识目标

（1）熟悉变频器的工作原理，掌握变频调速系统主电路结构。

（2）了解变频器的工作模式，掌握工作模式的选择方法。

（3）了解变频器启/停控制操作流程，掌握操作单元的使用方法。

2. 技能目标

（1）能对变频器的工作模式进行转换，会监视变频器的运行状态。

（2）能通过操作面板对变频器实施点动、单向连续旋转、正/反转及调速操作。

【知识储备】

从 20 世纪 80 年代初开始，随着新型电力电子器件和高性能微处理器的应用，变频控制技术得到迅猛发展，使通用变频器实现了商品化。目前，变频器主要用于交流电动机的转速控制，是公认的交流电动机最理想、最有前途的调速方案。变频器除了具有卓越的调速性能，还具有显著的节能作用，是企业技术改造和产品更新换代的理想调速装置。

1. 变频器的工作原理

通用变频器主要由主电路和控制电路组成，其组成框图如图 3.1 所示。变频实质上就是把直流电逆变成不同频率的交流电，或者把交流电变成直流电再逆变成不同频率的交流电。总之，在这一切过程中，电能都不发生变化，只有频率发生变化。

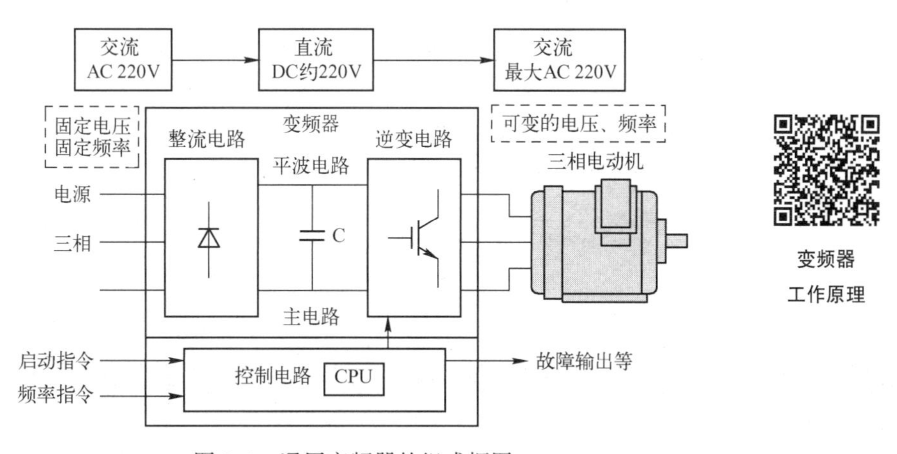

图 3.1　通用变频器的组成框图

（1）变频器主电路。

变频器主电路给异步电动机提供调压调频电源，是变频器的电力变换部分，主要由整流单元、中间直流环节和逆变单元组成，如图3.2所示。

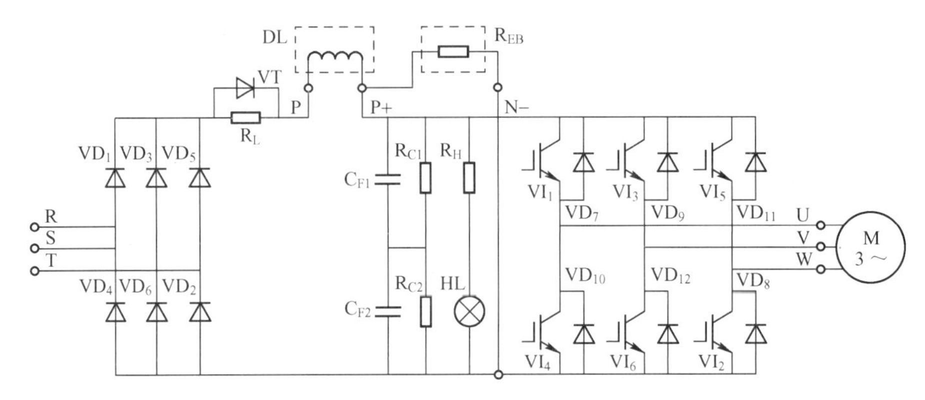

图3.2　变频器主电路原理图

① 整流单元。变频器的整流单元由三相桥式整流电路构成，整流元件分别为VD_1～VD_6，作用是将工频三相交流电整流成直流电。

② 逆变单元。变频器的逆变单元是变频器的核心部分，是实现变频的具体执行环节。逆变单元常见的结构形式是由6个半导体主开关器件组成的三相桥式逆变电路。在每个周期中，逆变桥中各逆变管的导通时间如图3.3（a）中的阴影部分所示，得到u_{UV}、u_{VW}、u_{WU}波形，如图3.3（b）所示。

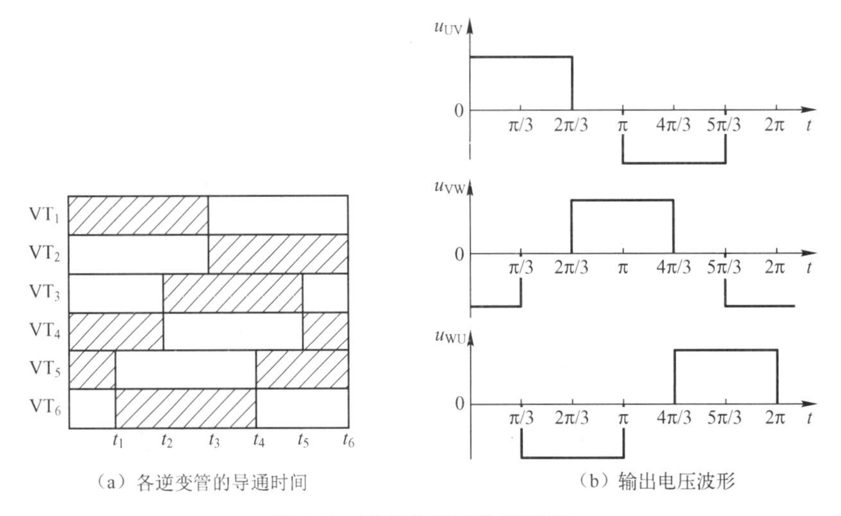

（a）各逆变管的导通时间　　（b）输出电压波形

图3.3　逆变单元工作原理图

由图3.3可知，只要按照一定的规律控制这6个逆变管的导通与截止，就可以把直流电逆变成三相交流电。逆变后的电流频率可以在上述导通规律不变的前提下，通过改变控制信号的变化周期进行调节。

③ 中间直流环节。滤波电容的作用是滤平整流后的纹波，保持电压平稳。由于受电容量和耐压能力的限制，滤波电路通常由若干电容并联成一组，如图3.2中的C_{F1}和C_{F2}所示。因

为电解电容的参数有较大的离散性，所以为了实现均压，在 C_{F1} 和 C_{F2} 旁各并联一个阻值相等的均压电阻 R_{C1} 和 R_{C2}。

限流电阻 R_L 的作用是在变频器刚接通电源后的一段时间里将滤波电容的充电电流限制在允许范围内。当滤波电容充电到一定程度时，令 VT 导通，将 R_L 短路。

电荷指示灯 HL 除了指示电源是否接通，还有一个十分重要的功能，即在变频器切断电源后，指示滤波电容上的电荷是否已经释放完毕，如图 3.4 所示。

图 3.4　电荷指示灯

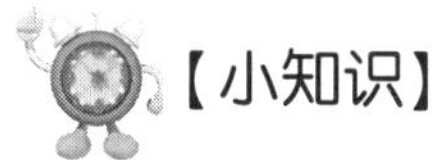

【小知识】

由于滤波电容的容量较大，而切断电源又必须在逆变电路停止工作的状态下进行，所以滤波电容没有快速放电回路，其放电时间往往长达数分钟。又由于滤波电容上的电压较高，如果不放完，则会对人身安全构成威胁，故在维修变频器时，必须等电荷指示灯完全熄灭后才能接触变频器内部的导电部分。

（2）变频器控制电路。

变频器控制电路框图如图 3.5 所示，它主要由运算电路、检测电路、I/O 电路和驱动电路等构成。变频器控制电路的主要任务是完成对逆变器的开关控制、对整流器的电压控制及完成各种保护功能等。

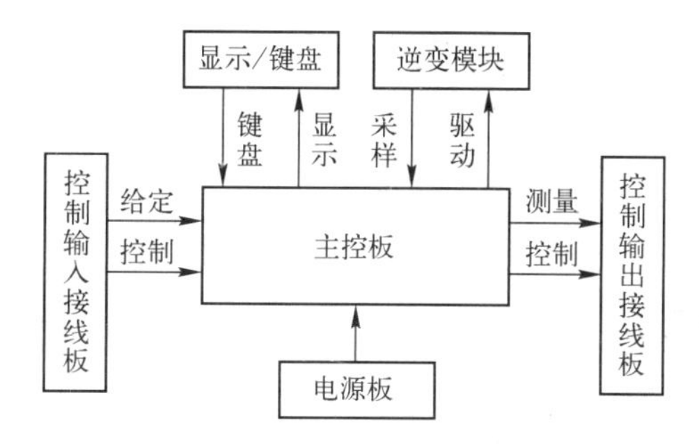

图 3.5　变频器控制电路框图

【工程经验】

从变频器的硬件可以初步判断其性能。很多人搞不清变频器的价格为什么差别那么大，即使同一品牌的各个型号的价格差别也很大，这其中硬件的差别是一个主要原因，价格低的变频器的模块性能相应较差，电容量也相应较小，主板、驱动板电路简单，保护功能少，变频器容易坏。对于一些运行平稳、负载轻、调速简单的电动机，用一些材料普通的变频器倒没关系；但如果是用于负载重、速度变化快、经常急刹车的电动机，那么最好不要看价格，否则得不偿失。

2. 变频器的运行模式

运行模式是指变频器的受控方式。根据控制信号来源的不同，变频器的运行模式有 3 种，即操作单元控制、外部控制和网络控制。

（1）操作单元控制。

操作单元控制又称PU控制，即在操作单元上实施对变频器的控制。此时变频器的受控信号来自它的操作单元，即启/停指令和频率指令需要通过操作单元来完成，如图3.6所示。启动指令由正转键【STF】或反转键【STR】输入，停止指令由停止键【STOP】输入。使用M旋钮，可以在运行中改变变频器的输出频率。

图3.6　PU运行模式

（2）外部控制。

外部控制又称EXT控制，即在外部端子上实施对变频器的控制。此时变频器的受控信号来自外部接线端子，变频器的启动指令和频率指令需要通过外部输入设备（电位器、开关）来完成，如图3.7和图3.8所示。

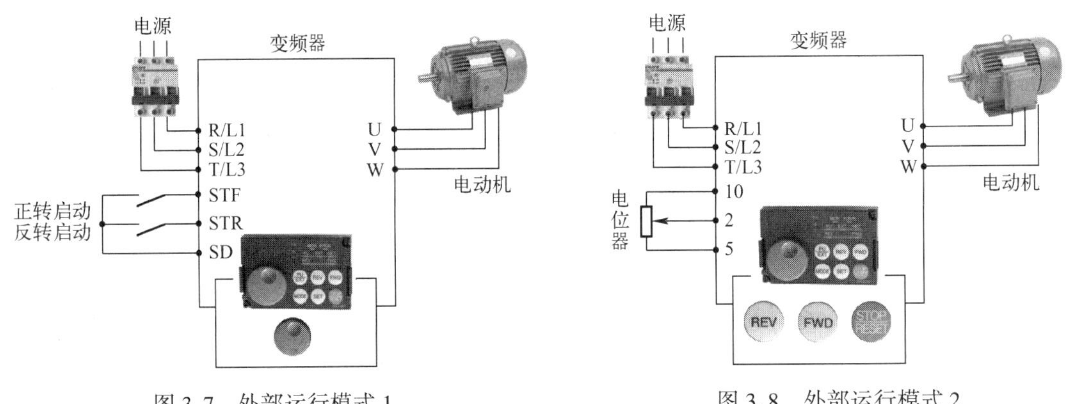

图3.7　外部运行模式1　　　　图3.8　外部运行模式2

（3）网络控制。

网络控制又称NET控制，即变频器的受控信号来自PLC，PLC以通信方式对变频器实施运行控制，变频器的转向指令和频率指令需要通过RS-485通信接口来完成，如图3.9所示。

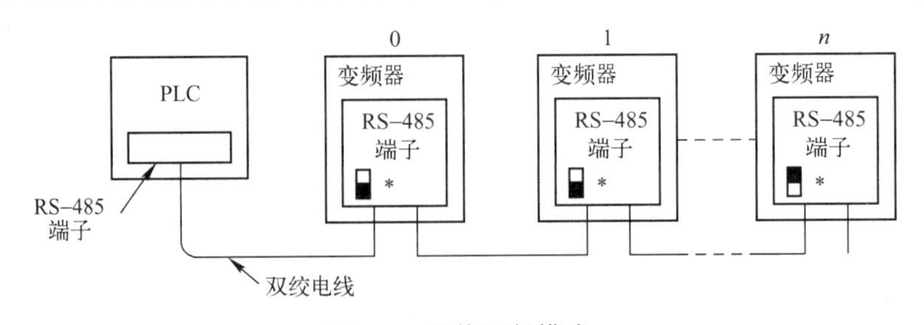

图3.9　网络运行模式

（4）运行模式转换。

变频器默认的运行模式是外部控制，当系统接通电源后，变频器会自动进入外部控制运行状态，即EXT指示灯亮。通过操作【PU/EXT】键可以切换变频器的运行模式，使变频器的运行模式在外部控制、PU控制、点动控制（JOG）三者之间转换，如图3.10所示。

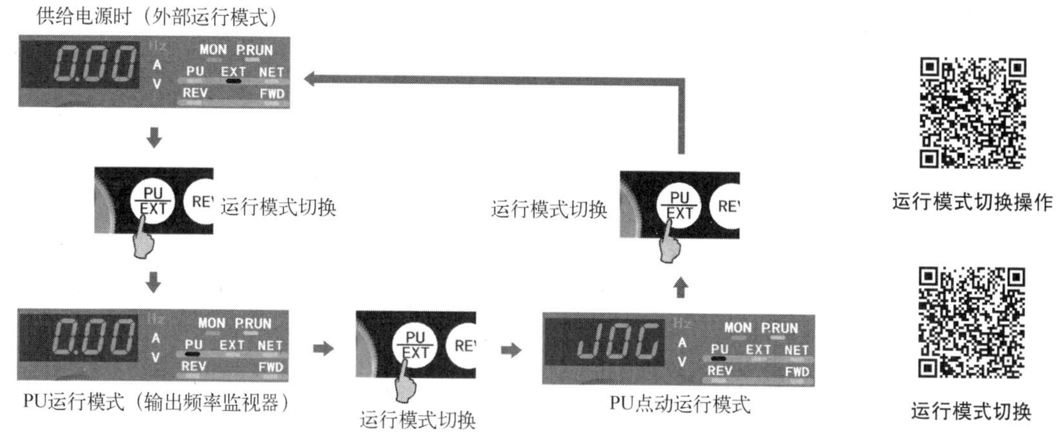

图3.10　运行模式的转换操作流程

3. 变频器的监视模式

变频器的监视模式用于显示变频器运行时的频率、电流、电压和报警信息，使用户了解变频器的实时工作状态。变频器的监视模式有3种，分别是频率监视、电流监视和电压监视，如图3.11所示。

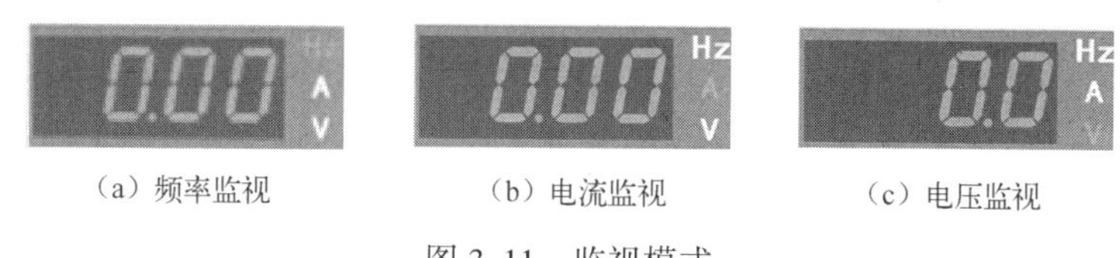

（a）频率监视　（b）电流监视　（c）电压监视

图3.11　监视模式

变频器默认的监视模式是频率监视，当系统接通电源后，变频器会自动进入频率监视状态，即Hz指示灯亮起。在监视模式下，按【SET】键可以循环显示输出频率、输出电流和输出电压，如图3.12所示。

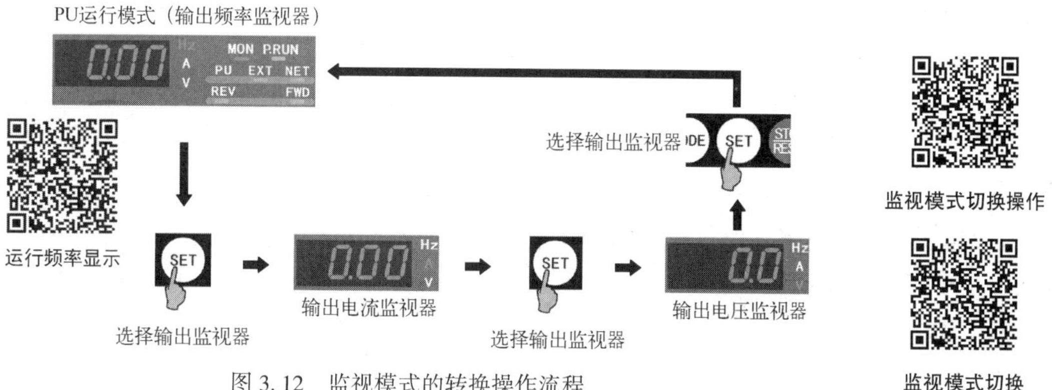

图3.12　监视模式的转换操作流程

4. PU控制变频器启/停操作

（1）点动运行。

变频器驱动电动机点动运行电路如图3.13所示。在三相交流电源与变频器之间串接一个空气断路器（QF），通过该空气断路器的接通与断开来控制变频器与电源的接通与脱离。

【工程经验】

在变频调速系统中，断路器为什么易跳闸？这是因为变频器在工作时会产生较大的漏电流，容易使断路器内部的漏电保护机构产生动作而跳闸。因此，在选择断路器时，其漏电保护动作电流值应该大于工频工作时电流的10倍。

点动运行操作流程如图3.14所示：首先闭合空气断路器，使变频器与电源接通，变频器的工作模式自动进入外部控制状态，EXT指示灯亮；按压【PU】键，将变频器的运行模式由外部控制切换为点动控制，PU指示灯亮，显示器上的字符显示为“JOG”；当持续按压【FWD】或【REV】键时，FWD指示灯或REV指示灯亮，显示器上的字符显示为“5”（默认值为5Hz），电动机以该频率做点动运行；当松脱【FWD】或【REV】键时，电动机停止运行。

（2）连续运行。

变频器驱动电动机连续运行电路如图3.15所示。在三相交流主电源与变频器之间串接一个交流接触器，通过该交流接触器主触点的闭合和断开来控制变频器与电源的接通和断开。从图3.15可见，这是一个典型的“启—保—停”控制电路，通过该电路可以控制交流接触器主触点的动作，最终完成变频器与电源的接通或断开。

【工程经验】

在主电路中，不建议采用图3.13所示的电路，变频器最好通过一个交流接触器接至交流电源，以防止在发生故障时扩大事故或损坏变频器。

连续运行操作过程如图3.16所示：当变频器上电后，变频器自动进入外部控制状态，EXT灯亮；按压【PU】键，将变频器的运行模式由外部控制切换为PU控制，PU指示灯亮，显示器上的字符显示为“0.00”；当点动按压【FWD】键时，FWD指示灯亮，显示器上的字符显示为“50.00”（默认值为50Hz），电动机以该频率做连续运行；当点动按压【STOP】键时，电动机停止运行。

【工程经验】

不要用主电源开关的接通和断开来启动和停止变频器的运行，应使用控制面板上的控制键来启动和停止变频器的运行。这是因为控制电路的电源在尚未充电至正常电压之前，变频器的工作状况有可能出现紊乱；当然也尽量不要用接触器来启动和停止变频器的运行，因为当变频器脱离电源后，电动机将处于自由停车状态，不能按预置的降速时间停机。

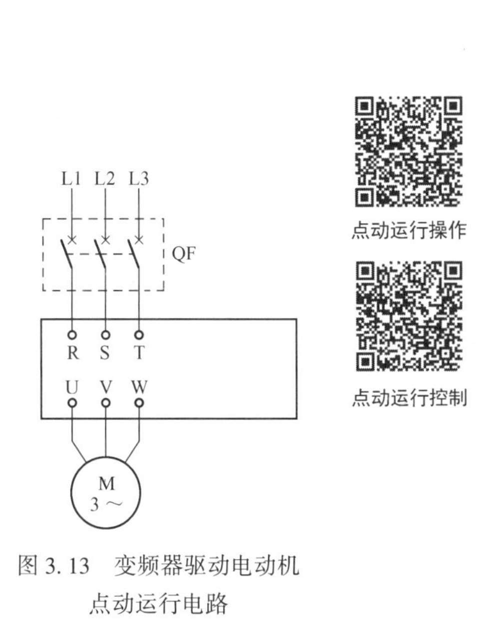

图 3.13　变频器驱动电动机点动运行电路

上电　待机状态

外部运行模式（输出频率监视器）

运行模式切换

PU运行模式（输出频率监视器）

运行模式切换

PU点动运行模式

点动正转　点动反转

PU运行模式（输出频率监视器）　PU运行模式（输出频率监视器）

点动停止　点动停止

PU运行模式（输出频率监视器）

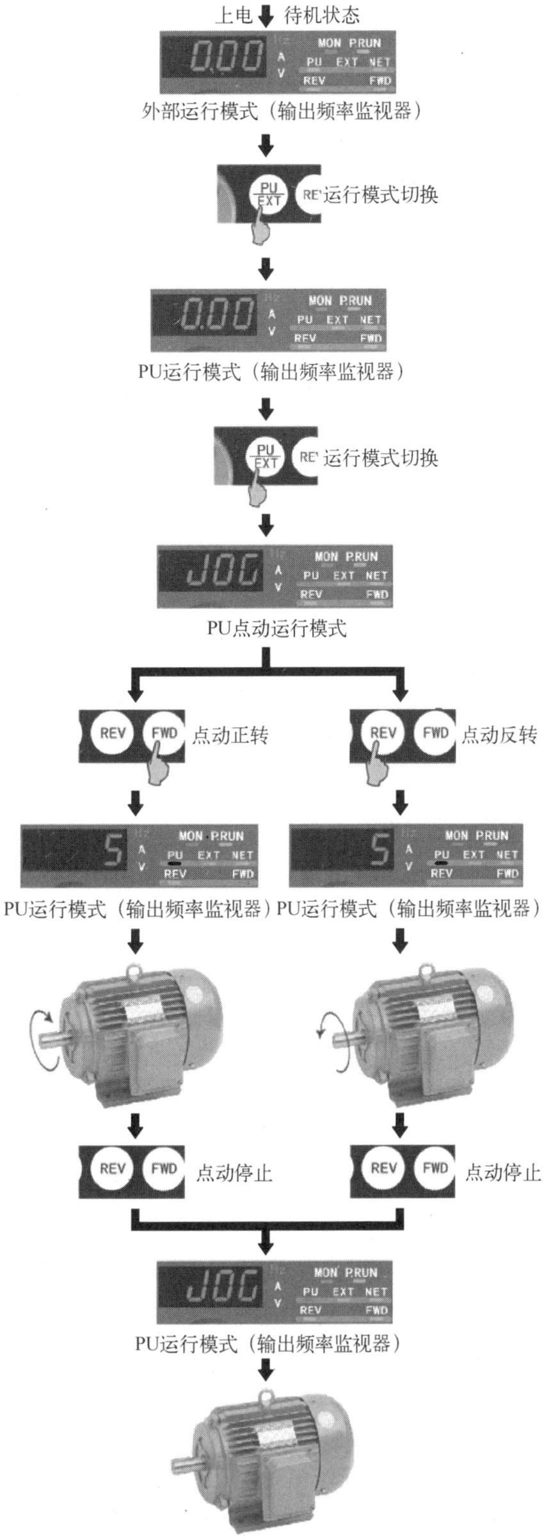

图 3.14　点动运行操作流程

L1 L2 L3
FU_1
KM_1
R S T
U V W
M
3～
L_1
FU_2
SB_1
SB_2　KM_1
KM_2
L_2

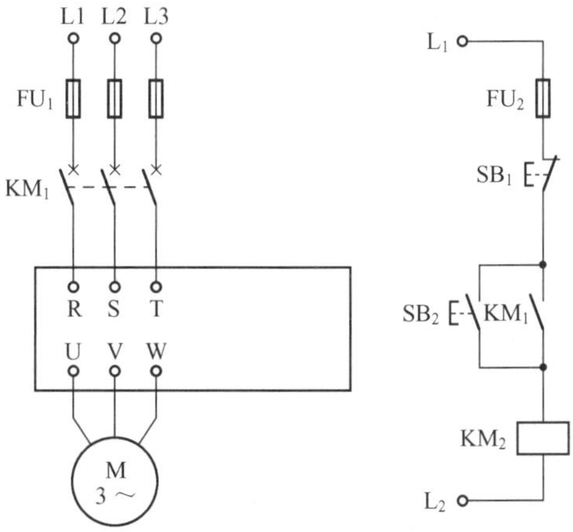

图 3.15　变频器驱动电动机连续运行电路

连续运行操作

连续运行控制

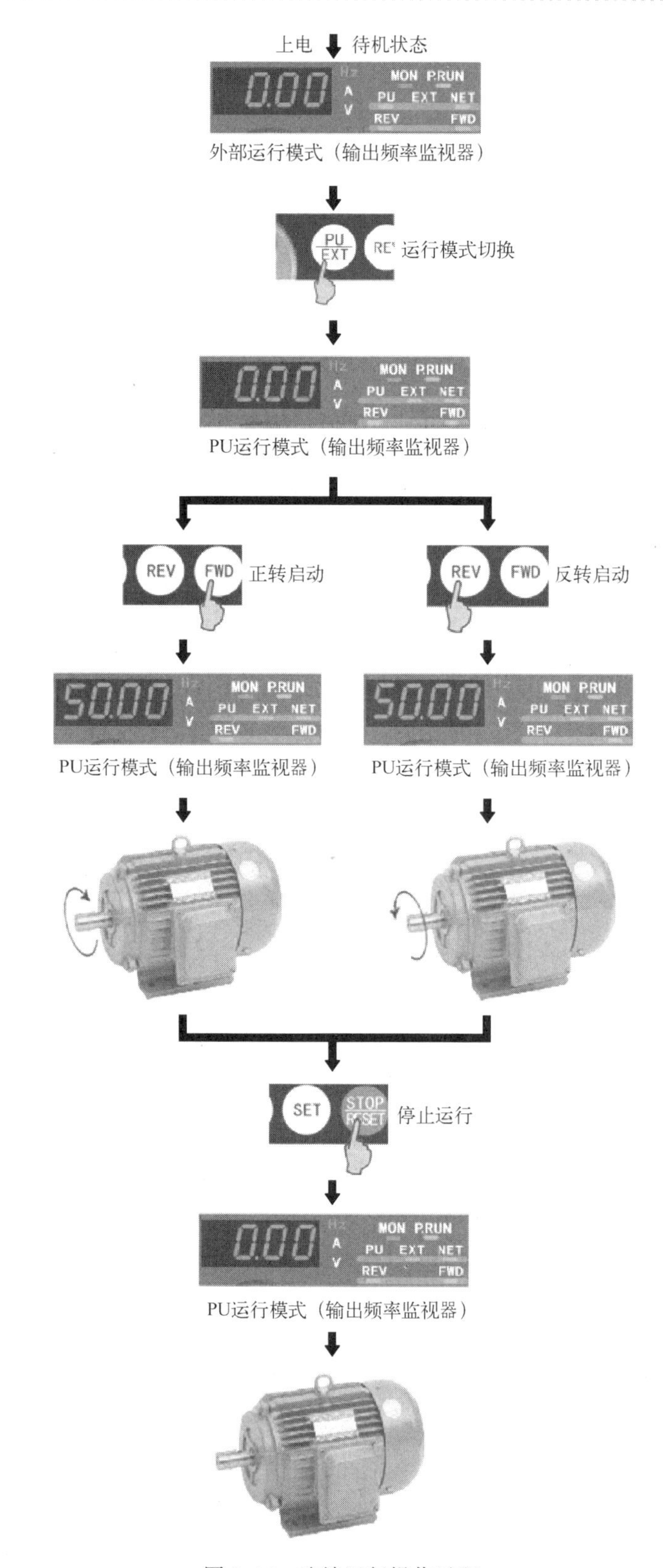

图 3.16　连续运行操作过程

（3）调速运行。

通用变频器的调速范围很宽，以三菱 FR-A740-0.75K-CHT 变频器为例，其输出频率调节范围为 0.02 ～ 400Hz，因此，可在较宽的频率范围内对三相异步电动机进行无级调速。

① 运行前调速操作。

条件：假设变频器已上电，显示器上的字符显示为“0.00”，电动机处于静止状态。

要求：变频器驱使电动机以 30Hz 的频率运行，那么该如何操作呢？

在此状态下，顺时针旋转变频器的 M 旋钮，观察显示器上的数值变化。当显示数值达到 30Hz 时，停止 M 旋钮的旋转，此时显示器上的显示字符为“30.00”，且持续闪烁；点按【SET】键，此时显示器上的字符仍然为“30.00”，但停止闪烁，即运行频率的设定值（30Hz）被确定。当按压【FWD】或【REV】键时，电动机开始启动并以 30Hz 的频率保持连续运行状态；当点动按压【STOP】键时，电动机停止运行，如图 3.17 所示。

② 运行中调速操作。

条件：假设变频器驱动的电动机已经开始稳定运行，显示器上的字符显示为“30.00”。

要求：变频器驱使电动机以 50Hz 的频率运行，那么该如何操作呢？

在此状态下，顺时针旋转变频器的 M 旋钮，观察显示器上的数值变化。当显示数值达到 50Hz 时，停止 M 旋钮的旋转，此时显示器上的显示字符为“50.00”，且持续闪烁；点按【SET】键，此时显示器上的显示字符仍然为“50.00”，但停止闪烁，即运行频率的设定值（50Hz）被确定，电动机运行速度提升，并以 50Hz 的频率保持连续运行状态；当点动按压【STOP】键时，电动机停止运行，如图 3.18 所示。

【工程经验】

变频器在刚接通电源的瞬间，过大的充电电流会构成对电网的干扰，因此应使变频器接通电源的次数最少。

【任务实施】

1. 实训器材

（1）变频器，型号为三菱 FR-A740-0.75K-CHT 变频器，每组 1 台。

（2）三相异步电动机，型号为 A05024、功率为 60W，每组 1 台。

（3）电工常用仪表和工具，每组 1 套。

（4）对称三相交流电源，线电压为 380V，每组 1 个。

2. 实训步骤

（1）选择运行模式操作。

假设变频器处于待机状态，当前工作模式为 EXT 外部控制、频率监视。运行模式的转换操作流程如图 3.10 所示。

【第一步】选择 PU 控制。

操作过程：点动按压【PU/EXT】键一次。

运行前频率设定及运行操作

运行频率设定

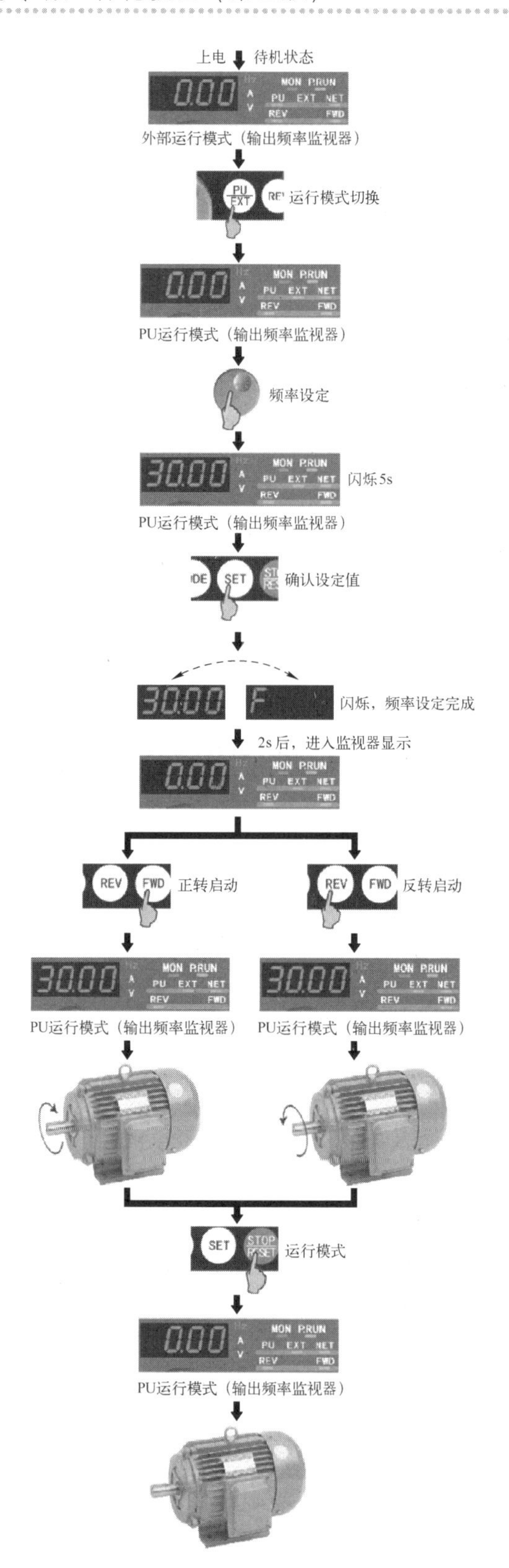

图3.17 运行前的频率设定及运行操作过程

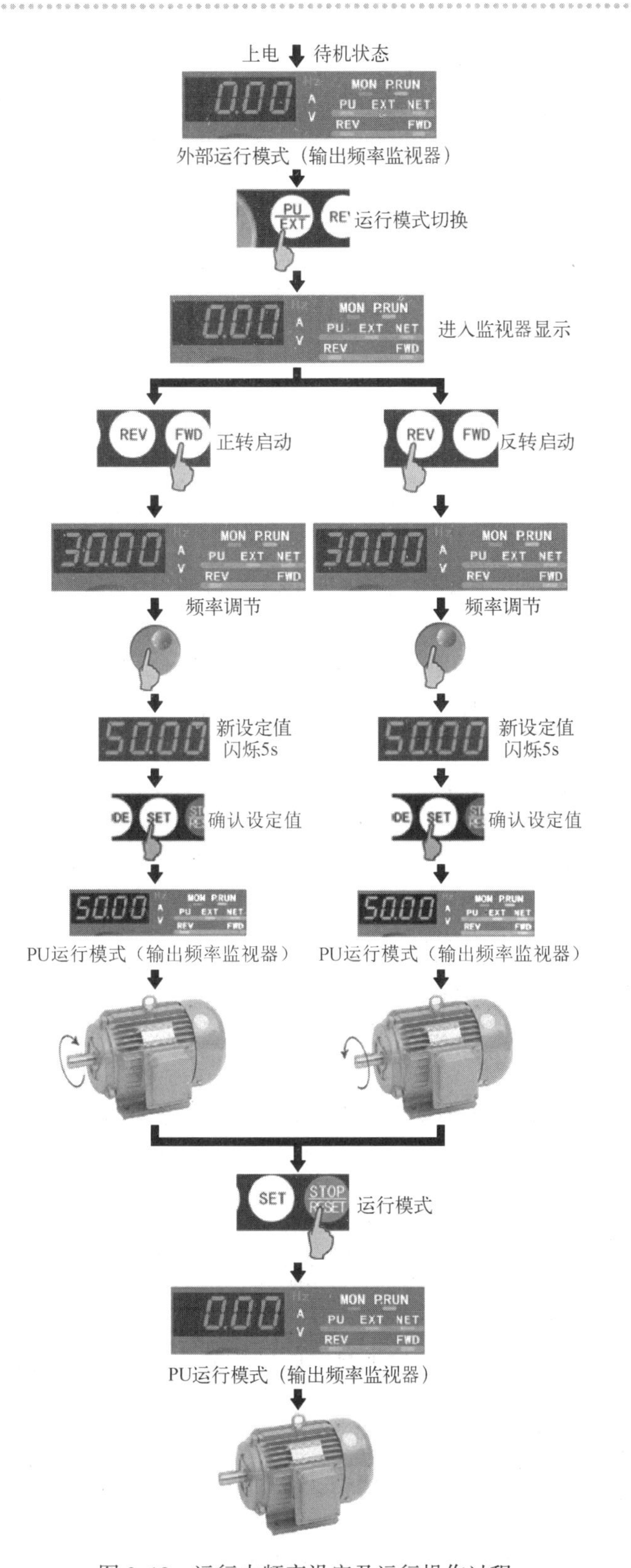

图 3.18　运行中频率设定及运行操作过程

运行中频率设定及运行操作

运行频率调节

观察项目：观察运行模式指示灯和显示器上显示的字符。

现场状况：变频器的PU指示灯点亮，EXT指示灯熄灭；显示器上显示的字符为“0.00”。

【第二步】选择点动控制。

操作过程：点动按压【PU/EXT】键一次。

观察项目：观察运行模式指示灯和显示器上显示的字符。

现场状况：变频器的PU指示灯点亮，EXT指示灯熄灭；显示器上显示的字符为“JOG”。

【第三步】选择EXT控制。

操作过程：点动按压【PU/EXT】键一次。

观察项目：观察运行模式指示灯和显示器上显示的字符。

现场状况：变频器的EXT指示灯点亮，PU指示灯熄灭；显示器上显示的字符为“0.00”。

（2）选择监视模式操作。

假设变频器处于待机状态，当前工作模式为PU控制、频率监视。监视模式的转换操作流程如图3.12所示。

【第一步】选择电流监视。

操作过程：点动按压【SET】键一次。

观察项目：观察显示器旁边的单位指示灯和显示器上显示的字符。

现场状况：A指示灯点亮，Hz指示灯和V指示灯熄灭；显示器上显示的字符为“0.00”。

【第二步】选择电压监视。

操作过程：点动按压【SET】键一次。

观察项目：观察显示器旁边的单位指示灯和显示器上显示的字符。

现场状况：V指示灯点亮，A指示灯和Hz指示灯熄灭；显示器上显示的字符为“0.0”。

【第三步】选择频率监视。

操作过程：点动按压【SET】键一次。

观察项目：观察显示器旁边的单位指示灯和显示器上显示的字符。

现场状况：Hz指示灯点亮，V指示灯和A指示灯熄灭；显示器上显示的字符为“0.00”。

（3）点动运行操作。

假设变频器处于待机状态，当前工作模式为PU控制、频率监视。点动运行操作流程如图3.14所示。

【第一步】设定点动控制。

操作过程：点动按压【PU】键一次。

观察项目：观察变频器操作单元上的指示灯和显示器上显示的字符；观察电动机的转向及转速。

现场状况：PU指示灯点亮，显示器上显示的字符为“JOG”；电动机没有旋转。

【第二步】正向点动运行。

操作过程：持续按压【FWD】键。

观察项目：观察变频器操作单元上的指示灯和显示器上显示的字符；观察电动机的转向及转速。

现场状况：PU指示灯和FWD指示灯点亮，显示器上显示的字符为“5”；电动机正向低速旋转。

【第三步】停止正向点动。

操作过程：松脱按压【FWD】键。

观察项目：观察变频器操作单元上的指示灯和显示器上显示的字符；观察电动机的转向及转速。

现场状况：PU 指示灯点亮，FWD 指示灯熄灭，显示器上显示的字符为“JOG”；电动机停止旋转。

【第四步】反向点动运行。

操作过程：持续按压【REV】键。

观察项目：观察变频器操作单元上的指示灯和显示器上显示的字符；观察电动机的转向及转速。

现场状况：PU 指示灯和 REV 指示灯点亮，显示器上显示的字符为“5”；电动机反向低速旋转。

【第五步】停止反向点动。

操作过程：松脱按压【REV】键。

观察项目：观察变频器操作单元上的指示灯和显示器上显示的字符；观察电动机的转向及转速。

现场状况：PU 指示灯点亮，REV 指示灯熄灭，显示器上显示的字符为“JOG”；电动机停止旋转。

（4）连续运行操作。

假设变频器处于待机状态，当前工作模式为 PU 控制、频率监视。连续运行操作过程如图 3.16 所示。

【第一步】设定正向连续运行。

操作过程：点动按压【FWD】键。

观察项目：观察变频器操作单元上的指示灯和显示器上显示的字符；观察电动机的转向及转速。

现场状况：PU 指示灯和 FWD 指示灯点亮，显示器上显示的字符为“50.00”；电动机正向高速旋转。

【第二步】反向连续运行。

操作过程：点动按压【REV】键。

观察项目：观察变频器操作单元上的指示灯和显示器上显示的字符；观察电动机的转向及转速。

现场状况：PU 指示灯和 REV 指示灯点亮，显示器上显示的字符为“50.00”；电动机的转向为正向旋转→停止→反向旋转。

【第三步】停止运行。

操作过程：点动按压【STOP】键。

观察项目：观察变频器操作单元上的指示灯和显示器上显示的字符；观察电动机的转向及转速。

现场状况：PU 指示灯点亮，REV 指示灯熄灭，显示器上显示的字符为“0.00”；电动机停止旋转。

（5）设定运行频率的连续运行。

假设变频器处于待机状态，当前工作模式为 PU 控制、频率监视。设定运行频率的连续运行操作流程如图 3.17 所示。

【第一步】设定运行频率。

操作过程：右旋 M 旋钮，将显示器上显示的字符调整为“30.00”，然后点动按压【SET】键。

观察项目：观察变频器操作单元上的指示灯和显示器上显示的字符；观察电动机的转向及转速。

现场状况：PU 指示灯点亮，显示器上显示的字符在“F”和“30.00”之间交替闪烁，在持续闪烁 2s 后，显示字符为“0.00”；电动机没有旋转。

【第二步】正向连续运行。

操作过程：点动按压【FWD】键。

观察项目：观察变频器操作单元上的指示灯和显示器上显示的字符；观察电动机的转向及转速。

现场状况：PU 指示灯和 FWD 指示灯点亮，显示器上显示字符为“30.00”；电动机正向中速旋转。

【第三步】停止运行。

操作过程：点动按压【STOP】键。

观察项目：观察变频器操作单元上的指示灯和显示器上显示的字符；观察电动机的转向及转速。

现场状况：PU 指示灯点亮，FWD 指示灯熄灭，显示器上显示的字符为“0.00”；电动机停止旋转。

（6）修改运行频率的连续运行。

假设变频器当前工作模式为 PU 控制、频率监视、电动机中速（频率为 30Hz）旋转。修改运行频率的连续运行操作流程如图 3.18 所示。

操作过程：右旋 M 旋钮，将显示器上显示的字符调整为“50.00”，然后再点动按压【SET】键。

观察项目：观察变频器操作单元上的指示灯和显示器上显示的字符；观察电动机的转向及转速。

现场状况：PU 指示灯和 FWD 指示灯点亮，显示器上显示的字符在“F”和“50.00”之间交替闪烁，在持续闪烁 2s 后，显示字符为“50.00”；电动机高速（频率为 50Hz）旋转。

【工程素质培养】

1. 职业素质培养要求

变频器在上电前，必须反复核对其输入/输出端子，输入必须接 R、S、T 端子，输出必须接 U、V、W 端子，并予以确认；变频器必须可靠接地，检查接地端子的压接状态；端子和导线的连接应牢靠；检查主电路端子的压接状态。

变频器在上电后，如果需要改接线或进行维修，则应关断电源，只有在电荷指示灯熄灭后才能进行开盖操作。

2. 专业素质培养问题

问题 1：电源开关闭合以后，变频器没有工作。

解答：检查变频器主电路接线是否正确、开关接触是否良好；检查供电电源是否停电、缺相；检查变频器的快速熔断器是否动作熔断。

问题 2：在操作过程中，偶尔出现屏抖甚至黑屏现象。

解答：这是因为面板电路是通过 PU 接口插入主机电路中去的，出现上述现象并不是变频器工作不正常，而是 PU 接口插接时有松动或虚接问题。

问题 3：在变频器工作过程中，电流监视显示的数值异常增大。

解答：这可能是三相异步电动机单相运行造成的，检查变频器输出端子接线是否良好。

问题 4：变频器上电以后，按压正转【FWD】键，变频器正转指示灯开始闪烁，但电动机没有旋转。

解答：这是因为变频器没有得到频率输出指令，此时应通过 M 旋钮给出一个频率设定值，使变频器得到频率输出指令，控制电动机开始旋转并在设定的频率上运行。

问题 5：变频器上电以后，同时按压正转【FWD】键和反转【REV】键，变频器没有频率输出，电动机不旋转。

解答：如果同时按压正转【FWD】键和反转【REV】键，则相当于变频器的运行方向无明确指向，因此变频器没有频率输出，电动机不旋转。

3. 解答工程实际问题

监控模式记忆

问题情境 1：在进行变频器操作训练时，当多台变频器上电以后，变频器显示的监视内容却不相同，有的变频器监视频率，有的变频器监视电压或电流。

趣味问题：为什么多台变频器上电以后显示的监视内容各有不同呢？

工程答案：之所以出现上述情况，原因是每台变频器设置的最先显示内容不同。在使用变频器时，用户对变频器监视的内容要求是不相同的，有的可能关注频率，有的可能关注电流，有的可能关注电压。为满足不同用户的差别性要求，三菱 FR-A740 系列变频器具有设置最先显示内容的功能。如果持续按住【SET】键 1s 以上的时间，则在听到“嘀”的一声长响后，即可设置屏幕最先显示的监视内容。例如，要设置频率显示优先，只需当屏幕上显示输出频率时，持续按住【SET】键 1s 即可。

问题情境 2：变频器在运行过程中，如果逆时针旋转 M 旋钮，则频率会按预置的降速时间开始降速；如果顺时针旋转 M 旋钮，则频率会按预置的升速时间开始升速。

趣味问题：仔细观察不难发现，不管是频率上升还是下降，其参数的变化率总是一个渐进的过程。以频率参数为例，其起初调整幅度很小，单位为 0.01Hz，如果调整时间继续后延，则频率的调整幅度会依次加大，单位由 0.01Hz 加大到 1Hz，甚至 10Hz。那么参数调整的这个渐进过程在实际工程上有什么用处呢？

工程答案：起初的调整或短暂的调整的主要目的是对变频器的参数进行精细准确的修正，因此，变频器在系统软件设计时就设定了起始段参数调整的极小幅度。例如，对于 4 极电动机来说，0.01Hz 频率的改变，仅相当于转速改变了 0.3r/min，由此可见转速微调的精度。同样，为了缩短调整时间，设定了参数调整的较大幅度，以使被调参数快速接近目标值，再做精细修正，因此，变频器参数调整的渐进过程在实际工程上非常实用。

任务 4　变频器的测量操作训练

【任务要求】

以变频器的测量操作为训练任务，通过对 PWM 控制技术的学习，使学生熟悉变频与变压的关系，掌握 SPWM 控制方式。

1. 知识目标

（1）熟悉变频器的变频与变压，理解恒压频比的意义。

（2）了解脉幅调制和脉宽调制的指导思想。

（3）了解 SPWM 波形，掌握单极性和双极性 SPWM 波形的控制方法。

2. 技能目标

（1）能对变频器的运行参数进行读取和比较。

（2）会用示波器测量变频器的输出电压波形。

【知识储备】

在变频调速系统中，随着变频器输出频率的变化，必须相应地调节其输出电压。此外，在变频器输出频率不变的情况下，为了补偿电网电压和负载变化引起的输出电压波动，也应适当地调节其输出电压。实现调压和调频的方法有很多种，目前应用较多的是脉宽调制技术，简称 PWM 技术。它针对变频器的电压和频率控制，在频率控制、动态响应、抑制谐波、效率等方面优势显著。

1. 变频与变压

由《电动机原理与拖动技术》公式 $U_1 \approx E_1 = 4.44 f_1 W_1 K_{W1} \Phi_m$ 可知，如果定子每相感应电动势的有效值 E_1 不变，则在改变定子频率时会出现下面两种情况。

（1）在基频（额定频率 f_N）以下调速。

在基频以下调速时，需要调节电源电压，否则电动机将不能正常运行，其原因如下：当降低 f_1 时，如果 U_1 不变，则将使磁通 Φ_m 增大，此时电动机磁路饱和，励磁电流急剧增大，使电动机性能下降，严重时会因绕组过热烧坏电动机。为防止磁路饱和，应使 Φ_m 保持不变，于是，U_1/f_1 必须保持为常数，即恒压频比。

（2）在基频（额定频率 f_N）以上调速。

在基频以上调速时，按比例升高电压是很困难的。因此只好保持电压不变，这时 f_1 越高，Φ_m 越小，结果使电动机的铁芯没有得到充分利用，造成浪费。

由上面的讨论可知，异步电动机的变频调速必须按照一定的规律，同时改变定子的电压和频率，即必须通过变频装置获得电压、频率均可调节的供电电源。

【现场讨论】

问题：当电动机使用工频电源驱动时，如果电压下降，则电流会增大；对于变频器驱动，如果频率下降时电压也下降，那么电流是否会增大呢？

结论：当频率下降时，如果输出相同的功率，则电流会增大，但在转矩一定的条件下，电流几乎不变。

2. 恒压频比的实现

要使变频器在频率变化的同时，实现电压的变化，并维持 U_1/f_1 = 常数，技术上有两种控制方法，即 PAM（脉幅调制）和 PWM（脉宽调制）。

PAM 是按一定规律改变脉冲列的脉冲幅度以调节输出量和波形的一种调制方式。它的指导思想是在调节频率的同时调节整流后直流电压的幅值 U_D，以此调节变频器输出交流电压的幅值。由于采用这种方法控制电路很复杂，所以现在已经很少使用了。

PWM 是按一定规律改变脉冲列的脉冲宽度以调节输出量和波形的一种调制方式。它的指导思想是将输出电压分解成很多的脉冲，在调频时，只要控制脉冲的宽度和脉冲间隔时间，就可控制输出电压的幅值。PWM 的电路框图及输出电压基本波形如图 4.1 所示。

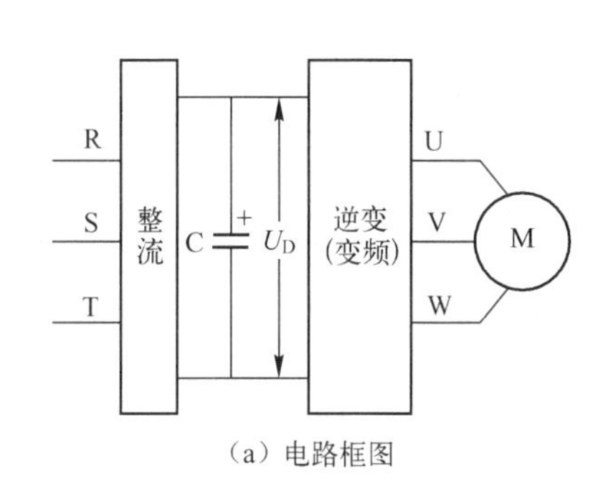

（a）电路框图

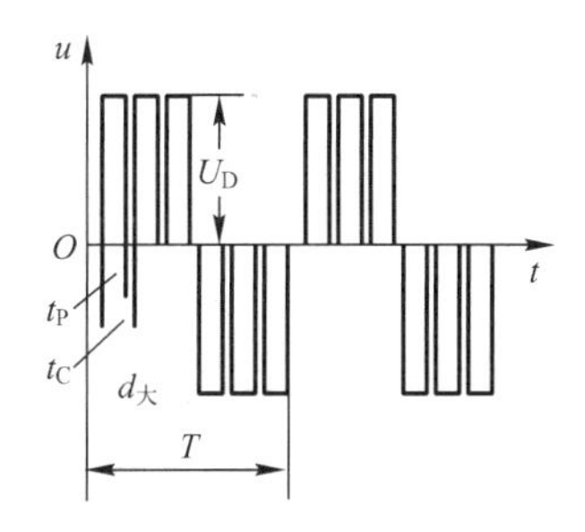

（b）频率较高时的输出电压基本波形

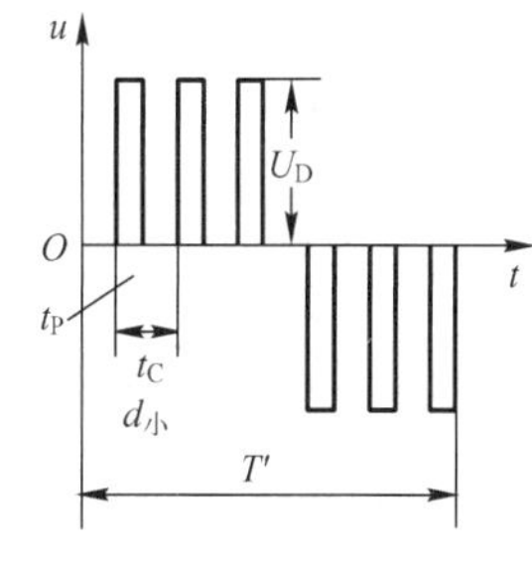

（c）频率较低时的输出电压基本波形

图 4.1　PWM 的电路框图及输出电压基本波形

图 4.2（a）为一个正弦半波，将其分成 n 等份，每一份可以看作一个脉冲，很显然，这些脉冲宽度相等，都等于 π/n；但幅值不等，脉冲顶部为曲线，各脉冲幅值按正弦规律变化。若把上述脉冲系列用同样数量的等幅不等宽的矩形脉冲序列代替，并使矩形脉冲的中点和相应正弦等分脉冲的中点重合，同时使二者的面积相等，就可以得到如图 4.2（b）所示的脉冲序列，即 PWM 波形。从图 4.2 中可以看出，各脉冲的宽度是按正弦规律变化的。根据面积相等、效果相同的原理可知，PWM 波形和正弦半波是等效的。用同样的方法也可以得到正弦波负半周的 PWM 波形。完整的正弦波形用等效的 PWM 波形表示，称为 SPWM 波形。

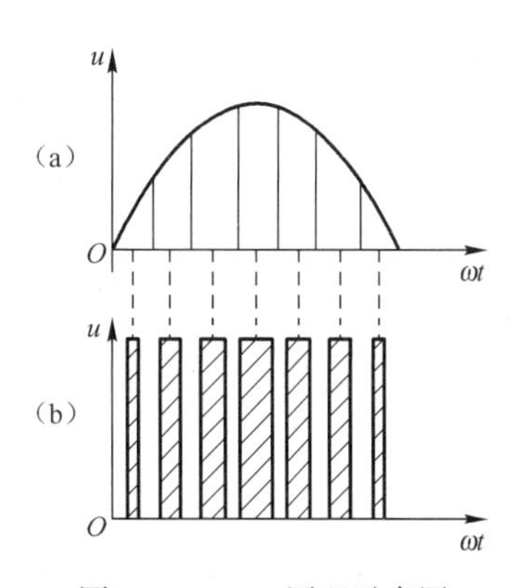

图 4.2　PWM 原理示意图

3. SPWM控制方式

形成PWM波形最基本的方法是利用三角形调制波和控制波的比较：控制系统通过比较电路将三角形调制波与各相的控制波进行比较，变换为逻辑电平，并通过驱动电路使功率器件交替导通和关断，变频器会输出各相电压波形。为使变频器输出的电压波形趋于正弦波，常采用SPWM控制方式，控制上常有单极性和双极性两种方式。

单极性SPWM控制方式波形如图4.3所示，在调制波 u_r 的每半个周期内，载波 u_c 只在一个方向上变化，得到的SPWM波形也只在一个方向上变化。双极性SPWM控制方式波形如图4.4所示，在调制波 u_r 的每半个周期内，载波 u_c 在正、负两个方向上变化，得到的SPWM波形也在两个方向上变化。示波器显示的SPWM控制实测波形如图4.5所示。

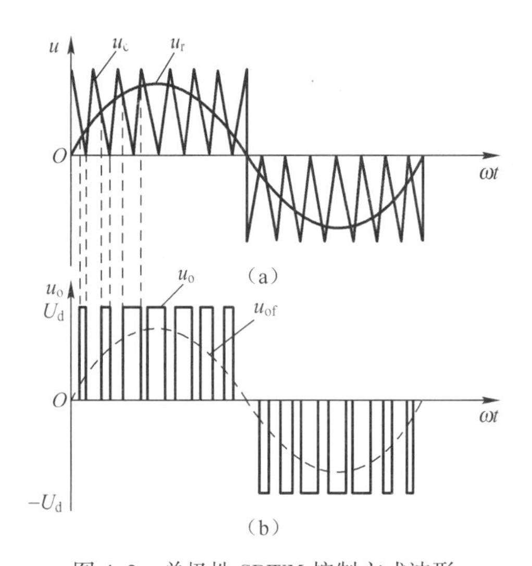

图4.3　单极性SPWM控制方式波形

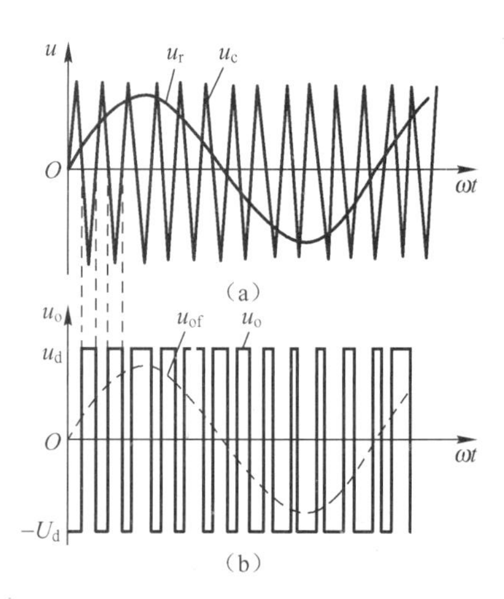

图4.4　双极性SPWM控制方式波形

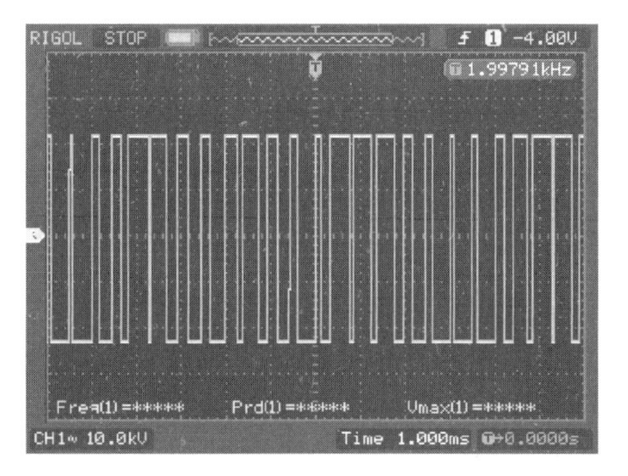

SPWM技术

图4.5　示波器显示的SPWM控制实测波形

如图4.6所示，虽然输出电压波形与正弦波相差甚远，但由于变频器的负载是电感性负载电动机，而流过电感的电流是不能突变的，因此，当把调制为几千Hz的SPWM电压波形加到电动机上时，输出电流波形就是比较好的正弦波了，如图4.7所示。

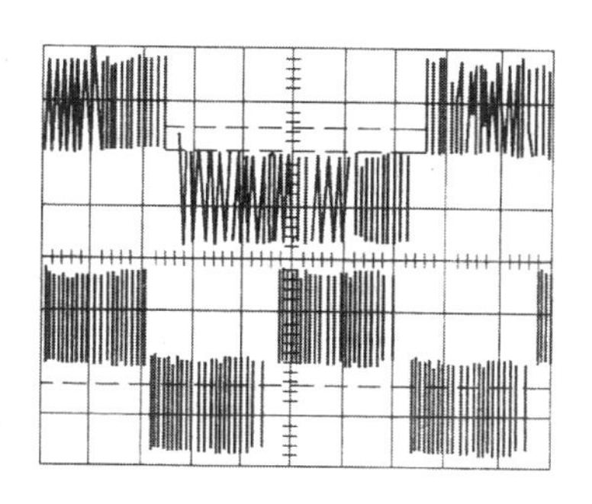

图 4.6　输出电压波形

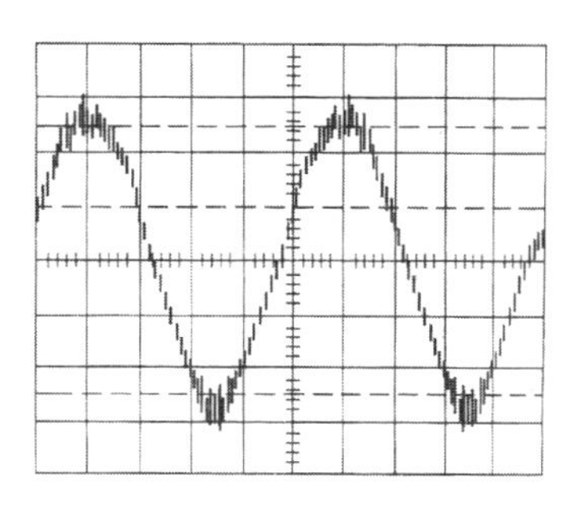

图 4.7　输出电流波形

【课堂讨论】

为什么变频器不能作为变频电源呢?

变频电源的整个电路由交流—直流—交流—滤波等部分构成，因此，它输出的电压波形和电流波形均为纯正的正弦波形，非常接近理想的交流供电电源，可以输出世界上任何国家的电网电压和频率。变频器是由交流—直流—交流（调制波）等电路构成的，变频器的标准叫法应为变频调速器，其输出电压的波形为脉冲方波，且谐波成分多，电压和频率同时按比例变化，不可分别进行调整，不符合交流电源的要求，因此原则上不能作为变频电源，一般仅用于三相异步电动机的调速。

4. 测量仪表的选用

在变频器的调试及运行过程中，有时需要测量它的某些输入/输出量。由于通常使用的交流仪表都是以测量工频正弦波形为目的设计制造的，而变频器电路中的许多量并非标准工频正弦波形。因此，在测量变频器电路时，如果仪表类型选择不当，那么测量结果会有较大的误差，甚至根本无法进行测量。在测量变频器电路的电压、电流、功率时，可根据下列要求选择适当的仪表。

输入电压：因为是工频正弦波电压，故各类仪表均可使用。

输出电压：一般用整流式仪表。如果选用电磁式仪表，则读数偏低；绝对不能用数字电压表。

输入/输出电流：一般选用电磁式仪表。也可以选用热电式仪表，但反应迟钝，不适用于负载变动的场合。

输入/输出功率：可用电动式仪表。

【课堂讨论】

为什么用普通数字表测量变频器的输出电压不能得到准确的结果呢？应使用什么形式的仪表?

一般变频器的输出电压波形是由很多个（几百甚至几千）幅值相同、宽度不同的“方波”组成的（在半个周期内，中心区域最宽，向两边逐渐变窄），完全不是正弦波形，如图 4.8（a）所示，输出电压的平均值是通过改变占空比来调节的。

普通数字表不像指针表那样利用通电线圈产生磁场，并利用磁场的作用力转动表针指示测量值，而是由电子元件发出一系列频率和宽度固定的采样脉冲，对被测量进行采样，如图4.8（b）所示。每隔一段时间（如50Hz的一个周期或半个周期）计算一次采样结果的平均值，得到与被测量成比例的数值，以此作为测量结果。

当用普通数字表测量变频器的输出电压时，有时仪表的采样脉冲刚好和变频器输出电压的脉冲重合，此时采样结果为直流电压 U_D；有时采样脉冲和变频器输出电压的脉冲正好错开，此时采样结果为0V。

因为变频器输出电压的占空比是随着给定频率和预制的压频比（U/f）变化的，所以仪表的采样结果将无规律可循，但总体来讲，因为每次采样电压都是直流电压 U_D，故测量显示值将比实际值偏大，如图4.8（c）所示。

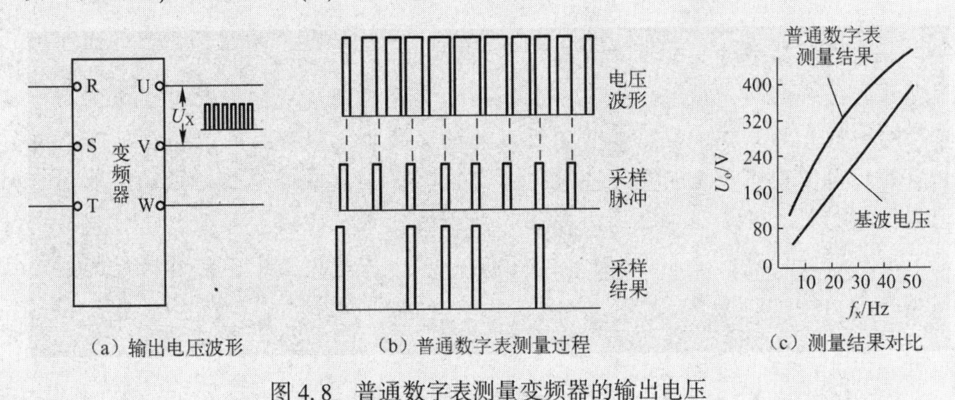

（a）输出电压波形　（b）普通数字表测量过程　（c）测量结果对比

图4.8　普通数字表测量变频器的输出电压

完全能够测得变频器输出电压和电流有效值，并能保证达到仪表规定的标准度的仪表是可适应频率范围为0到几千或几万Hz的专用数字表。

【任务实施】

1. 实训器材

（1）变频器，型号为三菱FR-A740-0.75K-CHT，1台/组。

（2）PLC，型号为三菱 FX_{3U}-64M，1台/组。

（3）示波器，型号为普源精电DS1052E，1台/组。

（4）三相异步电动机，型号为A05024、功率为60W，1台/组。

（5）电工常用仪表和工具，1套/组。

（6）按钮，型号为施耐德ZB2-BE101C（不带自锁），2个（绿色和红色）/组。

（7）对称三相交流电源，线电压为380V，1个/组。

2. 实训步骤

（1）测量变频器电压与频率的比值。

接通电源，使变频器处于待机状态。假设变频器当前工作模式为PU控制、频率监视、正转稳定运行，记录输出电压和电流的显示值，计算电压显示值与频率显示值之比（压频比），填写在表4.1中并给出验证结论。

表4.1　变频器压频比的测量

测量项目	20Hz	30Hz	40Hz	50Hz	结　论
电压显示值					
频率显示值					
压频比					

【第一步】20Hz时压频比的测量。

操作过程：调节M旋钮，将显示器上显示的字符调整为“20.00”，然后点动按压【SET】键。

观察项目：观察变频器操作单元上的指示灯，读取显示器上的电压显示值和频率显示值。

现场状况：PU指示灯和FWD指示灯点亮，显示器上显示的字符为“F”和“20.00”，并且这两种字符交替闪烁，在持续闪烁2s后，显示器上显示的字符为“20.00”；电动机以20Hz的频率正向旋转。

【第二步】30Hz时压频比的测量。

操作过程：调节M旋钮，将显示器上显示的字符调整为“30.00”，然后点动按压【SET】键。

观察项目：观察变频器操作单元上的指示灯，读取显示器上的电压显示值和频率显示值。

现场状况：PU指示灯和FWD指示灯点亮，显示器上显示的字符为“F”和“30.00”，并且这两种字符交替闪烁，在持续闪烁2s后，显示器上显示的字符为“30.00”；电动机以30Hz的频率正向旋转。

【第三步】40Hz时压频比的测量。

操作过程：调节M旋钮，将显示器上显示的字符调整为“40.00”，然后点动按压【SET】键。

观察项目：观察变频器操作单元上的指示灯，读取显示器上的电压显示值和频率显示值。

现场状况：PU指示灯和FWD指示灯点亮，显示器上显示的字符为“F”和“40.00”，并且这两种字符交替闪烁，在持续闪烁2s后，显示器上显示的字符为“40.00”；电动机以40Hz的频率正向旋转。

【第四步】50Hz时压频比的测量。

操作过程：调节M旋钮，将显示器上显示的字符调整为“50.00”，然后点动按压【SET】键。

观察项目：观察变频器操作单元上的指示灯，读取显示器上的电压显示值和频率显示值。

现场状况：PU指示灯和FWD指示灯点亮，显示器上显示的字符为“F”和“50.00”，并且这两种字符交替闪烁，在持续闪烁2s后，显示器上显示的字符为“50.00”；电动机以50Hz的频率正向旋转。

（2）观测变频器的电压输出波形。

接通电源，使变频器处于待机状态。假设变频器当前工作模式为PU控制、频率监视、正转稳定运行，用示波器观察并记录变频器的电压输出波形。

【第一步】10Hz时输出波形的测量。

操作过程：调节M旋钮，设定变频器的运行频率为10Hz；点动按压【SET】键。

观察项目：示波器测试条件如表4.2所示，观察波形的疏密程度及形状。

表4.2　示波器测试条件1

通　道	状　态	V/格	位　置	耦合方式	带宽限制	反　相
CH1	On	10.0kV/格	-800V	AC	Off	Off
通　道	输入电阻	探　头				
CH1	1MΩ	1000X				
时　间	参考时间	s/格	延　时			
Main	中心	1.000ms/格	0.000000s			
触　发	信号源	斜　率	触发模式	耦　合	水平的	延　迟
边缘触发	CH1	上升沿	自动	直流	1.60V	500ns
捕　获	采　样	存储深度	采样频率			
普通	实时	普通	100.0kSa			

现场状况：变频器的电压输出波形如图4.9所示。

【第二步】30Hz时输出波形的测量。

操作过程：调节M旋钮，设定变频器的运行频率为30Hz；点动按压【SET】键。

观察项目：示波器测试条件如表4.3所示，观察波形的疏密程度及形状。

表4.3　示波器测试条件2

通　道	状　态	V/格	位　置	耦合方式	带宽限制	反　相
CH1	On	2.00kV/格	-160V	AC	Off	Off
通　道	输入电阻	探　头				
CH1	1MΩ	1000X				
时　间	参考时间	s/格	延　时			
Main	中心	2.000ms/格	0.000000s			
触　发	信号源	斜　率	触发模式	耦　合	水平的	延　迟
边缘触发	CH1	上升沿	自动	直流	1.60V	500ns
捕　获	采　样	存储深度	采样频率			
普通	实时	普通	100.0kSa			

现场状况：变频器的电压输出波形如图4.10所示。

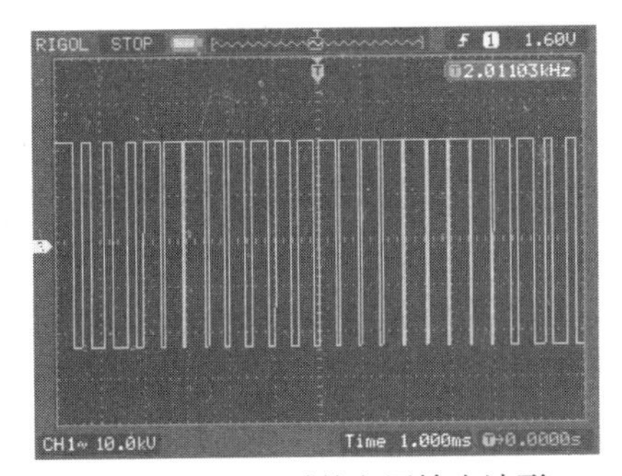

图4.9　10Hz时的电压输出波形

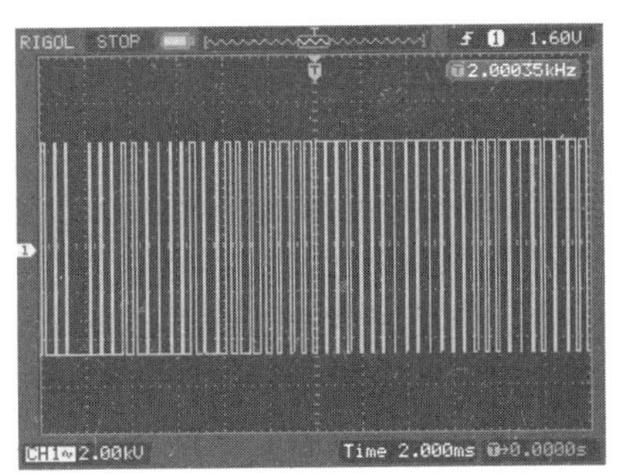

图4.10　30Hz时的电压输出波形

【第三步】40Hz 时输出波形的测量。

操作过程：调节 M 旋钮，设定变频器的运行频率为 40Hz；点动按压【SET】键。

观察项目：示波器测试条件如表 4.4 所示，观察波形的疏密程度及形状。

表 4.4　示波器测试条件 3

通　道	状　态	V/格	位　置	耦合方式	带宽限制	反　相
CH1	On	10.0kV/格	-800V	AC	Off	Off
通　道	输入电阻	探　头				
CH1	1MΩ	1000X				
时　间	参考时间	s/格	延　时			
Main	中心	1.000s/格	0.000000s			
触　发	信号源	斜　率	触发模式	耦　合	水平的	延　迟
边缘触发	CH1	上升沿	自动	直流	-800mV	500ns
捕　获	采　样	存储深度	采样频率			
普通	实时	普通	250.0kSa			

现场状况：变频器的电压输出波形如图 4.11 所示。

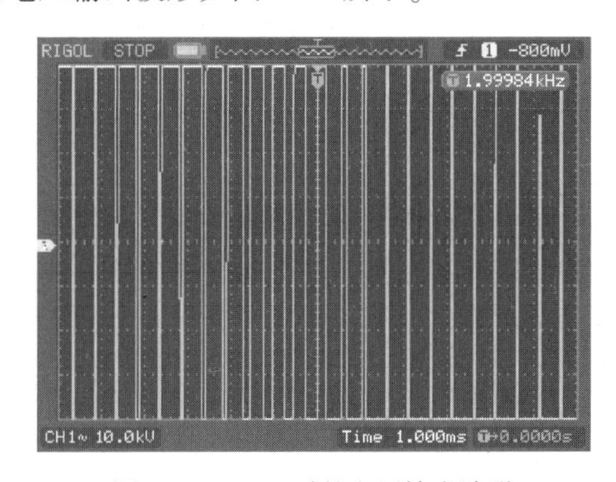

图 4.11　40Hz 时的电压输出波形

【工程素质培养】

1. 职业素质培养要求

在变频器工作过程中，不允许对电路信号进行检查。这是因为，在连接测量仪表时出现的噪声及误操作可能会使变频器出现故障。用普通万用表测量变频器的输出电压是不准确的，尤其在频率较低时，因此不能用普通万用表测量变频器的输出电压。

2. 专业素质培养问题

问题 1：在用示波器测量变频器的输出波形时，发现示波器的时基线不见了。

解答：出现上述现象的原因有很多，主要包括以下几方面。

① 调节旋钮（垂直位移调节旋钮或水平位移调节旋钮）位置不正确。通过改变调节旋钮的位置，使时基线出现。

② 亮度调节过低。通过改变亮度旋钮的位置提高时基线的亮度。

③ 触发信号控制开关挡位错误。应将该开关挡位置于“LINE”处。

④ 通道选择开关状态错误。应将该开关挡位置于“ON”处。

问题2：在测量过程中发现示波器显示的波形不完整。

解答：出现这种情况的原因是衰减旋钮位置不正确。解决的方法是改变垂直设置，转动垂直比例调节旋钮，直到看到完整波形。

问题3：在操作过程中发现测量的波形噪声太大，整个波形看不清楚。

解答：出现这种情况的原因是信号没有实际接入或信号系统接地不良，也可能是信号本身幅度太小而被干扰信号淹没。解决的方法是检查信号系统接线并尽可能消除噪声干扰。

3. 解答工程实际问题

问题情境：在变频器实际应用过程中，工厂经常用普通电动机当作变频专用电动机来使用。

趣味问题：使用变频器供电驱动时的普通电动机的温升为什么比使用工频电源供电驱动时的温升高？为什么要尽量选用变频专用电动机？

工程答案：不论何种形式的变频器，在运行中均会产生不同程度的谐波电压和电流，使电动机在非正弦波电压/电流下运行。谐波能引起电动机铜耗、铁耗及附加损耗的增加，这些损耗都会使电动机额外发热，如果将普通电动机运行于变频器输出的非正弦波电源条件下，则其温升一般要升高10%～20%，因此，使用变频器供电驱动时的普通电动机的温升比使用工频电源供电驱动时的温升高。

由于普通电动机都是按恒频、恒压设计的，所以不可能完全适应变频调速的要求，其性能没有变频专用电动机的性能好，频率太高或太低都会运行不稳定。普通电动机的设计转速是很高的，当电源频率较低时，电源中高次谐波引起的损耗较大，致使电动机温升提高；另外，低频时普通电动机自带的风扇不足以冷却自身，更会加剧电动机温升提高；电动机温升提高会影响绕组的使用寿命，限制电动机的输出，严重时甚至会烧毁电动机。因此，变频器要尽量与变频专用电动机配套使用。

任务 5 功能参数预置操作训练

【任务要求】

以变频器功能参数预置操作为训练任务，通过对变频功能参数的学习，使学生熟悉功能参数，掌握功能参数的预置操作方法。

1. 知识目标

（1）了解变频器功能参数预置的作用。

（2）了解功能参数与参数值的含义。

（3）掌握变频器常用的功能参数。

变频器的功能参数

2. 技能目标

（1）能准确选择功能参数。

（2）能正确预置功能参数。

【知识储备】

为充分发挥变频器的作用，必须要了解和掌握变频器的主要功能，熟悉变频器的功能码，而且在将变频器投入正常运行前，还要对其各种功能参数进行预置，使变频器的输出特性能够满足生产机械的要求。

1. 变频器的功能参数

（1）功能码与数据码。

变频器的功能通常用编码的方式定义，为每个编码都赋予了某种特定的功能。所谓功能码，就是指变频器的功能编码，在功能码中设定的数据就是数据码。在三菱变频器中，功能码改称功能参数，数据码改称参数值。尽管各种变频器的功能设定方法都大同小异，但是，在功能编码方面，它们之间的差异很大。三菱 FR-A740 系列通用变频器的部分功能参数参见附录 A。

（2）上限频率与下限频率。

上限频率是指变频器在运行时不允许超过的最高输出频率，其功能参数为 Pr. 1；下限频率是指变频器在运行时不允许低于的最低输出频率，其功能参数为 Pr. 2。在电气传动控制系统中，有时需要对电动机的最高/最低转速加以限制，以保证传动系统的安全和产品的质量，采用的方法就是给参数 Pr. 1 和 Pr. 2 赋值，通过对上述参数的设置来限制电动机的运行速度。

Pr. 1 和 Pr. 2 参数说明如表 5. 1 所示，其功能如图 5. 1 所示。

表 5. 1 Pr. 1 和 Pr. 2 参数说明

参数编号	名　称	单　位	设定范围	初始值		内容描述
Pr. 1	上限频率	0. 01Hz	0～120Hz	55kW 以下	120Hz	设定输出频率上限
				75kW 以上	60Hz	
Pr. 2	下限频率	0. 01Hz	0～120Hz	0Hz		设定输出频率下限

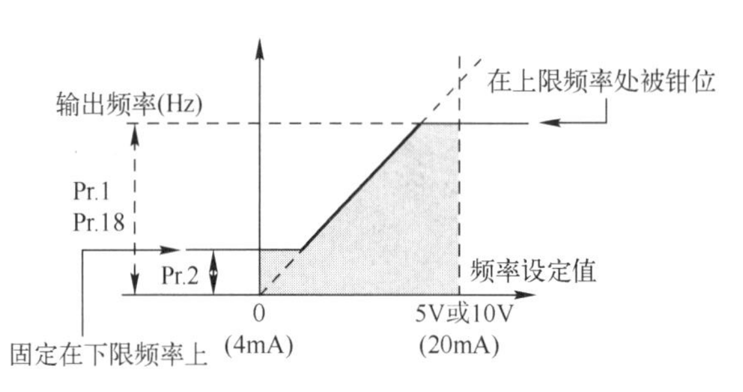

图 5.1　Pr. 1 和 Pr. 2 的功能

变频器均可通过功能参数来预置其上/下限频率，当设置好这两个功能参数以后，变频器的输出频率只能在这两个频率之间变化。当变频器的给定频率高于上限频率或低于下限频率时，变频器的输出频率将被限制在上/下限频率之间。

例如，预置上限频率=60Hz，下限频率=10Hz。

若给定频率为30Hz或50Hz，则输出频率与给定频率一致；若给定频率为70Hz或5Hz，则输出频率被限制为60Hz或10Hz。

【工程问题】

当电动机的运转频率超过60Hz时，应注意什么问题？

① 机械和装置在该高转速下运转要充分可能（机械强度、噪声、振动等）。

② 电动机进入恒功率输出范围，其输出转矩要能够维持工作。

③ 产生轴承寿命问题，要充分加以考虑。

④ 对于中容量以上的电动机，特别是2极电动机，在60Hz以上运转时要特别注意。

（3）基准频率。

基准频率是指变频器在最大输出电压时对应的输出频率，其功能参数为Pr. 3，参数说明如表5. 2所示。

表 5.2　Pr. 3 参数说明

参数编号	名　称	单　位	设定范围	初始值	内容描述
Pr. 3	基准频率	0. 01Hz	0～400Hz	50Hz	设定输出电压最大时的频率

当使用标准电动机运行时，一般将基准频率设定为电动机的额定频率。当需要电动机在工频电源与变频器之间切换运行时，需要将基准频率设定为电源频率。基准频率设定值应与铭牌所标的额定频率相同，若铭牌上标识的额定频率是60Hz，则Pr. 3的设定值应该为60Hz。

【工程问题】

为什么变频器的基准频率要与电动机的额定频率一致呢？

这是因为：若基准频率的设定低于电动机的额定频率，则电动机电压会升高，输出电压的升高将引起电动机磁通增大，使磁通饱和，励磁电流发生畸变，从而出现很大的尖峰电流，导致变频器因过流而跳闸；若基准频率的设定值高于电动机的额定频率，则电动机电压会降低，使电动机的带负载能力下降。

(4) 加速时间。

加速时间是指变频器从启动到输出预置频率所用的时间，其功能参数为 Pr. 7。各种变频器都提供了在一定范围内可任意给定加速时间的功能，用户可根据传动系统的情况自行给定一个加速时间，这样就可以有效解决启动电流大和机械冲击问题了。

Pr. 7 参数说明如表 5. 3 所示，其功能如图 5. 2 所示。

表 5. 3 Pr. 7 参数说明

参数编号	名称	单位	设定范围	初始值		内容描述
Pr. 7	加速时间	0. 1s	0～3600s	7. 5kW 以下	5s	设定电动机的加速时间
			0～360s	11kW 以上	15s	

确定加速时间的基本原则是在电动机的启动电流不超过允许值的前提下，尽量地缩短加速时间。在具体的操作过程中，由于计算非常复杂，因此可以将加速时间设得长一些，观察启动电流的大小，再慢慢缩短加速时间。

(5) 减速时间。

减速时间是指变频器从输出预置频率到停止所用的时间，其功能参数为 Pr. 8。各种变频器都提供了在一定范围内可任意给定减速时间的功能，用户可根据传动系统的情况自行给定一个减速时间，这样就可以有效解决制动电流大和机械惯性问题了。

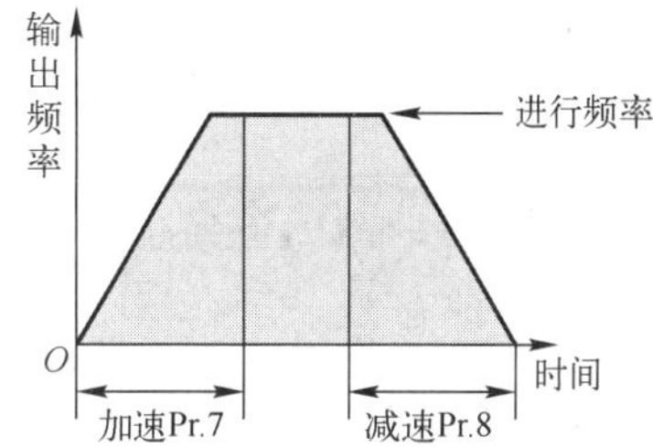

图 5. 2 Pr. 7 和 Pr. 8 的功能

Pr. 8 参数说明如表 5. 4 所示，其功能如图 5. 2 所示。

表 5. 4 Pr. 8 参数说明

参数	名称	单位	设定范围	初始值		内容描述
Pr. 8	减速时间	0. 1s	0～3600s	7. 5kW 以下	5s	设定电动机的减速时间
			0～360s	11kW 以上	15s	

在频率下降的过程中，电动机处于再生制动状态。如果传动系统的惯性较大，那么电动机将产生过电流和过电压，使变频器跳闸。如何避免上述情况的发生呢？主要是在减速时间上进行合理的选择。减速时间的给定方法与加速时间的给定方法一样，其值的大小主要考虑系统的惯性，惯性越大，减速时间越长。一般情况下，加/减速时间的值可以相同。

【工程经验】

有的人在调试变频器时没有顾及变频器的“感受”，只根据生产需要把加/减速时间调至 1s 以内，结果导致变频器经常损坏。加速时间过短，启动电流就大，性能好的变频器会自动限制输出电流，延长加速时间；性能差的变频器会因为电流过大而缩短寿命，加速时间最好不少于 2s。当减速太快时，变频器在停车时会受到电动机反电动势的冲击，模块也容易损坏。当电动机要短停时，最好用上刹车单元，不然就延长减速时间或采用自由停车方式，对于惯性非常大的负载，减速时间一般需要几分钟！

（6）电子过电流保护。

电子过电流保护是指当电流超过预定最大值时，变频器的保护装置会启动，使变频器停止输出并给出报警信号，其功能参数为 Pr. 9。

Pr. 9 参数说明如表 5. 5 所示。

表 5. 5　Pr. 9 参数说明

参数编号	名　称	单　位	初始值	设定范围		内容描述
Pr. 9	电子过电流保护	0. 01A	变频器额定电流	55kW 以下	0～500A	设定电动机的额定电流
		0. 1A		75kW 以上	0～3600A	

【小知识】

① 电子过电流保护功能在变频器的电源复位及复位信号的输入后会恢复到初始状态，因此要尽量避免不必要的复位或电源切断。

② 当连接多台电动机时，电子过电流保护功能无效，每台电动机都需要设置各自的外部热继电器。

③ 当变频器与电动机的容量差较大、设置值变小时，电子过电流保护作用降低，需要使用外部热继电器。

④ 特殊电动机不能使用电子过电流保护功能，需要使用外部热继电器。

（7）启动频率。

启动频率是指变频器启动时的输出频率，其功能参数为 Pr. 13。启动频率的设定值可以从 0Hz 开始，但是，对于惯性较大或转矩较大的负载，变频器启动频率的设定值不能为 0Hz。

Pr. 13 的功能如图 5. 3 所示，其参数说明如表 5. 6 所示。

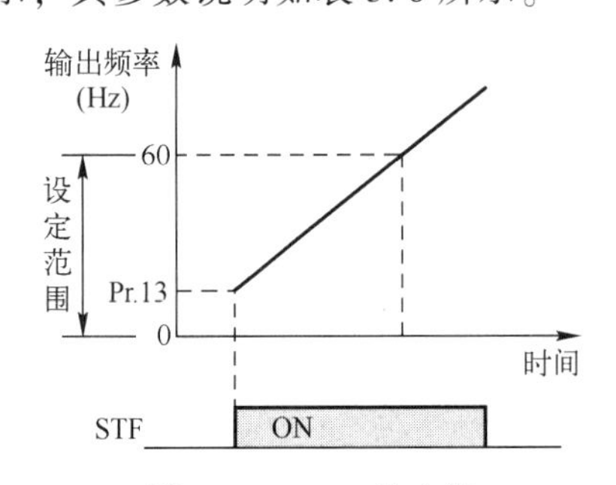

图 5. 3　Pr. 13 的功能

表 5. 6　Pr. 13 参数说明

参数编号	名　称	单　位	初始值	设定范围	内容描述
Pr. 13	启动频率	0. 01Hz	0. 5Hz	0～50Hz	设定电动机启动时的输出频率

【现场讨论】

① 不采用软启动，是否可以将电动机直接投入某固定频率的变频器呢？

如果电动机在低频率情况下启动，那么当然是可以的；但如果电动机在较高频率情况下启动，则电动机的工况接近使用工频电源直接启动时的工况，此时启动电流很大，变频器因过电流而停止运行，电动机不能启动。

② 当采用变频器运转时，电动机的启动电流、启动转矩会怎么样？

当采用变频器运转时，随着电动机的加速，频率和电压会相应地提高，启动电流被限制在150%额定电流以下。当采用工频电源直接启动时，启动电流为额定电流的6～7倍，因此，将产生机械上的冲击。采用变频器传动可以平滑地启动（启动时间变长），启动电流为额定电流的1.2～1.5倍，可以带全负载启动。

一般情况下，变频调速电动机的启动频率不必从0Hz开始，尤其在轻载情况下，这样可以缩短电动机启动的加速时间、改善电动机的启动特性、降低成本、提高生产效率。启动频率的设定原则是在启动电流不超过允许值的前提下，传动系统能够顺利启动。一般的变频器都可以预置启动频率，一旦预置了该频率，变频器对低于启动频率的运行频率将不予理睬。

（8）点动频率。

点动频率是指变频器点动运行时的给定频率，其功能参数为Pr.15。Pr.15参数说明如表5.7所示。

表5.7　Pr.15参数说明

参数编号	名　称	单　位	初始值	设定范围	内容描述
Pr.15	点动频率	0.01Hz	5Hz	0～400Hz	设定电动机点动运行时的频率

在工业生产中，动力机械经常需要进行点动，以观察整个传动系统的运转情况。为防止意外，大多数点动运行的频率都较低。如果每次点动前都需要将给定频率修改成点动频率，那么会很麻烦，因此，变频器提供了预置点动频率的功能。如果预置了点动频率，那么在每次点动时，只需将变频器的运行模式切换至点动运行模式即可，不必再改动给定频率了。

（9）PWM频率选择。

PWM频率选择用于变更变频器运行时的载波频率，其功能参数为Pr.72。Pr.72参数说明如表5.8所示。通过参数Pr.72的设定，可以调整电动机运行时的声音。

表5.8　Pr.72参数说明

参　数	名　称	初始值	设定范围	内容描述
Pr.72	PWM频率选择	2	0～15	变更PWM载波频率

（10）参数写入选择。

参数写入选择用于变频器功能参数的写保护，其功能参数为Pr.77。Pr.77参数说明如表5.9所示。通过参数Pr.77的设定，可以防止参数值被意外改写。

表5.9　Pr.77参数说明

参　数	名　称	初始值	单　位	设定范围	内容描述
Pr.77	参数写入选择	0	1	0	仅限于停止时可以写入
				1	不可写入参数
				2	可以在所有运行模式下不受运行状态限制地写入参数

（11）反转防止选择。

反转防止选择用于限制电动机的旋转方向，其功能参数为 Pr. 78，参数说明如表 5. 10 所示。反转防止选择有 3 种，通过参数 Pr. 78 的设定，可以确定电动机的旋转方向。

表 5. 10　Pr. 78 参数说明

参　数	名　称	初始值	单　位	设定范围	内容描述
Pr. 78	反转防止选择	0	1	0	正转和反转均可
				1	不可反转
				2	不可正转

（12）运行模式选择。

运行模式选择用于选择变频器的受控方式，其功能参数为 Pr. 79，参数说明如表 5. 11 所示。变频器的受控方式有 5 种，可以通过参数 Pr. 79 的设定进行选择。

表 5. 11　Pr. 79 参数说明

参　数	名　称	初始值	单　位	设定范围	内容描述
Pr. 79	运行模式选择	0	1	0	外部/PU 切换模式
				1	PU 运行模式固定
				2	外部运行模式固定
				3	外部/PU 组合运行模式 1
				4	外部/PU 组合运行模式 2

（13）键盘锁定操作选择。

键盘锁定操作选择用于防止参数变更、意外启/停，使操作面板的 M 旋钮及键盘操作无效，功能参数为 Pr. 161，其参数说明如表 5. 12 所示。

表 5. 12　Pr. 161 参数说明

参　数	名　称	初始值	单　位	设定范围	内　容
Pr. 161	键盘锁定操作选择	0	1	0	键盘锁定模式无效
				1	
				10	键盘锁定模式有效
				11	

当将 Pr. 161 的参数值设置为 10 或 11 时，按住模式键【MODE】2s 左右，当听到“嘀”的一声长响后，表示锁定设置完成，显示器会显示如图 5. 4 所示的字样。在此状态下操作 M 旋钮及键盘时，也会出现如图 5. 4 所示的字样。如果想解除锁定状态，则只需持续按住【MODE】键 2s 左右即可。

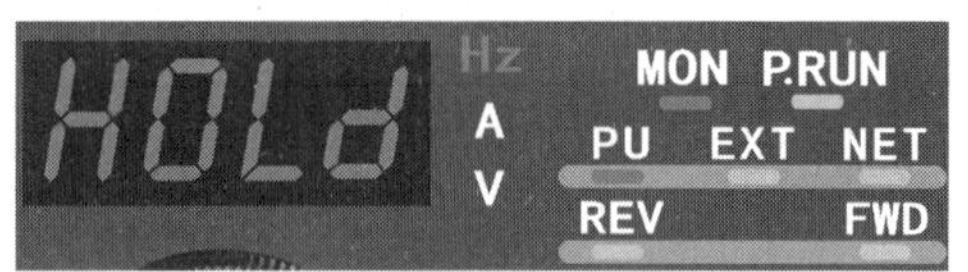

图 5. 4　键盘锁定显示

2. 变频器的功能预置

变频器有多种供用户选择的功能，在和具体的生产机械配用时，需要根据该机械的特性与要求，预先对变频器进行一系列的功能设定（如基准频率、上限频率、加速时间等），这称为功能预置设定，简称预置。预置一般是通过编程方式进行的，尽管各种变频器的功能各不相同，但功能预置的步骤十分相似。功能预置过程框图如图 5.5 所示。

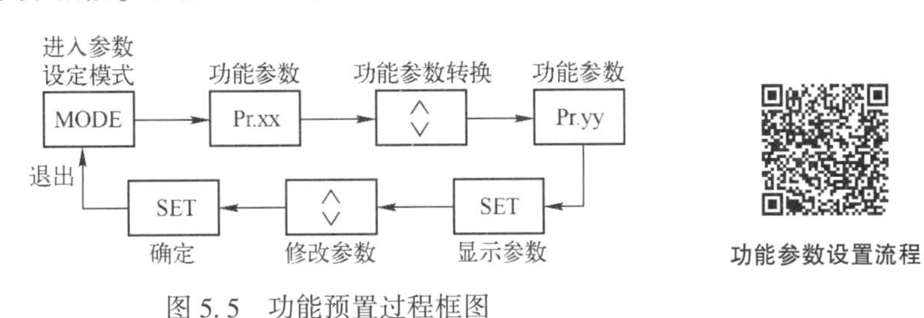

图 5.5　功能预置过程框图

以设置操作单元锁定为例，其设置流程如图 5.6 所示。

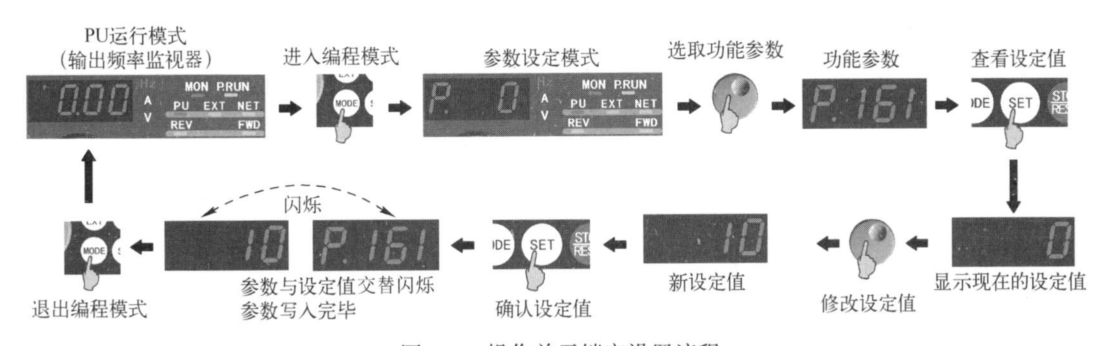

图 5.6　操作单元锁定设置流程

（1）根据功能参数表，查找需要预置的功能参数。

对照功能参数表（见附录 A），确定此项操作要求的功能参数为 Pr. 161。

（2）在 PU 运行模式下，读出该功能参数中的原设定值。

待机状态 → 点动按压【MODE】键 → 进入编程模式，屏显“P. 0” → 连续右旋 M 旋钮 → 屏显“P. 161” → 点动按压【SET】键 → 屏显“0”（初始值）。

（3）修改设定值，写入新数据。

连续右旋 M 旋钮→ 屏显“10”（新设定值）→点动按压【SET】键，确认设定值，功能参数 Pr. 161 与设定值交替闪烁→ 点动按压【MODE】键 → 退出编程模式→ 设置完成。

3. 常见错误及处理

当三菱机型变频器功能预置出现错误时，首先要观察显示屏上的数字显示，根据显示的数据获得具体的故障内容，然后采取有针对性的方法加以解决。

（1）错误代码：HOLD（名称：操作面板锁定）。

内容：设定为操作锁定模式。【STOP/RESET】键以外的操作将无法进行。

处理：按【MODE】键 2s 后操作锁定解除。

（2）错误代码：LOCD（名称：密码设定中）。

内容：正在设定密码功能，不能显示或设定参数。

处理：在Pr. 297密码注册/解除中输入密码，解除密码功能再进行操作。

（3）错误代码：Er1（名称：禁止写入错误）。

内容：在Pr. 77参数写入选择设定为禁止写入的情况下试图进行参数的设定时；频率跳变的设定范围重复时；PU和变频器不能正常通信时。

处理：检查确认Pr. 77参数写入选择的设定值；确认Pr. 31～Pr. 36（频率跳变）的设定值；确认PU与变频器的连接。

（4）错误代码：Er2（名称：运行中写入错误）。

内容：在Pr. 77≠2（在任何运行模式下，不管运行状态如何都写入）的运行中或在STF（STR）为ON的运行中进行了参数写入。

检查：确认Pr. 77的设定值是否在运行中。

处理：设置Pr. 77=2，并在停止运行后进行参数设定。

（5）错误代码：Er3（名称：校正错误）。

内容：模拟量输入的偏置、增益的校正值过于接近时。

检查：确认参数的设定值。

处理：修改模拟量输入的偏置、增益的校正值并重新设定。

（6）错误代码：Er4（名称：模式指定错误）。

内容：当Pr. 77≠2时，在外部/网络运行模式下试图进行参数设定时。

检查：运行模式是否为PU运行模式；确认Pr. 77的设定值。

处理：把运行模式切换为PU运行模式后进行参数设定，设置Pr. 77=2后进行参数设定。

（7）错误代码：Err（名称：变频器复位中）。

内容：当通过RES信号、通信及PU发出复位指令时，错误代码一直显示。

处理：将复位指令设置为OFF。

【任务实施】

1. 实训器材

（1）变频器，型号为FR-A740-0.75K-CHT，每组1台。

（2）三相异步电动机，型号为A05024、功率为60W，每组1台。

（3）电工常用仪表和工具，每组1套。

（4）对称三相交流电源，线电压为380V，每组1个。

2. 实训步骤

【提示】

在进行参数设定时，需要将运行模式设定为PU运行模式，即只有当PU指示灯亮时才能设定。

（1）上限频率变更操作。

假设变频器处于待机状态，当前工作模式为PU控制、频率监视。利用操作面板将变频器上限频率（Pr. 1）的设定值由120Hz变更为50Hz，其操作流程如图5.7所示。

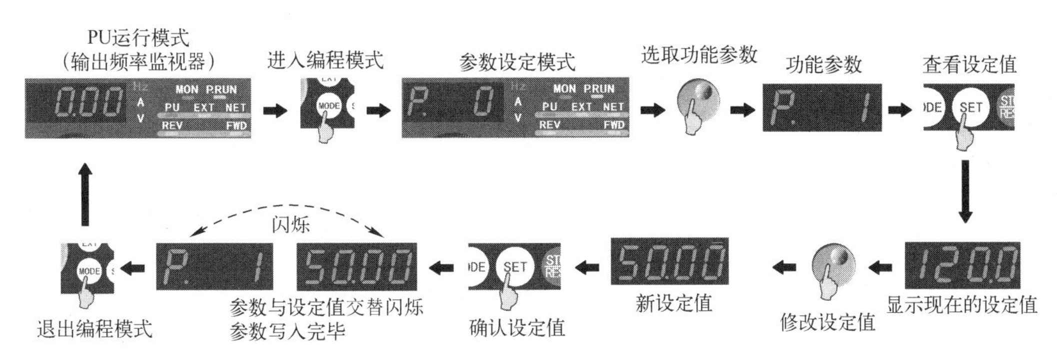

图5.7 上限频率变更操作流程

【第一步】进入编程模式。

操作过程：点动按压【MODE】键，进入编程模式。

观察项目：观察显示器上显示的字符。

现场状况：显示器上显示的字符为“P. ××”。

【第二步】选取功能参数。

操作过程：旋转 M 旋钮，选取功能参数 Pr. 1。

观察项目：观察显示器上显示的字符。

现场状况：显示器上显示的字符为“P. 1”。

【第三步】查看设定值。

操作过程：点动按压【SET】键，查看设定值。

观察项目：观察显示器上显示的字符。

现场状况：显示器上显示的字符为“120. 0”。

【第四步】修改设定值。

操作过程：左旋M 旋钮，将设定值修改为 50Hz。

观察项目：观察显示器上显示的字符。

现场状况：显示器上显示的字符为“50. 00”。

【第五步】确认设定值。

操作过程：点动按压【SET】键。

观察项目：观察显示器上显示的字符。

现场状况：显示器上显示的字符在“P. 1”和“50. 00”之间转换闪烁。

【第六步】退出编程模式。

操作过程：点动按压【MODE】键。

观察项目：观察显示器上显示的字符。

现场状况：显示器上显示的字符为“0. 00”。

（2）基准频率变更操作。

假设变频器处于待机状态，当前工作模式为 PU 控制、频率监视。利用操作面板将变频器基准频率（Pr. 3）的设定值由 50Hz 变更为 60Hz，其操作流程如图 5. 8 所示。

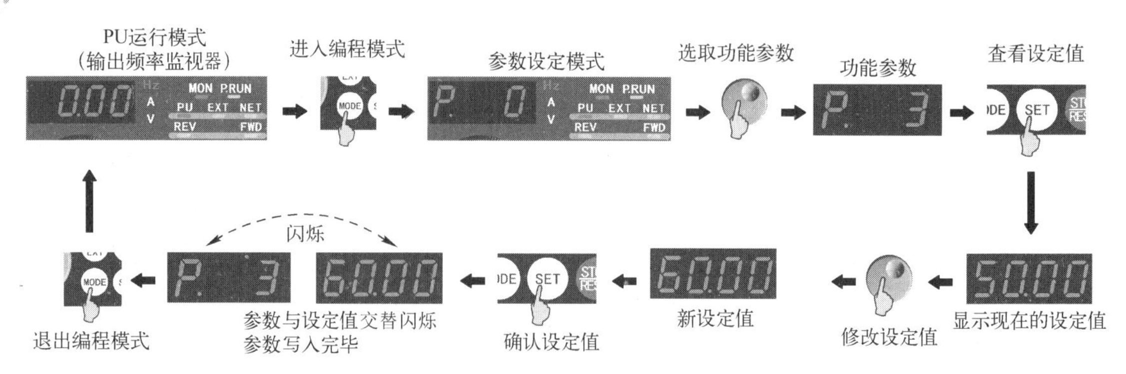

图5.8　基准频率变更操作流程

【第一步】进入编程模式。

操作过程：点动按压【MODE】键，进入编程模式。

观察项目：观察显示器上显示的字符。

现场状况：显示器上显示的字符为“P. ××”。

基准频率设置

【第二步】选取功能参数。

操作过程：旋转M旋钮，选取功能参数Pr. 3。

观察项目：观察显示器上显示的字符。

现场状况：显示器上显示的字符为“P. 3”。

【第三步】查看设定值。

操作过程：点动按压【SET】键，查看设定值。

观察项目：观察显示器上显示的字符。

现场状况：显示器上显示的字符为“50. 00”。

【第四步】修改设定值。

操作过程：右旋M旋钮，将设定值修改为60Hz。

观察项目：观察显示器上显示的字符。

现场状况：显示器上显示的字符为“60. 00”。

【第五步】确认设定值。

操作过程：点动按压【SET】键。

观察项目：观察显示器上显示的字符。

现场状况：显示器上显示的字符在“P. 3”和“60. 00”之间转换闪烁。

【第六步】退出编程模式。

操作过程：点动按压【MODE】键。

观察项目：观察显示器上显示的字符。

现场状况：显示器上显示的字符为“0. 00”。

（3）加速时间变更操作。

假设变频器处于待机状态，当前工作模式为PU控制、频率监视。利用操作面板将变频器加速时间（Pr. 7）的设定值由5s变更为10s，其操作流程如图5.9所示。

【第一步】进入编程模式。

操作过程：点动按压【MODE】键，进入编程模式。

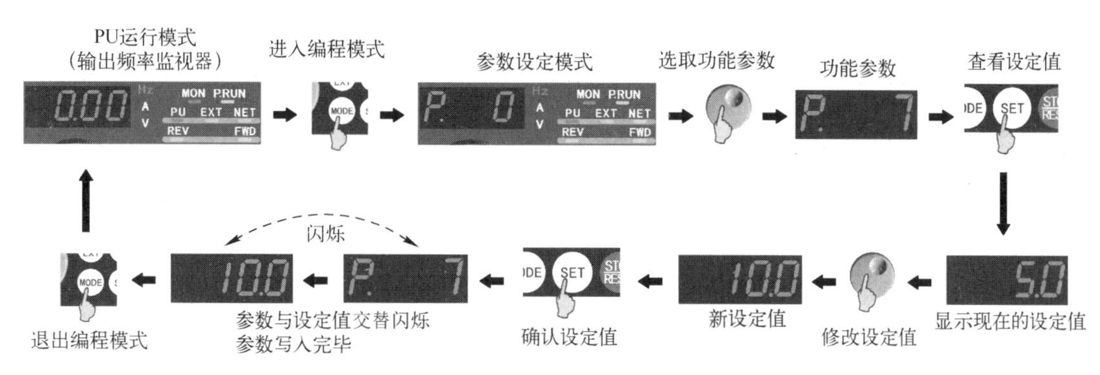

图 5.9　加速时间变更操作流程

观察项目：观察显示器上显示的字符。

现场状况：显示器上显示的字符为“P. ××”。

【第二步】选取功能参数。

加速时间设置

操作过程：旋转 M 旋钮，选取功能参数 Pr. 7。

观察项目：观察显示器上显示的字符。

现场状况：显示器上显示的字符为“P. 7”。

【第三步】查看设定值。

操作过程：点动按压【SET】键，查看设定值。

观察项目：观察显示器上显示的字符。

现场状况：显示器上显示的字符为“5. 0”。

【第四步】修改设定值。

操作过程：右旋M 旋钮，将设定值修改为 10s。

观察项目：观察显示器上显示的字符。

现场状况：显示器上显示的字符为“10. 0”。

【第五步】确认设定值。

操作过程：点动按压【SET】键。

观察项目：观察显示器上显示的字符。

现场状况：显示器上显示的字符在“P. 7”和“10. 0”之间转换闪烁。

【第六步】退出编程模式。

操作过程：点动按压【MODE】键。

观察项目：观察显示器上显示的字符。

现场状况：显示器上显示的字符为“0. 00”。

（4）电子过电流保护变更操作。

假设变频器处于待机状态，当前工作模式为 PU 控制、频率监视。利用操作面板将变频器电子过电流保护（Pr. 9）的设定值由 1. 19A 变更为 0. 33A，其操作流程如图 5. 10 所示。

【第一步】进入编程模式。

操作过程：点动按压【MODE】键，进入编程模式。

观察项目：观察显示器上显示的字符。

现场状况：显示器上显示的字符为“P. ××”。

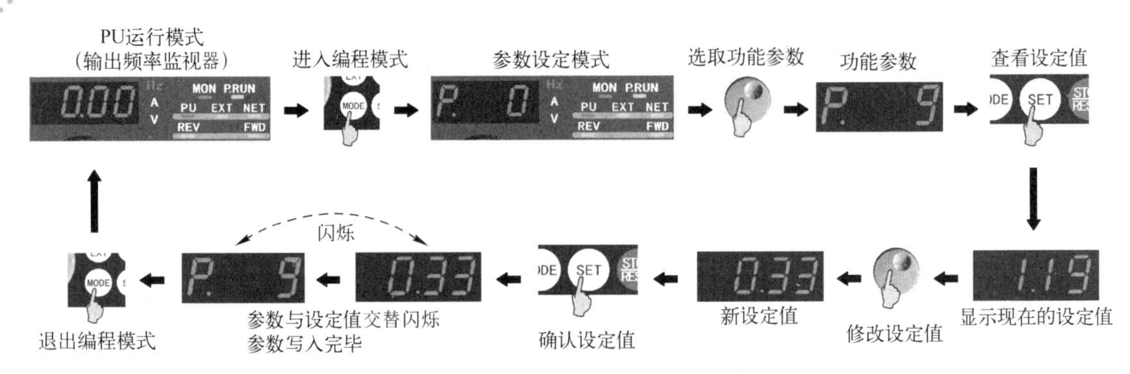

图 5.10　电子过电流保护变更操作流程

【第二步】选取功能参数。

操作过程：旋转 M 旋钮，选取功能参数 Pr. 9。

观察项目：观察显示器上显示的字符。

现场状况：显示器上显示的字符为“P. 9”。

【第三步】查看设定值。

操作过程：点动按压【SET】键，查看设定值。

观察项目：观察显示器上显示的字符。

现场状况：显示器上显示的字符为“1. 19”。

【第四步】修改设定值。

操作过程：左旋M 旋钮，将设定值修改为 0. 33A。

观察项目：观察显示器上显示的字符。

现场状况：显示器上显示的字符为“0. 33”。

【第五步】确认设定值。

操作过程：点动按压【SET】键。

观察项目：观察显示器上显示的字符。

现场状况：显示器上显示的字符在“P. 9”和“0. 33”之间转换闪烁。

【第六步】退出编程模式。

操作过程：点动按压【MODE】键。

观察项目：观察显示器上显示的字符。

现场状况：显示器上显示的字符为“0. 00”。

（5）启动频率变更操作。

假设变频器处于待机状态，当前工作模式为 PU 控制、频率监视。利用操作面板将变频器启动频率（Pr. 13）的设定值由 0. 5Hz 变更为 5Hz，其操作流程如图 5. 11 所示。

【第一步】进入编程模式。

操作过程：点动按压【MODE】键，进入编程模式。

观察项目：观察显示器上显示的字符。

现场状况：显示器上显示的字符为“P. ××”。

【第二步】选取功能参数。

操作过程：旋转 M 旋钮，选取功能参数 Pr. 13。

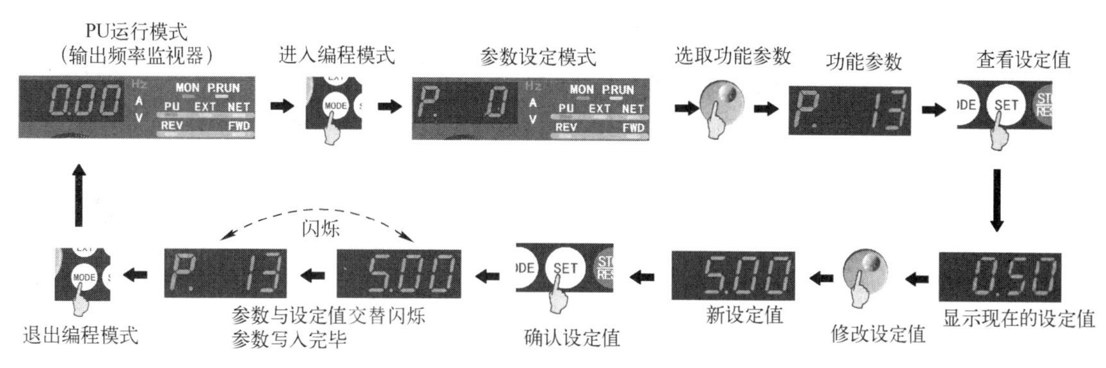

图 5.11　启动频率变更操作流程

观察项目：观察显示器上显示的字符。

现场状况：显示器上显示的字符为“P. 13”。

【第三步】查看设定值。

启动频率设置

操作过程：点动按压【SET】键，查看设定值。

观察项目：观察显示器上显示的字符。

现场状况：显示器上显示的字符为“0. 50”。

【第四步】修改设定值。

操作过程：右旋M 旋钮，将设定值修改为 5Hz。

观察项目：观察显示器上显示的字符。

现场状况：显示器上显示的字符为“5. 00”。

【第五步】确认设定值。

操作过程：点动按压【SET】键。

观察项目：观察显示器上显示的字符。

现场状况：显示器上显示的字符在“P. 13”和“5. 00”之间转换闪烁。

【第六步】退出编程模式。

操作过程：点动按压【MODE】键。

观察项目：观察显示器上显示的字符。

现场状况：显示器上显示的字符为“0. 00”。

（6）点动频率变更操作。

假设变频器处于待机状态，当前工作模式为 PU 控制、频率监视。利用操作面板将变频器点动频率（Pr. 15）的设定值由 5Hz 变更为 10Hz，其操作流程如图 5. 12 所示。

【第一步】进入编程模式。

操作过程：点动按压【MODE】键，进入编程模式。

观察项目：观察显示器上显示的字符。

现场状况：显示器上显示的字符为“P. ××”。

【第二步】选取功能参数。

操作过程：旋转 M 旋钮，选取功能参数 Pr. 15。

观察项目：观察显示器上显示的字符。

现场状况：显示器上显示的字符为“P. 15”。

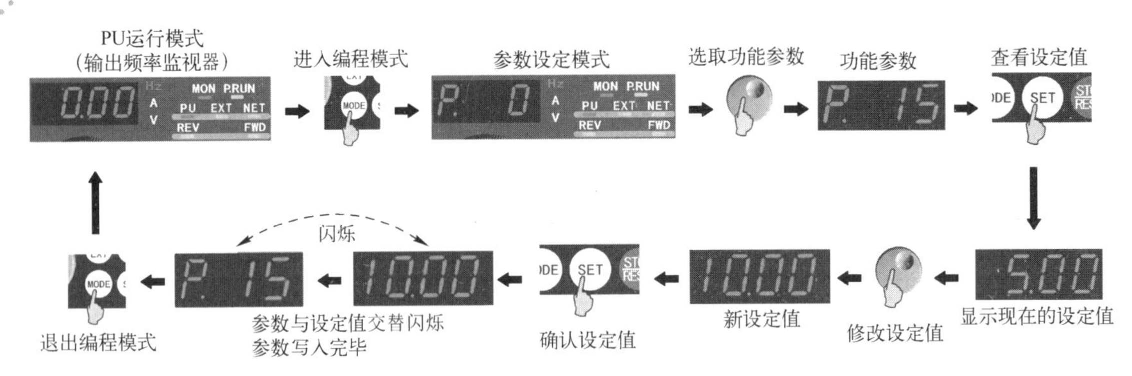

图 5.12　点动频率变更操作流程

【第三步】查看设定值。

操作过程：点动按压【SET】键，查看设定值。

观察项目：观察显示器上显示的字符。

现场状况：显示器上显示的字符为“5.00”。

点动频率设置

【第四步】修改设定值。

操作过程：右旋M 旋钮，将设定值修改为 10Hz。

观察项目：观察显示器上显示的字符。

现场状况：显示器上显示的字符为“10.00”。

【第五步】确认设定值。

操作过程：点动按压【SET】键。

观察项目：观察显示器上显示的字符。

现场状况：显示器上显示的字符在“P.15”和“10.00”之间转换闪烁。

【第六步】退出编程模式。

操作过程：点动按压【MODE】键。

观察项目：观察显示器上显示的字符。

现场状况：显示器上显示的字符为“0.00”。

载波频率设置

（7）PWM 载波频率变更操作。

假设变频器处于待机状态，当前工作模式为 PU 控制、频率监视。利用操作面板将变频器 PWM 载波频率（Pr.72）的设定值由 15Hz 变更为 10Hz，其操作流程如图 5.13 所示。

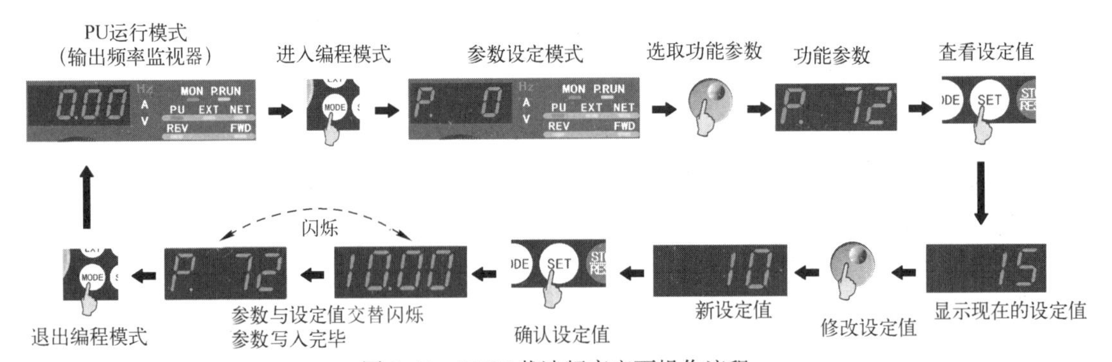

图 5.13　PWM 载波频率变更操作流程

【第一步】进入编程模式。
操作过程：点动按压【MODE】键，进入编程模式。
观察项目：观察显示器上显示的字符。
现场状况：显示器上显示的字符为“P. ××”。
【第二步】选取功能参数。
操作过程：旋转M旋钮，选取功能参数Pr. 72。
观察项目：观察显示器上显示的字符。
现场状况：显示器上显示的字符为“P. 72”。
【第三步】查看设定值。
操作过程：点动按压【SET】键，查看设定值。
观察项目：观察显示器上显示的字符。
现场状况：显示器上显示的字符为“15”。
【第四步】修改设定值。
操作过程：左旋M旋钮，将设定值修改为10Hz。
观察项目：观察显示器上显示的字符。
现场状况：显示器上显示的字符为“10”。
【第五步】确认设定值。
操作过程：点动按压【SET】键。
观察项目：观察显示器上显示的字符。
现场状况：显示器上显示的字符在“P. 72”和“10. 00”之间转换闪烁。
【第六步】退出编程模式。
操作过程：点动按压【MODE】键。
观察项目：观察显示器上显示的字符。
现场状况：显示器上显示的字符为“0. 00”。

参数写入选择设置

（8）参数写入选择变更操作。

假设变频器处于待机状态，当前工作模式为PU控制、频率监视。利用操作面板将变频器参数写入选择（Pr. 77）的设定值由0变更为1，其操作流程如图5.14所示。

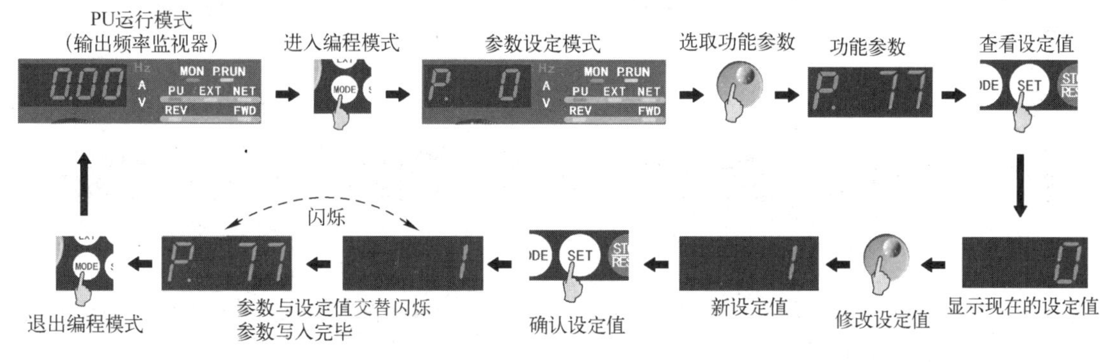

图5.14　参数写入选择变更操作流程

【第一步】进入编程模式。
操作过程：点动按压【MODE】键，进入编程模式。

观察项目：观察显示器上显示的字符。
现场状况：显示器上显示的字符为“P. ××”。
【第二步】选取功能参数。
操作过程：旋转M旋钮，选取功能参数Pr. 77。
观察项目：观察显示器上显示的字符。
现场状况：显示器上显示的字符为“P. 77”。
【第三步】查看设定值。
操作过程：点动按压【SET】键，查看设定值。
观察项目：观察显示器上显示的字符。
现场状况：显示器上显示的字符为“0”。
【第四步】修改设定值。
操作过程：右旋M旋钮，将设定值修改为1。
观察项目：观察显示器上显示的字符。
现场状况：显示器上显示的字符为“1”。
【第五步】确认设定值。
操作过程：点动按压【SET】键。
观察项目：观察显示器上显示的字符。
现场状况：显示器上显示的字符在“P. 77”和“1”之间转换闪烁。
【第六步】退出编程模式。
操作过程：点动按压【MODE】键。
观察项目：观察显示器上显示的字符。
现场状况：显示器上显示的字符为“0. 00”。

反转防止选择设置

（9）反转防止选择变更操作。

假设变频器处于待机状态，当前工作模式为PU控制、频率监视。利用操作面板将变频器反转防止选择（Pr. 78）的设定值由0变更为1，其操作流程如图5. 15所示。

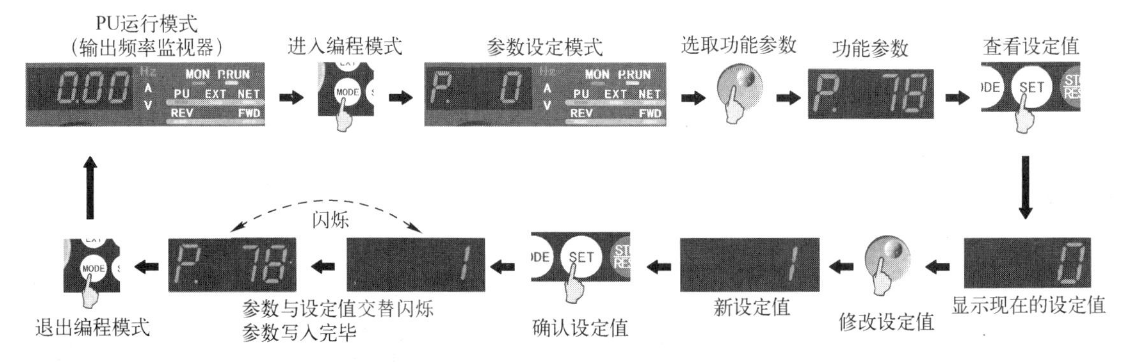

图5. 15　反转防止选择变更操作流程

【第一步】进入编程模式。
操作过程：点动按压【MODE】键，进入编程模式。
观察项目：观察显示器上显示的字符。

现场状况：显示器上显示的字符为“P. ××”。

【第二步】选取功能参数。

操作过程：旋转 M 旋钮，选取功能参数 Pr. 78。

观察项目：观察显示器上显示的字符。

现场状况：显示器上显示的字符为“P. 78”。

【第三步】查看设定值。

操作过程：点动按压【SET】键，查看设定值。

观察项目：观察显示器上显示的字符。

现场状况：显示器上显示的字符为“0”。

【第四步】修改设定值。

操作过程：右旋M 旋钮，将设定值修改为 1。

观察项目：观察显示器上显示的字符。

现场状况：显示器上显示的字符为“1”。

【第五步】确认设定值。

操作过程：点动按压【SET】键。

观察项目：观察显示器上显示的字符。

现场状况：显示器上显示的字符在“P. 78”和“1”之间转换闪烁。

【第六步】退出编程模式。

操作过程：点动按压【MODE】键。

观察项目：观察显示器上显示的字符。

现场状况：显示器上显示的字符为“0. 00”。

（10）运行模式选择变更操作。

假设变频器处于待机状态，当前工作模式为 PU 控制、频率监视。利用操作面板将变频器运行模式选择（Pr. 79）的设定值由 0 变更为 1，其操作流程如图 5. 16 所示。

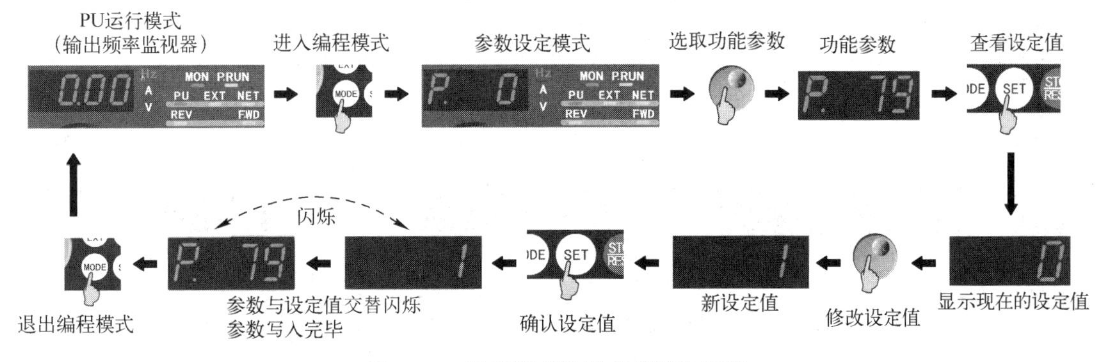

图 5. 16　运行模式选择变更操作流程

【第一步】进入编程模式。

操作过程：点动按压【MODE】键，进入编程模式。

观察项目：观察显示器上显示的字符。

现场状况：显示器上显示的字符为“P. ××”。

【第二步】选取功能参数。

操作过程：旋转 M 旋钮，选取功能参数 Pr. 79。

观察项目：观察显示器上显示的字符。

现场状况：显示器上显示的字符为“P. 79”。

【第三步】查看设定值。

操作过程：点动按压【SET】键，查看设定值。

观察项目：观察显示器上显示的字符。

现场状况：显示器上显示的字符为“0”。

【第四步】修改设定值。

操作过程：右旋M 旋钮，将设定值修改为 1。

观察项目：观察显示器上显示的字符。

现场状况：显示器上显示的字符为“1”。

【第五步】确认设定值。

操作过程：点动按压【SET】键。

观察项目：观察显示器上显示的字符。

现场状况：显示器上显示的字符在“P. 79”和“1”之间转换闪烁。

【第六步】退出编程模式。

操作过程：点动按压【MODE】键。

观察项目：观察显示器上显示的字符。

现场状况：显示器上显示的字符为“0. 00”。

（11）参数清除操作。

假设变频器处于待机状态，当前工作模式为 PU 控制、频率监视。利用操作面板将变频器的功能参数初始化，其操作流程如图 5. 17 所示。

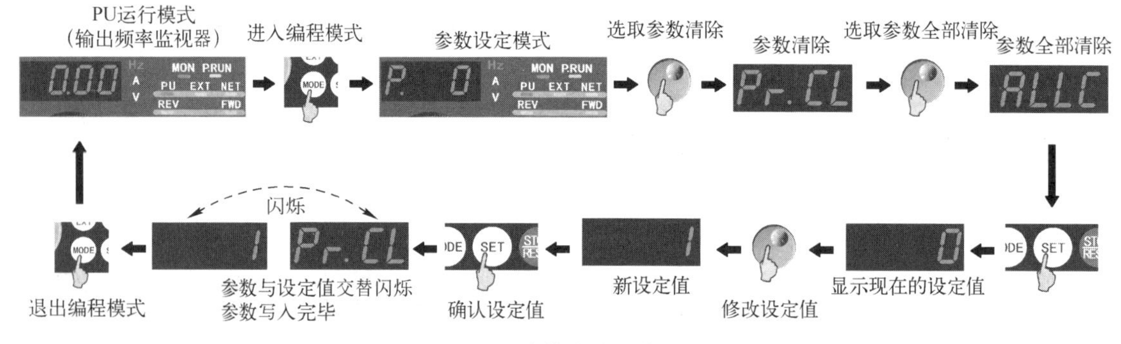

图 5. 17　参数清除操作流程

【第一步】进入编程模式。

操作过程：点动按压【MODE】键，进入编程模式。

观察项目：观察显示器上显示的字符。

现场状况：显示器上显示的字符为“P. ××”。

【第二步】选取参数全部清除。

操作过程：旋转 M 旋钮，选取功能参数 ALLC。

参数全部清除操作

观察项目：观察显示器上显示的字符。

现场状况：显示器上显示的字符为“ALLC”。

【第三步】查看设定值。

操作过程：点动按压【SET】键，查看设定值。

观察项目：观察显示器上显示的字符。

现场状况：显示器上显示的字符为“0”。

【第四步】修改设定值。

操作过程：右旋M 旋钮，将设定值修改为 1。

观察项目：观察显示器上显示的字符。

现场状况：显示器上显示的字符为“1”。

【第五步】确认设定值。

操作过程：点动按压【SET】键。

观察项目：观察显示器上显示的字符。

现场状况：显示器上显示的字符在“Pr. CL”和“1”之间转换闪烁。

【第六步】退出编程模式。

操作过程：点动按压【MODE】键。

观察项目：观察显示器上显示的字符。

现场状况：显示器上显示的字符为“0. 00”。

【提示】

当将参数 Pr. 77 设定为 1 时，即选择参数写入禁止，参数不能被清除。

【工程素质培养】

1. 职业素质培养要求

当变频器上电时，不要打开前盖板，否则可能发生触电事故。在前盖板和配线盖板拆下时，不要运行变频器，否则可能会接触高压端子和充电部分，造成触电事故。即使在电源处于断开状态时，除接线、检查外，也不要拆下前盖板，否则可能由于接触变频器带电回路造成触电事故。在接线或检查时，必须先断开电源并等待 10min，务必在观察到充电指示灯熄灭或用万用表等检测剩余电压以后方可进行。不要用湿手操作开关、碰触底板或拔插电缆，否则可能发生触电事故。

2. 专业素质培养问题

问题 1：在变频器运行过程中，持续右旋 M 旋钮，试图提升变频器的输出频率，发现电动机的转速依然很低且维持不变。

解答：造成这种现象的原因是变频器的输出最高频率限制 Pr. 1 的参数值偏低，应将 Pr. 1 的参数值适当调高。

问题 2：变频器进入 Pr. 7 参数设定模式后，参数值的显示值为“5. 0”。旋转 M 旋钮，发现监视器显示的数值始终跟随 M 旋钮变化，但当再次查看参数值时，发现参数值的显示值仍然是“5. 0”。

解答：这是因为变频器在上一次运行过程中使用了参数写保护功能，功能参数 Pr. 77 已经被设定为 1 了，所以任何写入操作均无效。

问题3：变频器上电以后，当按压【FWD】键时，FWD指示灯只闪烁，变频器不能驱动电动机正转运行；当按压【REV】键时，REV指示灯常亮，变频器能驱动电动机反转运行。

解答：这是因为变频器在上一次运行过程中使用了反转防止选择功能，功能参数Pr. 78已经被设定为2了，所以键盘正转操作无效。

问题4：变频器上电以后，当按压【FWD】键时，FWD指示灯只闪烁，变频器不能驱动电动机正转运行；当按压【REV】键时，REV指示灯也只闪烁，变频器仍不能驱动电动机反转运行。

解答：这是因为变频器在上一次运行过程中对功能参数Pr. 13进行了设定，使变频器的启动频率高于实际运行频率，所以变频器不能正常启动。

3. 解答工程实际问题

问题情境1：各小组验证变频器功能参数Pr. 72。要求每个小组将自己的组别号作为Pr. 72的设定数值。从第一小组开始，全班同学逐台聆听每组电动机发出的运转声音。

趣味问题：Pr. 72选取不同的值，电动机运转的声音就不同，这些声音如同悦耳的机器音乐，那么，Pr. 72这个功能参数在实际工程上有什么用处呢？

工程答案：

① 实际生产现场可能有多台变频器驱动多台电动机同时工作，电工师傅在进行设备巡检时，不需要进行烦琐的检查，只需直观地聆听电动机发出的声音，即可初步判定电动机的工作状态是否正常。这种方法既能提高工作效率，又方便简单。

② 没有变频器驱动的电动机的运转噪声往往很大，尤其低频噪声，既会严重伤害身体，又会造成现场工人师傅精神疲劳。能够聆听悦耳的机器音乐，可以极大地改善生产现场的噪声环境。

问题情境2：当变频器上电后，通过操作【SET】键，可以使变频器显示器上显示的监视内容在频率、电流和电压之间转换。

实际问题：在变频器运行过程中，变频器输出的实时转速也是经常需要被关注的一项重要参数，那么，能不能在显示器上显示变频器输出的实时转速，使变频器显示器上显示的监视内容在频率、电流和转速之间转换呢？

工程答案：当然可以，只需修改功能参数Pr. 52的设定值即可。

任务 6　外部端子控制变频器运行操作训练

【任务要求】

以外部端子控制变频器运行操作为训练任务，通过对变频器外部端子功能的学习，使学生熟悉外部端子的使用方法，掌握外部端子控制变频器运行的操作方法。

1. 知识目标

（1）掌握变频器的主要外部端子的名称及作用。

（2）掌握 DI/DO 功能定义。

（3）熟悉变频器的运行参数。

（4）熟悉外部端子控制变频器运行的操作方法。

（5）熟悉 PLC 开关量控制变频器运行的操作方法。

变频器的
3 段速控制

2. 技能目标

（1）能正确设置变频器的运行模式。

（2）能通过外部端子或 PLC 对变频器进行启/停、正/反转等控制操作。

（3）能通过外部端子或 PLC 对变频器进行多段速运行控制操作。

（4）能通过外部端子对变频器进行远程控制操作。

【知识储备】

在工业现场，为了能够实现远距离操作，要求变频器不仅能提供面板控制方式，还能提供外部端子控制方式，通过改变相关控制端子的通/断状态来实现变频器的远程控制操作。因此，熟悉外部端子控制变频器运行的操作并具备电路的接线、调试及简单故障排除的能力是对电气技术人员的基本素质要求。

1. 变频器的主要外部端子

（1）外部端子的功能。

外部端子是变频器控制端子中最常用的一类端子，这些端子主要包括 STF、STR、STOP、RH、RM、RL、JOG、MRS、RES、AU、CS、SD、1、10、2、4、5、A1、B1、C1、A2、B2、C2。使用这些端子可以对变频器进行启动、点动、正/反转、调速控制及运行保护操作。在任务 2 中，我们已经认识了变频器外部端子的结构和排列方式，因此，在本任务中，会重点学习外部端子的功能及使用方法。主要外部端子的功能说明如表 6.1 所示。

表 6.1　主要外部端子的功能说明

端子记号	端子名称	端子功能说明	
STF	正转启动	当 STF 信号处于 ON 时，变频器输出正转； 当 STF 信号处于 OFF 时，变频器停止输出	当 STF、STR 信号同时为 ON 时，变为停止指令
STR	反转启动	当 STR 信号处于 ON 时，变频器输出反转； 当 STR 信号处于 OFF 时，变频器停止输出	

续表

端子记号	端子名称	端子功能说明
STOP	启动自保持选择	当使STOP信号处于ON时，可以选择启动信号自保持功能
RH、RM、RL	多段速度选择	使用RH、RM、RL信号的组合，可以选择多段速度
JOG	点动模式选择	当JOG信号处于ON时，选择点动运行，使用启动信号（STF和STR）也可以选择点动运行
MRS	输出停止	当MRS信号处于ON（20ms以上）时，变频器停止输出
RES	复位	用于解除保护回路动作的保持状态。使端子RES信号处于ON状态且持续时间在0.1ms以上，然后断开
AU	端子4输入选择	只有在把AU信号置为ON时，端子4才能使用
CS	瞬停再启动选择	CS信号预先处于ON状态，瞬时停电再恢复时变频器便可自动启动
SD	接点输入公共端	STF、STR、STOP、RH、RM、RL、JOG、MRS、RES、AU、CS的公共端子
10	频率设定用电源	在按出厂状态连接频率设定电位器时，与端子10连接
2	频率设定（电压）	当输入DC 0～5V（或0～10V，0～20mA）时，输出频率与输入电压成正比；当输入5V（或10V、20mA）时为最大输出频率
4	频率设定（电流）	当输入DC 4～20mA（或0～5V，0～10V）时，输出频率与输入电流成正比；当输入20mA时为最大输出频率
5	频率设定公共端	端子1、端子2、端子4、端子10、端子AM、端子CA的公共端子
A1、B1、C1	继电器输出1	指示变频器因保护功能动作时停止输出的转换点 故障时：B1—C1间不导通、A1—C1间导通 正常时：B1—C1间导通、A1—C1间不导通
A2、B2、C2	继电器输出2	指示变频器因保护功能动作时停止输出的转换点 故障时：B2—C2间不导通、A2—C2间导通 正常时：B2—C2间导通、A2—C2间不导通

（2）接线注意事项。

① 连接外部端子的导线建议采用0.75mm^2线径，如果使用1.25mm^2以上线径的导线，在配线数量较多或配线方法不当时，会发生表面护盖松动、操作面板接触不良的情况。

② 连接线的长度不要超过30m。

③ 为防止接触不良，微小信号的输入触点应使用两个并联的触点或双生触点。

④ 连接外部端子的导线应使用屏蔽线或双绞线，且必须与主电路分开接线。

⑤ 输入侧的外部端子（如STF、STR等）不要接触强电。

⑥ 故障输出外部端子（A1、B1、C1或A2、B2、C2）必须接继电器或指示灯。

2. DI/DO功能定义

（1）DI功能定义。

变频器的控制信号为开关量输入，简称DI。出于简化电路、降低成本等方面的考虑，变频器的DI连接端一般较少，为了适应各种控制要求，这些DI连接端的信号功能可通过变频器的参数设定而改变，故称多功能DI。

FR-A740系列变频器上的DI连接端代号是出厂默认的功能代号，根据控制需要，12点DI功能可以通过参数Pr.178～Pr.189来定义。DI参数号和连接端的对应关系如表6.2所示，参数Pr.178～Pr.189的不同设定值和生效的DI功能如表6.3所示。

表6.2　DI参数号和连接端的对应关系

参　数	Pr. 178	Pr. 179	Pr. 180	Pr. 181	Pr. 182	Pr. 183
连接端	STF	STR	RL	RM	RH	RT
参　数	Pr. 184	Pr. 185	Pr. 186	Pr. 187	Pr. 188	Pr. 189
连接端	AU	JOG	CS	MRS	STOP	RES

表6.3　参数Pr. 178～Pr. 189的不同设定值和生效的DI功能

设定值	连接端	DI信号的功能		
		Pr. 59 = 0	Pr. 59 = 1、2	Pr. 270 = 1、3
0	RL	多速运行速度选择信号1	远程控制加速信号	挡块定位速度选择1
1	RM	多速运行速度选择信号2	远程控制减速信号	挡块定位速度选择2
2	RH	多速运行速度选择信号3	远程控制复位信号	挡块定位速度选择3
3	RT	第2电动机选择信号		挡块定位速度选择4
4	AU	AI连接端4输入有效信号		
5	JOG	点动运行选择		
6	CS	自动重启或工频/变频选择信号		
7	OH	热继电器输入		
8	REX	多速运行速度选择信号4		
9	X9	第3电动机选择信号		
10	X10	功率因数补偿器输入1		
11	X11	功率因数补偿器输入2		
12	X12	PU/外部运行模式切换控制信号：ON表示允许切换；OFF表示禁止切换		
13	X13	直流制动启动信号		
14	X14	PID控制信号		
15	BRI	制动器松开完成信号		
16	X16	操作模式切换信号		
17	X17	转矩提升控制信号		
18	X18	矢量控制/压频比控制切换信号		
19	X19	升降负载自动速度调整功能生效信号		
20	X20	闭环控制S型加减方式选择		
22	X22	闭环位置控制定位指令		
23	LX	闭环控制初始励磁		
24	MRS	输出关闭或工频切换控制		
25	STOP	停止信号		
26	MC	速度/转矩、速度/位置、位置/转矩控制方式切换信号		
27	TL	转矩限制控制信号		
28	X28	在线自动调整启动信号		
37	X37	三角波运行启动信号		

续表

设定值	连接端	DI信号的功能		
		Pr. 59=0	Pr. 59=1、2	Pr. 270=1、3
42	X42	转矩偏置选择1		
43	X43	转矩偏置选择2		
44	X44	P/PI调节器切换信号		
60	STF	正转信号，只能在参数Pr. 178上设定		
61	STR	反转信号，只能在参数Pr. 179上设定		
62	RES	变频器复位或工频切换参数初始化信号		
63	PTC	PTC电阻连接，只能在参数Pr. 184上设定		
64	X64	PID调节器极性切换信号		
65	X65	PU/NET运行模式切换信号		
66	X66	外部/NET运行模式切换信号		
67	X67	频率给定输入切换信号		
68	NP	闭环位置控制定位方向信号		
69	CLR	闭环位置控制误差清除信号		
70	X70	直流供电生效		
71	X71	直流供电解除		
9999	—	端子不使用		

虽然FR-A740系列变频器的全部DI连接端功能均可定义，但部分功能只能分配到指定点，如正/反转信号STF/STR、PTC输入等。不同的DI连接端可分配相同的功能，此时，DI信号为“逻辑或”，即只要其中之一生效，DI信号就有效。如果点动、多速运行、AI输入等不同运行模式控制信号被同时指定，那么变频器的频率给定优先顺序依次为点动、多速运行、AI输入。

（2）DO功能定义。

变频器的工作状态信号为开关量输出，简称DO。与DI一样，变频器的DO连接端一般较少，信号功能可通过变频器的参数设定来改变，故称多功能DO。

FR-A740系列变频器上的DO连接端代号是出厂默认的功能代号，根据控制需要，7点DO功能可通过参数Pr. 76和参数Pr. 190～Pr. 196来定义。

参数Pr. 76用来定义变频器的报警代码输出功能。当Pr. 76=0时，7点DO功能可通过参数Pr. 190～Pr. 196来自由定义。

当Pr. 76=1时，DO连接端SU、IPF、OL、FU定义为报警代码输出信号，其余连接端功能可定义。

当Pr. 76=2时，DO连接端SU、IPF、OL、FU的功能与变频器的工作状态有关，当变频器正常运行时，输出参数Pr. 190～Pr. 196定义的信号；当变频器报警时，自动成为报警代码输出；其他信号的功能不变。变频器的报警代码输出如表 6.4 所示。

表 6.4　变频器的报警代码输出

变频器报警（PU 显示）	报警代码	DO 信号状态			
		SU	IPF	OL	FU
正常状态	0	0	0	0	0
加速时过电流（E. OC1）	1	0	0	0	1
正常运行时过电流（E. OC2）	2	0	0	1	0
减速时过电流（E. OC3）	3	0	0	1	1
直流母线过电压（E. OV1～E. OV3）	4	0	1	0	0
电动机过载（E. THM）	5	0	1	0	1
变频器过载（E. THT）	6	0	1	1	0
瞬时断电保护（E. IPF）	7	0	1	1	1
输入电源电压过低（E. UVT）	8	1	0	0	0
散热器温度过高（E. FIN）	9	1	0	0	1
输出对地短路（E. GF）	A	1	0	1	0
外部热继电器动作（E. OHT）	B	1	0	1	1
失速防止功能动作（E. OLT）	C	1	1	0	0
功能选件模块安装错误（E. OPT）	D	1	1	0	1
功能选件模块连接错误（E. OP3）	E	1	1	1	0
其他报警	F	1	1	1	1

如果设定参数 Pr. 76=0，则 DO 连接端与功能定义参数的对应关系如表 6.5 所示。不同的输出连接端可定义相同的功能，得到相同的输出状态。

表 6.5　DO 连接端与功能定义参数的对应关系（Pr. 76=0）

参　数　号	Pr. 190	Pr. 191	Pr. 192	Pr. 193	Pr. 194	Pr. 195	Pr. 196
输出端	RUN	SU	IPF	OL	FU	A1/B1/C1	A2/B2/C2

参数 Pr. 190 ～ Pr. 196 的不同设定值和生效的 DO 功能如表 6.6 所示（不使用的连接端应设定为 9999）。

表 6.6　参数 Pr. 190 ～ Pr. 196 的不同设定值和生效的 DO 功能

设定值（功能代号）		端 子 名 称	DO 功能
正逻辑	负逻辑		
0	100	RUN	变频器运行
1	101	SU	变频器输出频率达到给定频率的允许误差范围
2	102	IPF	电压过低或瞬时断电
3	103	OL	失速保护功能生效期间出现过电流报警
4	104	FU	达到参数 Pr. 42/43 设定的频率

续表

设定值（功能代号）		端子名称	DO功能
正逻辑	负逻辑		
5	105	FU2	达到参数Pr. 50设定的频率
6	106	FU3	达到参数Pr. 116设定的频率
7	107	RBP	制动预警，制动率已达到Pr. 50设定的85%
8	108	THP	过电流预警，过电流已达到Pr. 9设定的85%
10	110	PU	PU运行模式生效
11	111	RY	变频器准备好
12	112	Y12	电流达到参数Pr. 150设定的电流
13	113	Y13	电流为0，实际电流小于参数Pr. 152设定的电流
14	114	FDN	PID调节时达到参数Pr. 132设定的下限值
15	115	FUP	PID调节时达到参数Pr. 131设定的上限值
16	116	RL	PID调节时的方向输出
17	—	MC1	当工频/变频器切换时，变频器主电源接通信号
18	—	MC2	当工频/变频器切换时，工频接通信号
19	—	MC3	当工频/变频器切换时，变频器接通信号
20	120	BOF	制动器打开信号
25	125	FAN	风机故障输出
26	126	FIN	散热器过热输出
27	127	ORA	位置到达（闭环控制，需要FR-A7AP选件）
28	128	ORM	定位错误（闭环控制，需要FR-A7AP选件）
29	129	Y29	速度超过（闭环控制，需要FR-A7AP选件）
30	130	Y30	正转中输出（闭环控制，需要FR-A7AP选件）
31	131	Y31	反转中输出（闭环控制，需要FR-A7AP选件）
32	132	Y32	制动时的正转输出
33	133	RY2	FR-A5AP/A7AP选件准备好
34	134	LS	低速输出（频率低于Pr. 865设定值时输出为1）
35	135	TU	转矩检测（转矩大于Pr. 864设定值时输出为1）
36	136	Y36	定位完成（剩余脉冲小于设定值时输出为1）
39	139	Y39	在线自动调整完成
41	141	FB	电动机转速达到设定值1
42	142	FB2	电动机转速达到设定值2
43	143	FB3	电动机转速达到设定值3
44	144	RUN2	变频器运行中（旋转、定向、位置控制中）
45	145	RUN3	变频器运行中（启动指令为ON和运行中）
46	146	Y46	瞬时断电减速中
47	147	PID	PID控制中

续表

设定值（功能代号）		端子名称	DO 功能
正逻辑	负逻辑		
64	164	Y64	变频器重试中
70	170	SLEEP	PID 中断信号
84	184	RDY	位置控制系统准备好
85	185	Y85	直流供电生效信号
90	190	Y90	主要器件达到使用寿命的报警信号
91	191	Y91	变频器连接错误或电路故障信号
92	192	Y92	平均节约功率数据更新信号
93	193	Y93	电流平均值监视信号
94	194	ALM2	变频器报警输出
95	195	Y95	定期维护输出
96	196	REM	远程控制生效
97	197	ER	变频器出错
98	198	LF	冷却风机不良
99	199	ALM1	报警输出
9999	—	—	端子不使用

3. 部分功能参数介绍

（1）多段速度设定。

由于工艺上的要求，很多生产机械需要在不同的阶段以不同的转速运行。为了方便这类负载，变频器提供了多段速度（多段速）设定功能：可以预先通过参数设定多种运行速度并通过外部端子进行速度切换操作。多段速接线图如图 6.1 所示。

PLC 以开关量方式控制变频器运行范例——任务演示

PLC 以开关量方式控制变频器运行范例——程序分析

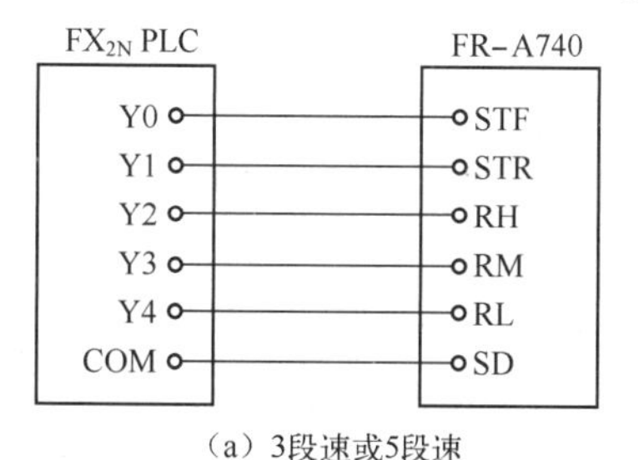

（a）3段速或5段速

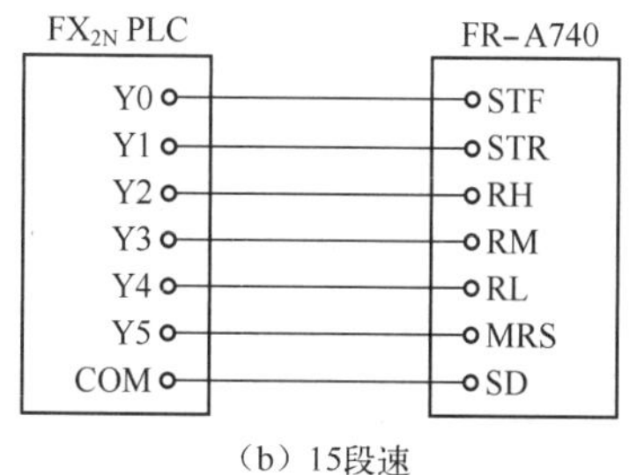

（b）15段速

图 6.1　多段速接线图

多段速给定是利用变频器多功能端口的不同输入逻辑组态来给定频率的。一般是 3 个或 4 个端口，3 个端口可以组成 8 种不同的给定频率；4 个端口可以组成 16 种不同的给定频率。但全部断开时为 0Hz（不包括在内），因此通常给出 7 段或 15 段给定频率。这种给定频率是固定频率，不是连续变化的。

① 参数的设置。多段速分别用参数 Pr. 4 ～ Pr. 6、Pr. 24 ～ Pr. 27、Pr. 232 ～ Pr. 239 设置，如表 6.7 所示。

表 6.7　多段速功能参数

参　数	段　号	单　位	设定范围/Hz	初　始　值	组态说明
Pr. 4	1	0. 01Hz	0～400	50Hz	RL=0、RM=0、RH=1 时有效
Pr. 5	2	0. 01Hz	0～400	30Hz	RL=0、RM=1、RH=0 时有效
Pr. 6	3	0. 01Hz	0～400	10Hz	RL=1、RM=0、RH=0 时有效
Pr. 24	4	0. 01Hz	0～400	9999	RL=1、RM=1、RH=0 时有效
Pr. 25	5	0. 01Hz	0～400	9999	RL=1、RM=0、RH=1 时有效
Pr. 26	6	0. 01Hz	0～400	9999	RL=0、RM=1、RH=1 时有效
Pr. 27	7	0. 01Hz	0～400	9999	RL=1、RM=1、RH=1 时有效
Pr. 232	8	0. 01Hz	0～400	9999	MRS=1、RL=1、RM=0、RH=0 时有效
Pr. 233	9	0. 01Hz	0～400	9999	MRS=1、RL=1、RM=0、RH=0 时有效
Pr. 234	10	0. 01Hz	0～400	9999	MRS=1、RL=0、RM=1、RH=0 时有效
Pr. 235	11	0. 01Hz	0～400	9999	MRS=1、RL=1、RM=1、RH=0 时有效
Pr. 236	12	0. 01Hz	0～400	9999	MRS=1、RL=0、RM=0、RH=1 时有效
Pr. 237	13	0. 01Hz	0～400	9999	MRS=1、RL=1、RM=0、RH=1 时有效
Pr. 238	14	0. 01Hz	0～400	9999	MRS=1、RL=0、RM=1、RH=1 时有效
Pr. 239	15	0. 01Hz	0～400	9999	MRS=1、RL=1、RM=1、RH=1 时有效

三菱 FR-A740 系列变频器多段速功能的频率参数设置比较特殊，分为 3 段速、7 段速和 15 段速 3 种情况，各段速组态如表 6.8 ～表 6.10 所示。

表 6.8　3 段速组态

段　号	1	2	3
RL、RM、RH 组态	001	010	100
频率参数	Pr. 4	Pr. 5	Pr. 6

表 6.9　7 段速组态

段　号	4	5	6	7
RL、RM、RH 组态	110	101	011	111
频率参数	Pr. 24	Pr. 25	Pr. 26	Pr. 27

表 6.10　15 段速组态

段　号	8	9	10	11	12	13	14	15
MRS、RL、RM、RH 组态	1000	1100	1010	1110	1001	1101	1011	1111
频率参数	Pr. 232	Pr. 233	Pr. 234	Pr. 235	Pr. 236	Pr. 237	Pr. 238	Pr. 239

② 应用说明。

● 各段的输入端逻辑关系是：1 表示接通，0 表示断开。例如，1 段的 001 表示 RL 断、RM

断、RH 接通。其余依次类推。

- 3 段速运行时规定 RH 是高速、RM 是中速、RL 是低速。如果同时有两个及两个以上端子接通，则低速优先。7 段速和 15 段速不存在上述问题，每段都单独设置。
- 频率参数设置范围都为 0 ～ 400Hz，但如果是 3 段速，则其他段速参数均要设置为 9999；如果是 7 段速，则 8 ～ 15 段速参数要设置为 9999。
- 所有段的加/减速时间均由 Pr. 7 和 Pr. 8 设定。
- 实际使用中不一定非要是 3 段、7 段、15 段，也可以是 5 段、6 段、8 段等，这时只要将其他段速参数设置为 9999 即可。但必须注意的是，段的端子逻辑组合和对应频率设置不要弄错。

（2）运行模式。

在任务 5 中，已经简单介绍了运行模式参数 Pr. 79，这是一个非常重要的参数，下面结合变频器的运行控制对其设置进行详细介绍。

当 Pr. 79 = 0 时，允许变频器运行模式在 PU 控制和外部控制之间切换。该模式适于在频繁变更参数的场合使用。

当 Pr. 79 = 1 时，用 M 旋钮控制变频器的运行频率，变频器不接受外部频率设定信号，操作面板控制有效。该模式只适用于需要面板变更参数和控制的场合。

当 Pr. 79 = 2 时，用外部设备控制电动机的运行频率，不接受用 M 旋钮控制变频器的运行频率，操作面板控制无效，此时的接线方式如图 6. 2 所示。该模式只适用于需要外部端子变更参数和控制的场合。在进行外部控制操作时，除确保主电路端子已接好电源和电动机外，还要给控制电路外接开关、电位器等部件，如图 6. 3 所示。

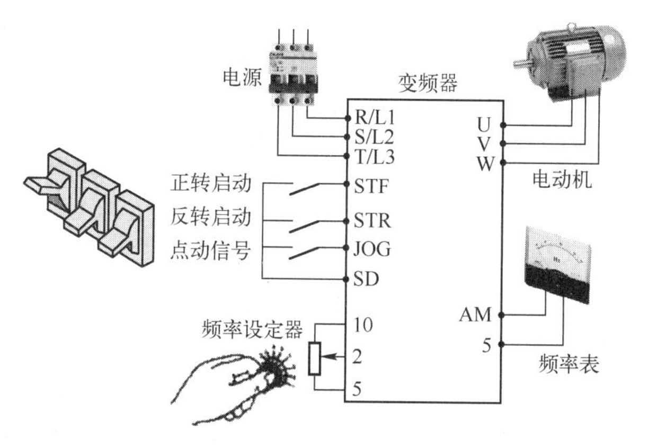

图 6. 2　端子控制接线方式

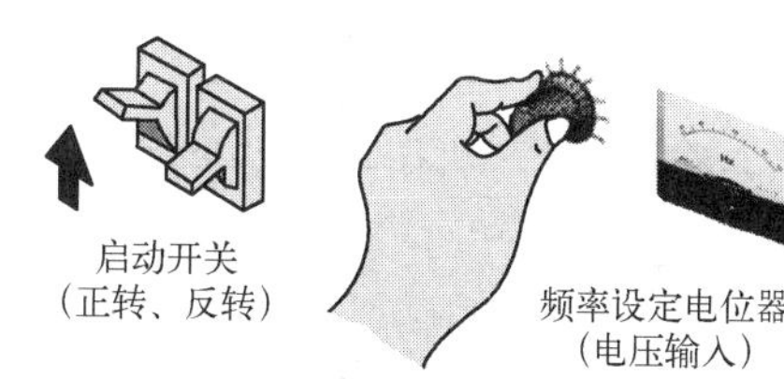

图 6. 3　外部输入设备

当 Pr. 79 = 3 时，用 M 旋钮调节频率，用外部信号控制电动机的启/停，这种运行模式称为组合模式 1，如图 6. 4 所示。组合模式 1 不接受外部频率设定信号，操作面板控制启/停操作无效。该模式适用于近距离频率调节且远距离操控启/停的场合。

当 Pr. 79 = 4 时，用外部设备控制变频器的输出频率，用操作面板控制电动机的启/停，这种运行模式称为组合模式 2，如图 6. 5 所示。组合模式 2 接受外部频率设定信号，操作面板控制启/停操作有效。该模式适用于近距离操控启/停且远距离频率调节的场合。

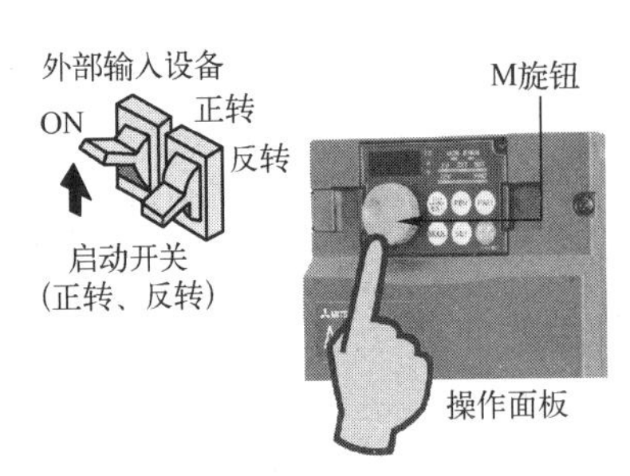

图 6.4　组合模式 1

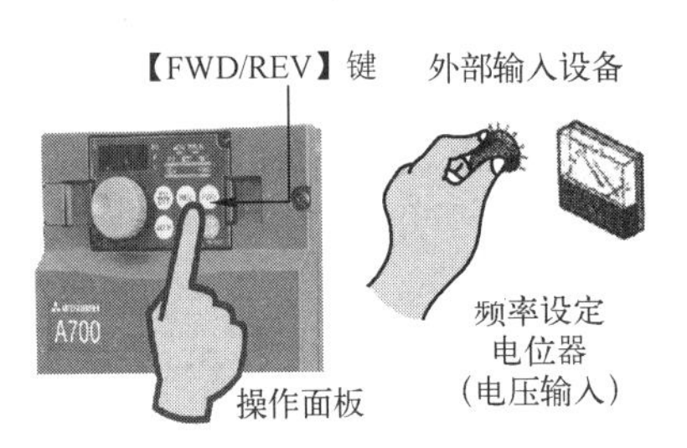

图 6.5　组合模式 2

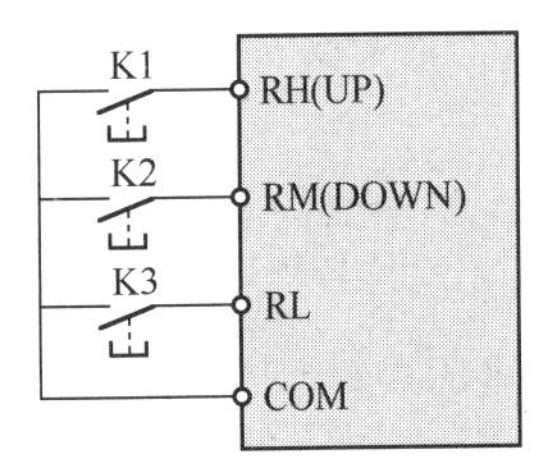

图 6.6　UP/DOWN 功能端口设定

（3）远程运行控制。

远程运行控制是指利用变频器输入端子的通/断来实现变频器输出频率的上升或下降，这种控制也称 UP/DOWN 功能，该功能主要用于远距离和多地控制，如天车、深水泵、生产线的操作台等。如图 6.6 所示，当 K1 接通时，频率在设定频率的基础上按 0.01Hz 的速率上升（加速）；当 K2 接通时，频率在设定频率的基础上按 0.01Hz 的速率下降（减速）；当 K3 接通时，当前频率输出值归零（清除）。

与多段速控制方式相比，远程运行控制的优点相当明显，UP/DOWN 端子频率给定属于数字量给定，其频率调节精度高、抗干扰能力强，特别适合远距离操作或异地操作；可以直接用按钮进行操作，调节方式简便且不易损坏。

① 参数的设置。在三菱 FR-A740 系列变频器中，远程运行的给定是通过复用端口输入的，而复用端口的功能选择则通过功能参数 Pr. 59 设定，其参数说明如表 6.11 所示。从图 6.6 可知，RH 端子与 UP 端子复用、RM 端子与 DOWN 端子复用。

表 6.11　Pr. 59 参数说明

参数编号	名　称	单　位	初始值	设定范围	内容描述
Pr. 59	远程运行控制功能选择	1	0	0	多段速设定
				1	UP/DOWN 设定
				2	UP/DOWN 设定

【现场讨论】

三菱变频器与 FX_{3G} PLC 的 UP/DOWN 功能端口接线如图 6.7 所示，这个图和多段速接线图完全一致，那么怎样区分它们的控制作用呢?

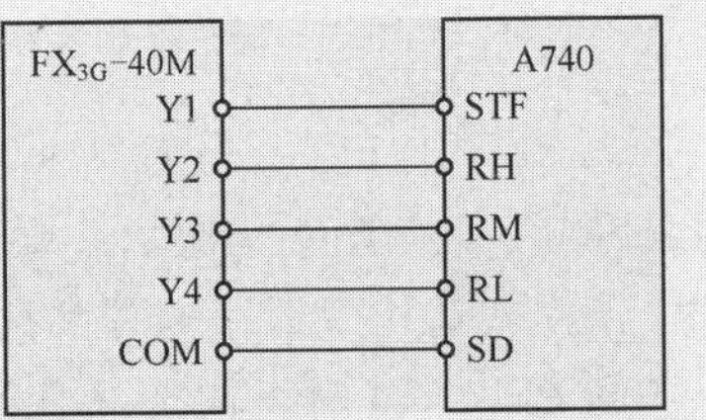

图 6.7　三菱变频器与 FX_{3G} PLC 的 UP/DOWN 功能端口接线

三菱 FR-A740 系列变频器是通过参数 Pr. 59 的设置来实现不同控制功能的。当 Pr. 59 = 0 时，RH、RM、RL 被设定为多段速控制功能端口。当 Pr. 59 = 1、2 时，RH、RM、RL 被设定为 UP/DOWN 功能端口。当 Pr. 59 = 1 时，通过调节得到的频率还具有存储功能，此频率可以作为下一次变频器启动的初始给定频率。

② 控制过程。变频器的远程控制运行如图 6.8 所示。

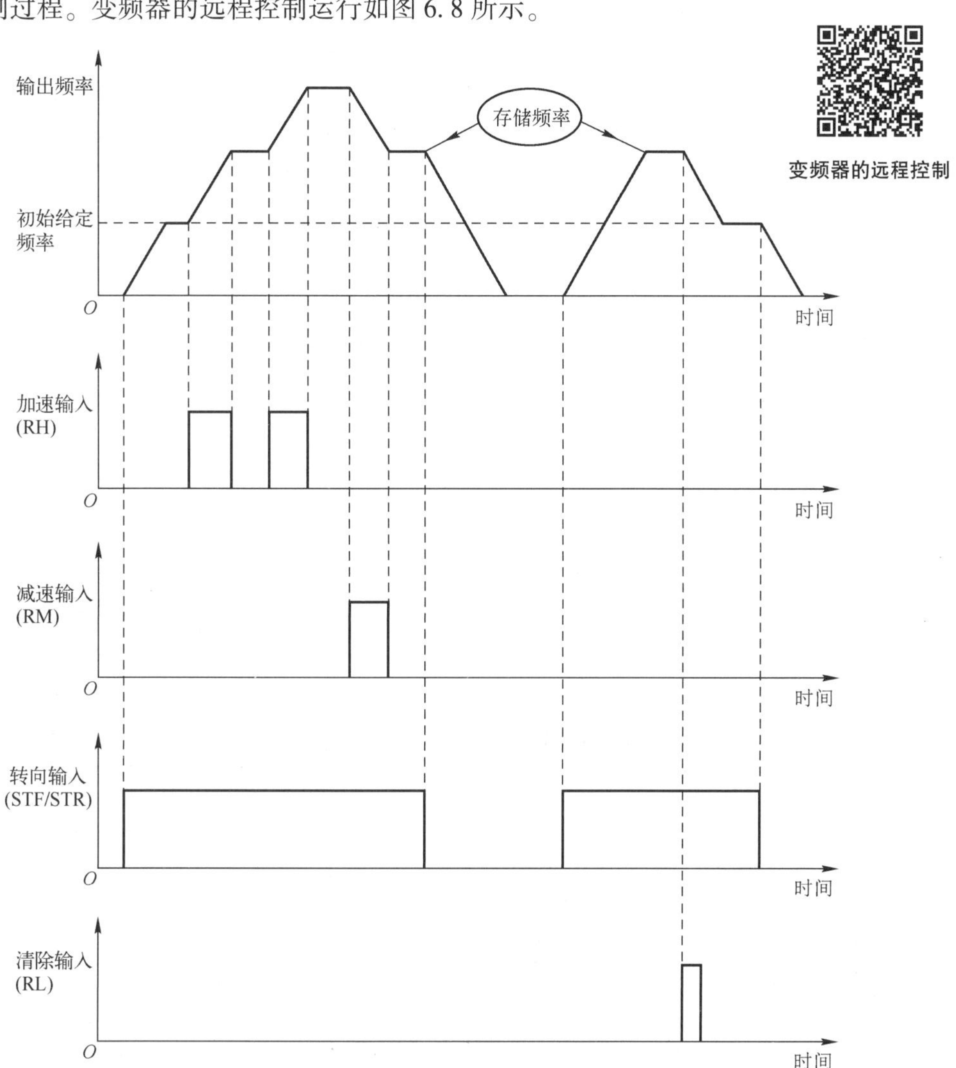

图 6.8　变频器的远程控制运行

加速过程：当 STF 端子接通后，如果接通 RH 端子，则变频器的输出频率会在原设定频率的基础上开始升高，电动机加速运行；如果断开 RH 端子，则变频器的输出频率不再继续升高，保持当前频率值运行，电动机稳速运行。如果断开 STF 端子，则变频器没有频率输出，电动机停止运行。

减速过程：当 STF 端子接通后，如果接通 RM 端子，则变频器的输出频率会在原设定频率的基础上开始下降，电动机减速运行；如果断开 RM 端子，则变频器的输出频率不再继续下降，保持当前频率值运行，电动机稳速运行。

停止过程：如果断开 STF 或 STR 端子，则变频器停止频率输出，电动机停止运行；如果再次闭合 STF 或 STR 端子，则变频器按照端子断开前的设定频率输出，电动机继续运行。

设定值清除过程：如果断开 RH 和 RM 端子，并接通 RL 端子，则变频器的设定频率值会被清除归零，变频器停止频率输出，电动机停止运行。

4. PLC 开关量控制变频器运行

在电气传动控制系统中，变频器和 PLC 的组合应用最常见，并由此产生了多种 PLC 控制变频器的方法。PLC 开关量控制变频器是指 PLC 通过其输出点直接与变频器的开关量信号输入端子相连，变频器接收来自 PLC 的开关型指令输入信号，通过程序控制变频器的运行（启动、正/反转、停止、多段速等），也可以连续控制变频器的运行速度。这种控制方式的优点是对软硬件要求低、抗干扰能力强；缺点是无法实现精细的速度调节。

（1）开关型指令输入信号及连接。

开关型指令输入信号是指对变频器的运行状态（包括启/停、正/反转、点动等）进行操作的输入信号。PLC 通常利用继电器触点或具有开关特性的元器件（如晶体管）向变频器输出这些信号，PLC 的开关量输出端一般可以与变频器的开关量输入端直接相连，使变频器获取运行状态指令，如图 6.9 所示。

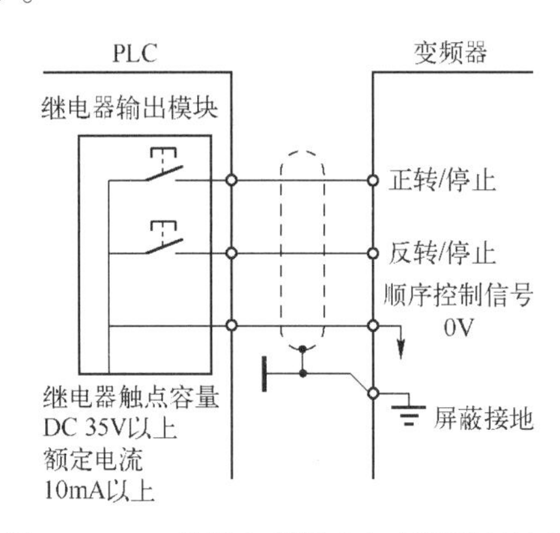

图 6.9　PLC 的继电器触点与变频器的连接

（2）可靠性分析。

在开关型指令输入信号控制的变频调速系统中，以下原因可能引起变频器误动作，影响变频调速系统的可靠性。

① 当使用继电器触点进行连接时，常因触点接触不良引起变频器误动作。

② 当使用晶体管进行连接时，需要考虑晶体管本身的电压、电流容量等因素，以保证系统的可靠性。

③ 输入信号电路连接不当也会造成变频器的误动作。

④ 当输入信号电路采用继电器等感性负载、继电器开/闭时，产生的浪涌电流带来的噪声有可能引起变频器误动作，因此应尽量避免。

【任务实施】

1. 实训器材

（1）变频器，型号为 FR-A740-0.75K-CHT，每组 1 台。

（2）三相异步电动机，型号为 A05024、功率为 60W，每组 1 台。

（3）电工常用仪表和工具，每组 1 套。

（4）对称三相交流电源，线电压为 380V，每组 1 个。

（5）按钮，型号为施耐德 ZB2-BE101C（带自锁），每组 3 个（绿色）。

2. 实训步骤

(1) 点动运行操作。

假设变频器处于待机状态，当前工作模式为 EXT 控制、频率监视。利用外部端子控制变频器点动运行，其操作流程如图 6.10 所示，操作示意图如图 6.11 所示。

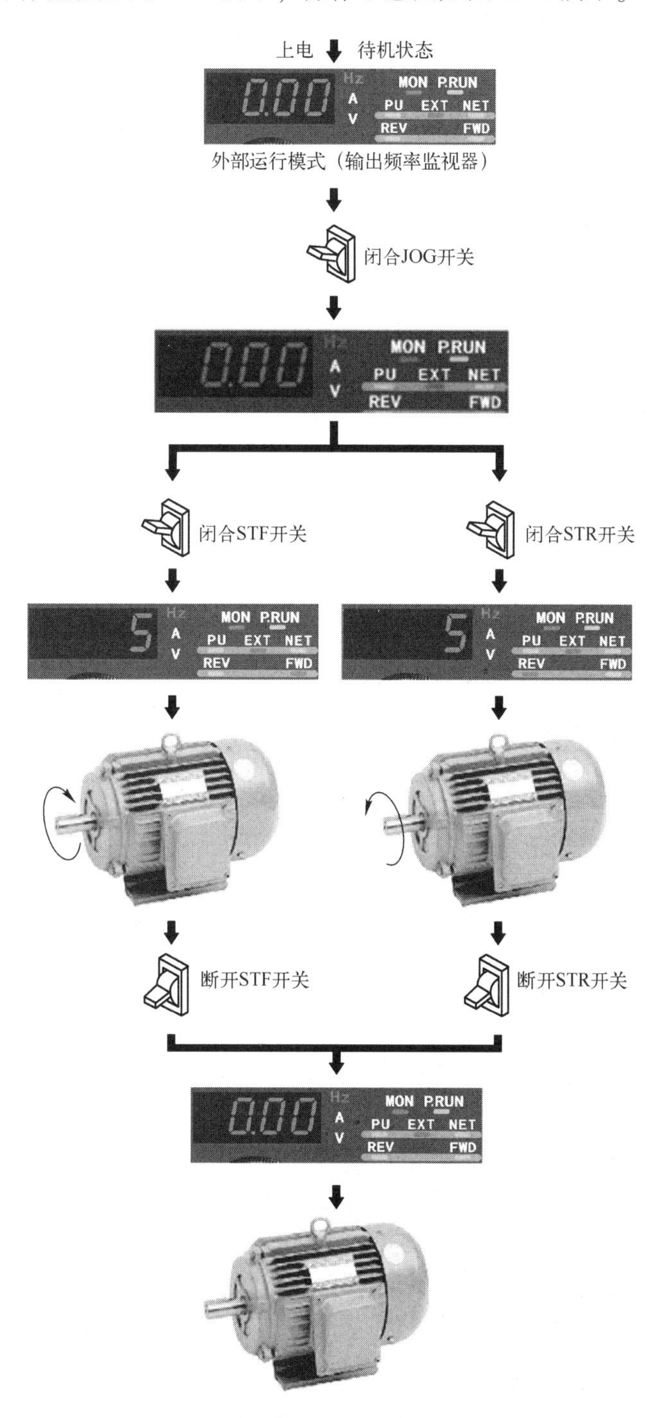

外部控制点动运行操作

图 6.10　外部端子控制变频器点动运行操作流程

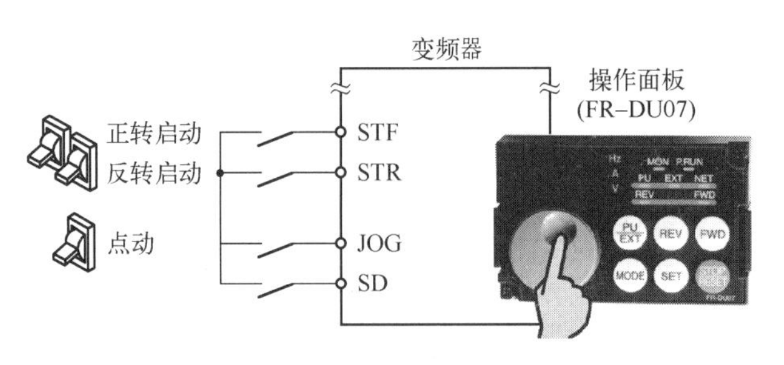

图6.11　外部端子控制变频器点动运行操作示意图

【第一步】选择点动运行。

操作过程：闭合点动控制开关，使JOG端子与SD端子接通。

观察项目：观察变频器操作单元上的指示灯和显示器上显示的字符；观察电动机的转向及转速。

现场状况：EXT指示灯点亮，显示器上显示字符为“0.00”；电动机没有旋转。

【第二步】设定正转点动运行。

操作过程：闭合正转启动开关，使STF端子与SD端子接通。

观察项目：观察变频器操作单元上的指示灯和显示器上显示的字符；观察电动机的转向及转速。

现场状况：EXT指示灯和FWD指示灯点亮，显示器上显示的字符为“5”；电动机正向低速旋转。

【第三步】停止正转点动运行。

操作过程：断开正转启动开关，使STF端子与SD端子断开。

观察项目：观察变频器操作单元上的指示灯和显示器上显示的字符；观察电动机的转向及转速。

现场状况：EXT指示灯点亮，FWD指示灯熄灭，显示器上显示字符为“0.00”；电动机停止旋转。

【第四步】设定反转点动运行。

操作过程：闭合反转启动开关，使STR端子与SD端子接通。

观察项目：观察变频器操作单元上的指示灯和显示器上显示的字符；观察电动机的转向及转速。

现场状况：EXT指示灯点亮，REV指示灯点亮，显示器上显示的字符为“5”；电动机反向低速旋转。

【第五步】停止反向点动。

操作过程：断开反转启动开关，使STR端子与SD端子断开。

观察项目：观察变频器操作单元上的指示灯和显示器上显示的字符；观察电动机的转向及转速。

现场状况：EXT指示灯点亮，REV指示灯熄灭，显示器上显示的字符为“0.00”；电动机停止旋转。

（2）3段速运行。

假设变频器处于待机状态，当前工作模式为EXT控制、频率监视。利用外部端子控制

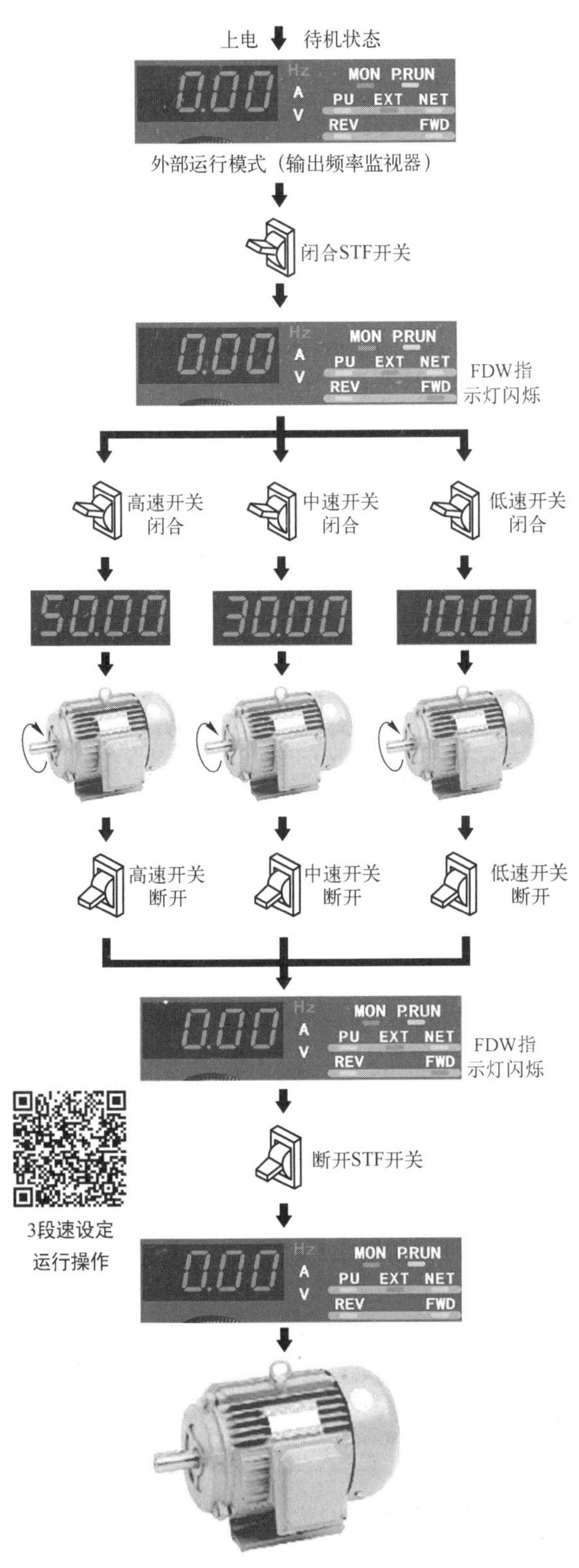

图 6.12　外部端子控制 3 段速运行操作流程

变频器 3 段速运行，其操作流程如图 6.12 所示，操作示意图如图 6.13 所示。

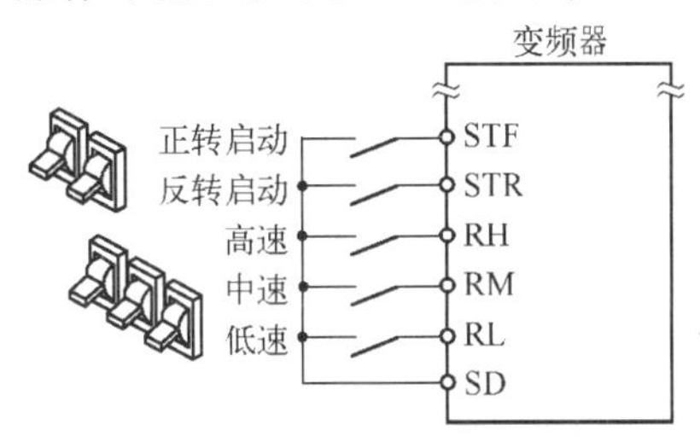

图 6.13　外部端子控制 3 段速运行操作示意图

【第一步】设定运行方向。

操作过程：闭合正转启动开关，使 STF 端子与 SD 端子接通。

观察项目：观察变频器操作单元上的指示灯和显示器上显示的字符；观察电动机的转向及转速。

现场状况：EXT 指示灯点亮，FWD 指示灯闪烁，显示器上显示的字符为“0.00”；电动机没有旋转。

【第二步】正向高速运行。

操作过程：断开中速和低速控制开关，闭合高速控制开关，使 RH 端子与 SD 端子接通。

观察项目：观察变频器操作单元上的指示灯和显示器上显示的字符；观察电动机的转向及转速。

现场状况：EXT 指示灯和 FWD 指示灯点亮，显示器上显示的字符为“50.00”；电动机正向高速旋转。

【第三步】正向中速运行。

操作过程：断开高速和低速控制开关，闭合中速控制开关，使 RM 端子与 SD 端子接通。

观察项目：观察变频器操作单元上的指示灯和显示器上显示的字符；观察电动机的转向及转速。

现场状况：EXT 指示灯和 FWD 指示灯点亮，显示器上显示的字符为“30.00”；

电动机正向中速旋转。

【第四步】正向低速运行。

操作过程：断开高速和中速控制开关，闭合低速控制开关，使 RL 端子与 SD 端子接通。

观察项目：观察变频器操作单元上的指示灯和显示器上显示的字符；观察电动机的转向及转速。

现场状况：EXT 指示灯和 FWD 指示灯点亮，显示器上显示的字符为“10.00”；电动机正向低速旋转。

【第五步】停止频率输出。

操作过程：断开速度控制开关，使 RL、RM、RH 端子与 SD 端子断开。

观察项目：观察变频器操作单元上的指示灯和显示器上显示的字符；观察电动机的转向及转速。

现场状况：EXT 指示灯点亮，FWD 指示灯闪烁；显示器上显示的字符为“0.00”；电动机停止旋转。

【第六步】停止运行。

操作过程：断开正转启动开关，使 STF 端子与 SD 端子断开。

观察项目：观察变频器操作单元上的指示灯和显示器上显示的字符；观察电动机的转向及转速。

现场状况：EXT 指示灯点亮，FWD 指示灯熄灭，显示器上显示的字符为“0.00”；电动机停止旋转。

（3）15 段速运行。

假设变频器处于待机状态，当前工作模式为 PU 控制、频率监视。利用外部端子控制变频器 15 段速运行，其操作流程与 3 段速运行操作流程相似。

【第一步】设定 DI 端子。

操作过程：采用图 5.16 所示的方法，使 Pr. 179 = 8，设定 STR 为 15 段速运行选择信号端子。

观察项目：观察变频器操作单元上的指示灯和显示器上显示的字符；观察电动机的转向及转速。

现场状况：PU 指示灯点亮，显示器上显示的字符为“0.00”；电动机没有旋转。

【第二步】设定多段频率。

操作过程：采用图 5.16 所示的方法，对照表 6.7 进行参数设置。

观察项目：观察变频器操作单元上的指示灯和显示器上显示的字符；观察电动机的转向及转速。

现场状况：PU 指示灯点亮，显示器上显示的字符为“0.00”；电动机没有旋转。

【第三步】选择 EXT 控制。

操作过程：点动按压【PU】键一次。

观察项目：观察运行模式指示灯和显示器上显示的字符。

现场状况：EXT 指示灯点亮；显示器上显示的字符为“0.00”。

【第四步】设定运行方向。

操作过程：闭合正转启动开关，使 STF 端子与 SD 端子接通。

观察项目：观察变频器操作单元上的指示灯和显示器上显示的字符；观察电动机的转向及转速。

现场状况：EXT 指示灯点亮，FWD 指示灯闪烁，显示器上显示的字符为“0.00”；电动机没有旋转。

【第五步】15 段速运行。

操作过程：15 段速运行组态如表 6.12 所示，按组态顺序要求控制 STR、RM、RH、RL 端子与 SD 端子的接通状态。

观察项目：观察变频器操作单元上的指示灯和显示器上显示的字符；观察电动机的转向及转速。

现场状况：EXT 指示灯和 FWD 指示灯点亮；电动机正向变速旋转。

表 6.12　15 段速运行组态（STR、RL、RM、RH 组态）

段　速	1	2	3	4	5	6	7	8
组　态	0001	1010	1100	0110	0101	0011	0111	1000
参　数	Pr. 4	Pr. 5	Pr. 6	Pr. 24	Pr. 25	Pr. 26	Pr. 27	Pr. 232
设定值	31	32	33	34	35	36	37	38
显示值								
段　速	9	10	11	12	13	14	15	—
组　态	1100	1010	1110	1001	1101	1011	1111	—
参　数	Pr. 233	Pr. 234	Pr. 235	Pr. 236	Pr. 237	Pr. 238	Pr. 239	—
设定值	39	40	41	42	43	44	45	—
显示值								

【第六步】停止频率输出。

操作过程：断开速度控制开关，使 STR、RL、RM、RH 端子与 SD 端子断开。

观察项目：观察变频器操作单元上的指示灯和显示器上显示的字符；观察电动机的转向及转速。

现场状况：EXT 指示灯点亮，FWD 指示灯闪烁，显示器上显示的字符为“0.00”；电动机停止旋转。

【第七步】停止运行。

操作过程：断开正转启动开关，使 STF 端子与 SD 端子断开。

观察项目：观察变频器操作单元上的指示灯和显示器上显示的字符；观察电动机的转向及转速。

现场状况：EXT 指示灯点亮，FWD 指示灯熄灭；显示器上显示的字符为“0.00”；电动机停止旋转。

（4）组合模式 1 运行。

假设变频器处于待机状态，当前模式为 EXT 控制、频率监视。利用外部端子控制变频器的启/停，利用 M 旋钮调节变频器的运行频率，其操作流程如图 6.14 所示，操作示意图如图 6.15 所示。

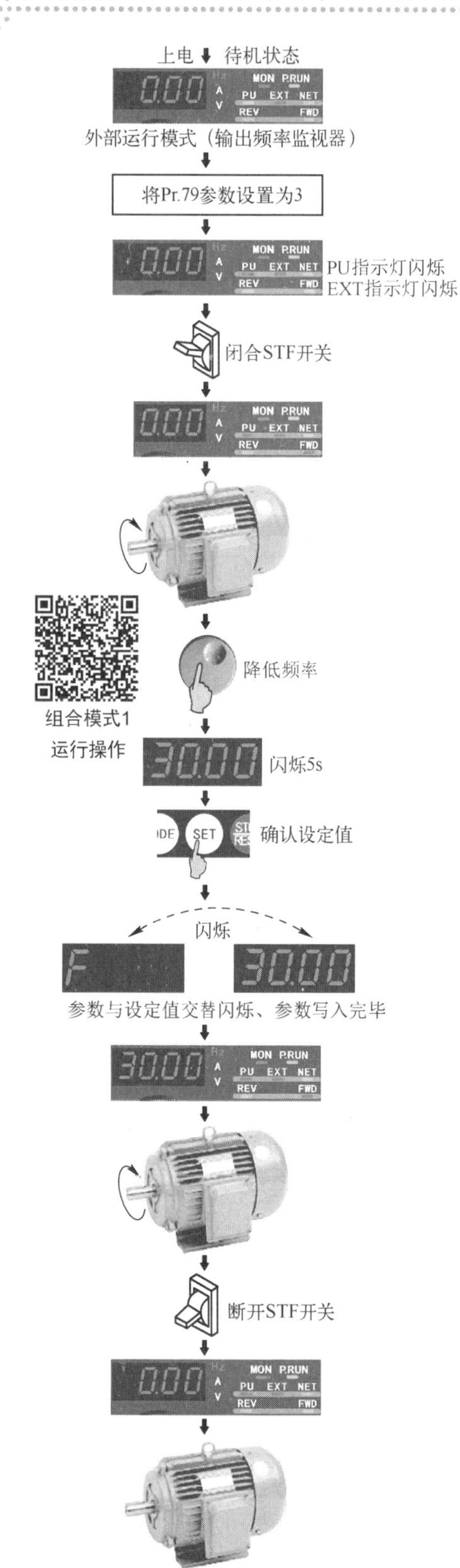

图6.14　组合模式1运行操作流程

【第一步】设定运行模式。

操作过程：采用图5.16所示的方法，设置Pr.79=3。

观察项目：观察变频器操作单元上的指示灯和显示器上显示的字符；观察电动机的转向及转速。

现场状况：PU和EXT指示灯点亮，显示器上显示的字符为“0.00”；电动机没有旋转。

【第二步】启动正转运行。

操作过程：闭合正转启动开关，使STF端子与SD端子接通。

观察项目：观察变频器操作单元上的指示灯和显示器上显示的字符；观察电动机的转向及转速。

现场状况：PU指示灯、EXT指示灯、FWD指示灯点亮，显示器上显示的字符为“50.00”；电动机高速（频率为50 Hz）正向旋转。

【第三步】调节运行频率。

操作过程：左旋M旋钮，将显示器上显示的字符调整为“30.00”，再点动按压【SET】键。

观察项目：观察变频器操作单元上的指示灯和显示器上显示的字符；观察电动机的转向及转速。

现场状况：PU指示灯、EXT指示灯和FWD指示灯点亮，显示器上显示的字符在“F”和“30.00”之间交替闪烁，在持续闪烁2s后，显示器上显示的字符为“30.00”；电动机中速（频率为30 Hz）正向旋转。

【第四步】停止运行。

操作过程：断开正转启动开关，使STF端子不再与SD端子接通。

观察项目：观察变频器操作单元上的指示灯和显示器上显示的字符；观察电动机的转向及转速。

现场状况：PU指示灯和EXT指示灯点亮，FWD指示灯熄灭，显示器上显示的字符为“0.00”；电动机停止旋转。

（5）组合模式2运行。

假设变频器处于待机状态，当前工作模式为EXT控制、频率监视。利用操作面板控制变频器的启/停，利用外部端子控制变频器的运行频率，其操作流程如图6.16所示，操作示意图如图6.17所示。

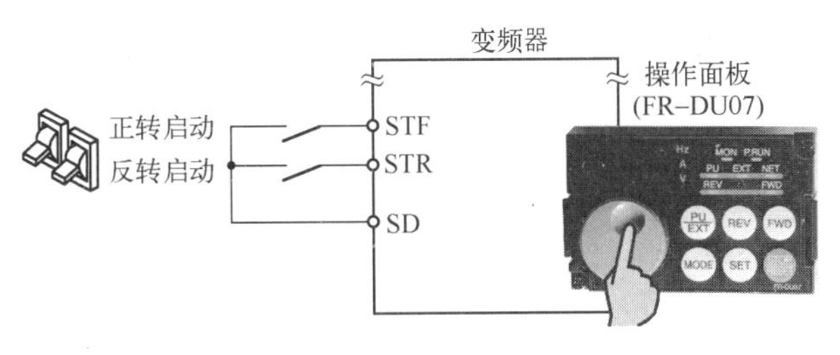

图 6.15　组合模式 1 运行操作示意图

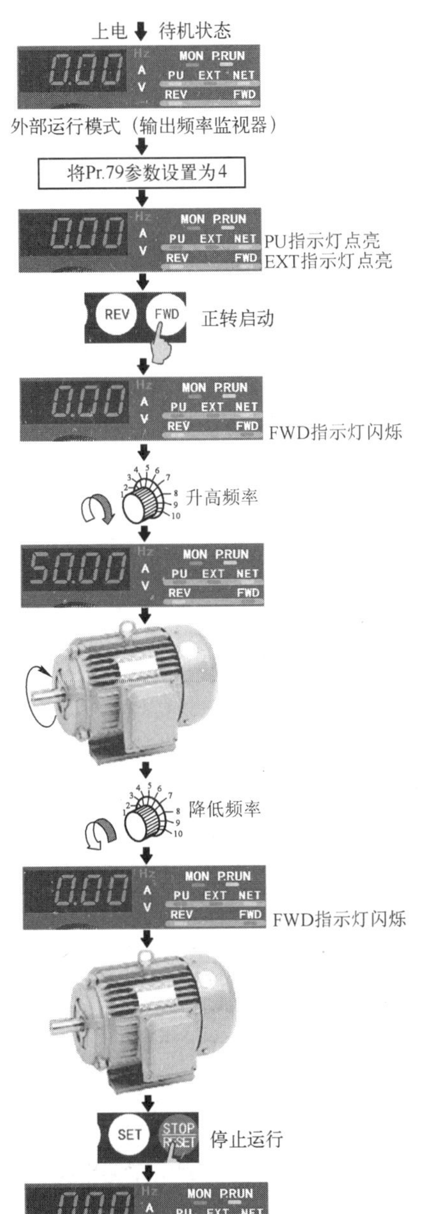

图 6.16　组合模式 2 运行操作流程

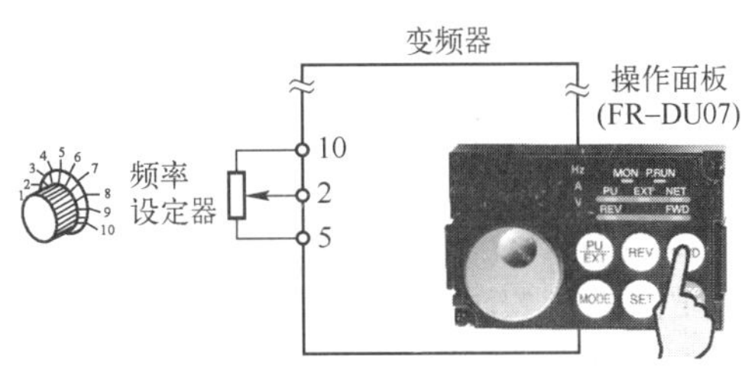

图 6.17　组合模式 2 运行操作示意图

【第一步】设定运行模式。

操作过程：采用图 5.16 所示的方法，设置 Pr. 79=4。

观察项目：观察变频器操作单元上的指示灯和显示器上显示的字符；观察电动机的转向及转速。

现场状况：PU 指示灯和 EXT 指示灯点亮，显示器上显示的字符为“0.00”；电动机没有旋转。

【第二步】设定运行方向。

操作过程：点动按压【FWD】键。

观察项目：观察变频器操作单元上的指示灯和显示器上显示的字符；观察电动机的转向及转速。

现场状况：PU 指示灯和 EXT 指示灯点亮，FWD 指示灯闪烁，显示器上显示的字符为“0.00”；电动机没有旋转。

【第三步】调节运行频率。

操作过程：左右旋转 M 旋钮。

观察项目：观察变频器操作单元上的指示灯和显示器上显示的字符；观察电动机的转向及转速。

现场状况：PU 指示灯、EXT 指示灯和 FWD 指示灯点亮，显示器上显示的字符为当前值；当向左旋转 M 旋钮时，电动机减速运行；当向右旋转 M 旋钮时，电动机加速运行。

【第四步】停止运行。

操作过程：点动按压【STOP】键。

观察项目：观察变频器操作单元上的指示灯和显示器上显示的字符；观察电动机的转向及转速。

现场状况：PU 指示灯和 EXT 指示灯点亮，FWD 指示灯熄灭，显示器上显示的字符为“0.00”；电动机停止旋转。

（6）PLC 控制变频器正/反转运行。

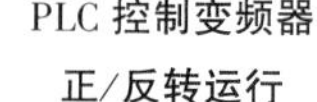
PLC 控制变频器正/反转运行

① 控制要求。

- 当点动按压正转按钮时，PLC 控制变频器以 50Hz 的固定频率正转运行。
- 当点动按压反转按钮时，PLC 控制变频器以 50Hz 的固定频率反转运行。
- 当点动按压停止按钮时，PLC 控制变频器停止运行。
- 对变频器的正转或反转运行状态可以直接进行切换，实现“正—反—停”控制。

② 控制系统设计。

根据上述控制要求，编制 PLC 的 I/O 地址分配表，如表 6.13 所示；设计 PLC 控制系统硬件接线图，如图 6.18 所示；设计 PLC 控制系统软件梯形图程序，如图 6.19 所示。

表 6.13　PLC 的 I/O 地址分配表

输入			输出		
设备名称	代号	输入点编号	设备名称	代号	输出点编号
正转按钮	SB_0	X0	正转端子	STF	Y2
反转按钮	SB_1	X1	反转端子	STR	Y3
停止按钮	SB_2	X2	低速端子	RL	Y4
—	—	—	中速端子	RM	Y5
—	—	—	高速端子	RH	Y6

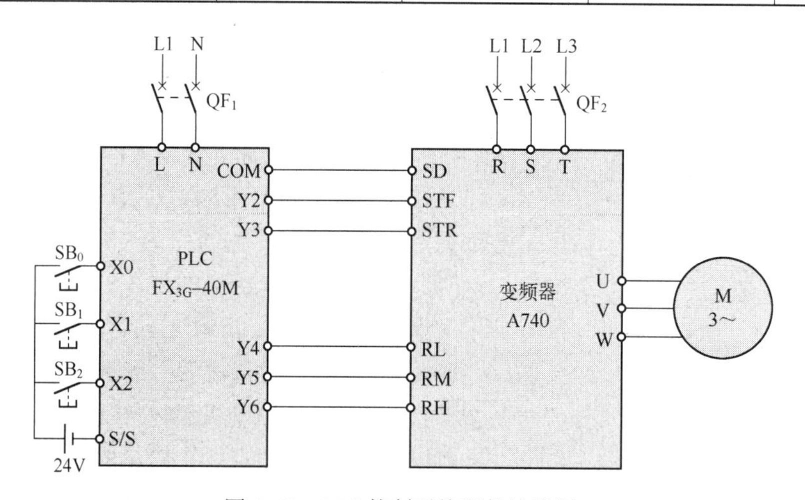

图 6.18　PLC 控制系统硬件接线图

③ 程序调试。

检查 PLC 控制系统的硬件接线是否与图 6.18 一致；检查接线端子的压接情况；观察接线是否有松脱现象。硬件电路经确认正常后，系统才可以上电调试运行。

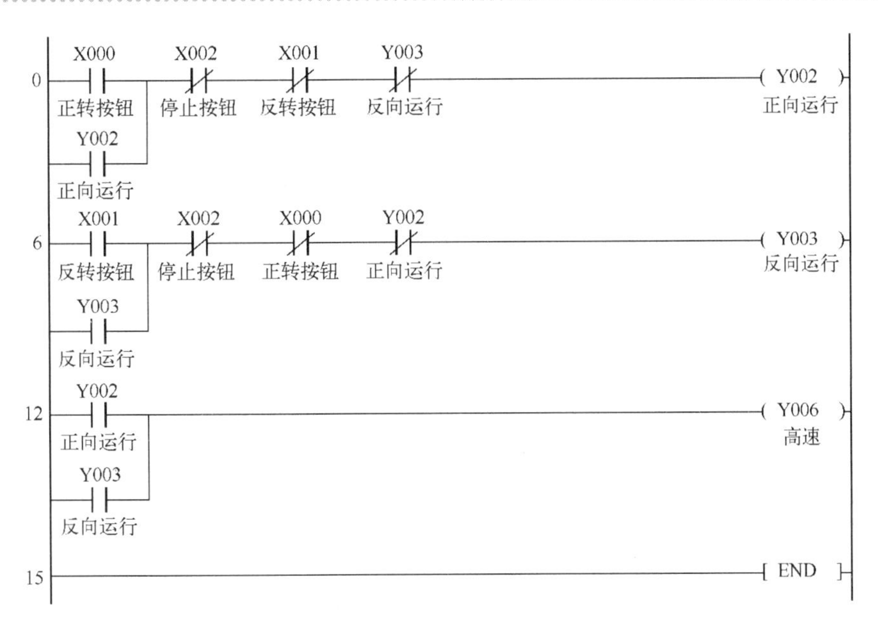

图6.19　PLC控制变频器正/反转运行梯形图程序

【第一步】系统上电。

操作过程：闭合空气断路器，使系统上电。

观察项目：观察PLC面板上的指示灯；观察变频器操作单元上的指示灯和显示器上显示的字符；观察电动机的转向和转速。

现场状况：PLC的指示灯没亮；变频器的EXT指示灯点亮，显示器上显示的字符为“0.00”；电动机没有旋转。

【第二步】启动正转运行。

操作过程：点动按压外设的正转按钮，启动变频器正转运行。

观察项目：观察PLC面板上的指示灯；观察变频器操作单元上的指示灯和显示器上显示的字符；观察电动机的转向和转速。

现场状况：PLC的Y2指示灯和Y6指示灯点亮；变频器的EXT指示灯和FWD指示灯点亮，显示器上显示的字符为“50.00”；电动机正向旋转。

【第三步】启动反转运行。

操作过程：点动按压外设的反转按钮，启动变频器反转运行。

观察项目：观察PLC面板上的指示灯；观察变频器操作单元上的指示灯和显示器上显示的字符；观察电动机的转向和转速。

现场状况：PLC的Y3指示灯和Y6指示灯点亮；变频器的EXT指示灯和REV指示灯点亮，显示器上显示的字符为“50.00”；电动机按正向旋转→停止→反向旋转的顺序运行。

【第四步】停止运行。

操作过程：点动按压外设的停止按钮，停止变频器运行。

观察项目：观察PLC面板上的指示灯；观察变频器操作单元上的指示灯和显示器上显示的字符；观察电动机的转向和转速。

现场状况：PLC的指示灯熄灭；变频器的EXT指示灯点亮，显示器上显示的字符为

“0. 00”；电动机停止旋转。

（7）PLC 控制变频器 3 段速运行。

① 控制要求。

变频器 3 段速控制——硬件设计

变频器 3 段速控制——端子与组态

- 当点动按压正转按钮时，PLC 控制变频器正转连续运行，初始运行频率为 10Hz。
- 当变频器以 10Hz 的频率正转运行 10s 后，PLC 控制变频器以 30Hz 的固定频率正转运行。
- 当变频器以 30Hz 的频率正转运行 10s 后，PLC 控制变频器以 50Hz 的固定频率正转运行。
- 当变频器以 50Hz 的频率正转运行 10s 后，PLC 控制变频器停止运行。

- 当点动按压停止按钮时，PLC 控制变频器停止运行。

② 控制系统设计。

根据上述控制要求，编制 PLC 的 I/O 地址分配表，如表 6. 13 所示；设计 PLC 控制系统硬件接线图，如图 6. 18 所示；设计 PLC 控制系统梯形图程序，如图 6. 20 所示。

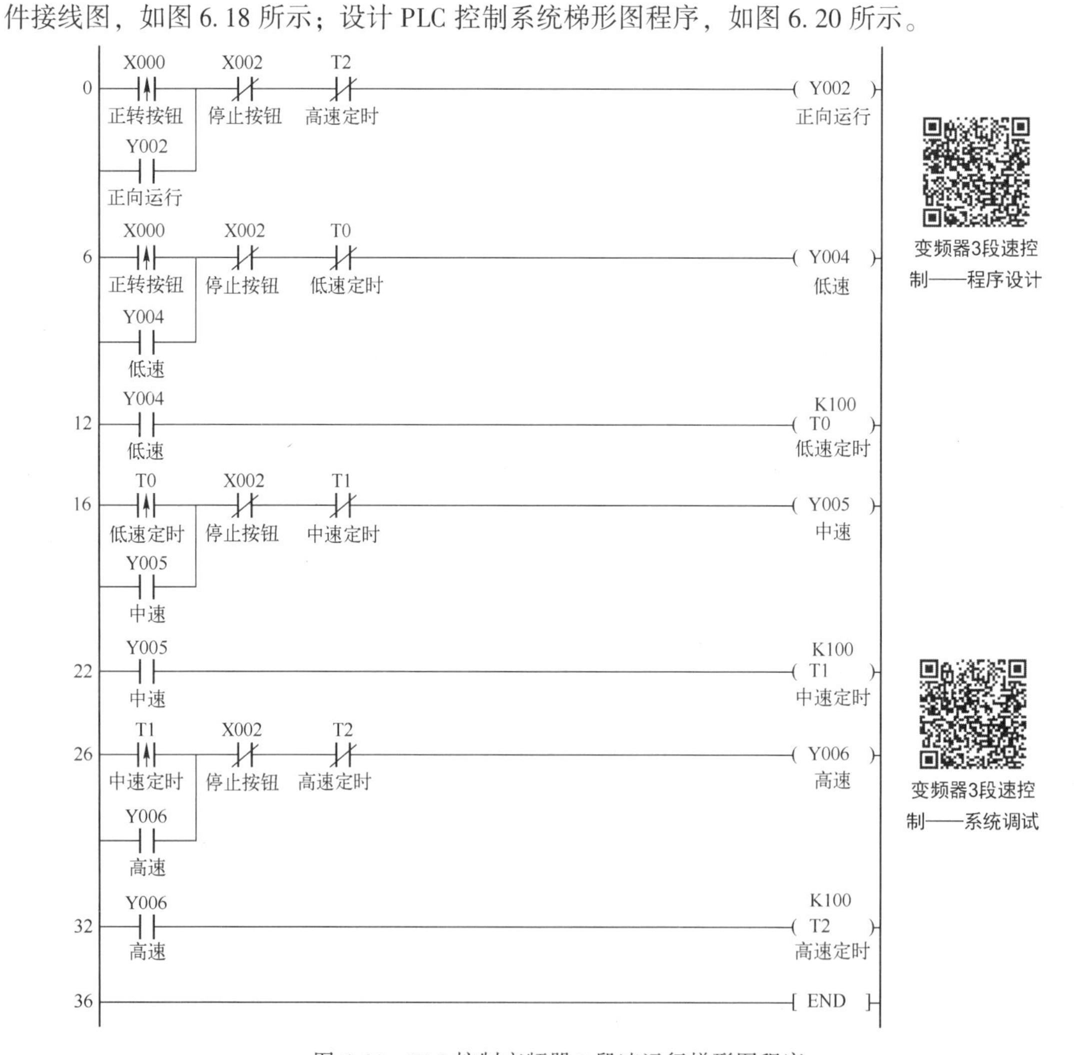

变频器3段速控制——程序设计

变频器3段速控制——系统调试

图 6. 20　PLC 控制变频器 3 段速运行梯形图程序

③ 程序调试。

检查 PLC 控制系统的硬件接线是否与图 6.18 一致；检查接线端子的压接情况；观察接线是否有松脱现象。硬件电路经确认正常后，系统才可以上电调试运行。

【第一步】系统上电。

操作过程：闭合空气断路器，使系统上电。

观察项目：观察 PLC 面板上的指示灯；观察变频器操作单元上的指示灯和显示器上显示的字符；观察电动机的转向和转速。

变频器 3 段速控制——硬件接线

现场状况：PLC 的指示灯没亮；变频器的 EXT 指示灯点亮，显示器上显示的字符为“0.00”；电动机没有旋转。

【第二步】启动正转运行。

变频器 3 段速控制——参数设置

操作过程：点动按压外设的正转按钮，启动变频器正转运行。

观察项目：观察 PLC 面板上的指示灯；观察变频器操作单元上的指示灯和显示器上显示的字符；观察电动机的转向和转速。

现场状况：从第 0s 至第 10s，PLC 的 Y2 指示灯和 Y4 指示灯点亮；变频器的 EXT 指示灯和 FWD 指示灯点亮，显示器上显示的字符为“10.00”；电动机正向旋转。从第 10s 至第 20s，PLC 的 Y2 指示灯和 Y5 指示灯点亮；变频器的 EXT 指示灯和 FWD 指示灯点亮，显示器上显示的字符为“30.00”；电动机正向旋转。从第 20s 至第 30s，PLC 的 Y2 指示灯和 Y6 指示灯点亮；变频器的 EXT 指示灯和 FWD 指示灯点亮，显示器上显示的字符为“50.00”；电动机正向旋转。

【第三步】停止运行。

操作过程：点动按压外设的停止按钮，停止变频器运行。

观察项目：观察 PLC 面板上的指示灯；观察变频器操作单元上的指示灯和显示器上显示的字符；观察电动机的转向和转速。

现场状况：PLC 的指示灯熄灭；变频器的 EXT 指示灯点亮，显示器上显示的字符为“0.00”；电动机停止旋转。

（8）远程控制运行。

假设变频器处于待机状态，当前工作模式为 EXT 控制、频率监视。利用复用端子控制变频器的输出频率，其操作示意图如图 6.13 所示。

【第一步】设定运行模式。

操作过程：采用图 5.16 所示的方法，设置 Pr. 59 = 1，Pr. 79 = 2。

观察项目：观察变频器操作单元上的指示灯和显示器上显示的字符；观察电动机的转向和转速。

现场状况：EXT 指示灯点亮，显示器上显示的字符为“0.00”；电动机没有旋转。

【第二步】设定运行方向。

操作过程：闭合正转启动开关，使 STF 端子与 SD 端子接通。

观察项目：观察变频器面板上的指示灯和显示器上显示的字符；观察电动机的转向和转速。

现场状况：EXT 指示灯点亮，FWD 指示灯闪烁，显示器上显示的字符为“0.00”；电动机没有旋转。

【第三步】加速运行。

操作过程：闭合高速（加速）控制开关，使RH端子与SD端子接通。

观察项目：观察变频器面板上的指示灯和显示器上显示的字符；观察电动机的转向和转速。

现场状况：EXT指示灯和FWD指示灯点亮，显示器上显示的字符为当前值，频率输出值有升高的趋势；电动机加速旋转。

【第四步】恒速运行。

操作过程：断开高速（加速）控制开关，使RH端子与SD端子断开。

观察项目：观察变频器面板上的指示灯和显示器上显示的字符；观察电动机的转向和转速。

现场状况：EXT指示灯和FWD指示灯点亮，显示器上显示的字符为当前值，频率输出值恒定；电动机恒速旋转。

【第五步】减速运行。

操作过程：闭合中速（减速）控制开关，使RM端子与SD端子接通。

观察项目：观察变频器面板上的指示灯和显示器上显示的字符；观察电动机的转向和转速。

现场状况：EXT指示灯和FWD指示灯点亮，显示器上显示的字符为当前值，频率输出值有下降的趋势；电动机减速旋转。

【第六步】恒速运行。

操作过程：断开中速（减速）控制开关，使RM端子与SD端子断开。

观察项目：观察变频器面板上的指示灯和显示器上显示的字符；观察电动机的转向和转速。

现场状况：EXT指示灯和FWD指示灯点亮，显示器上显示的字符为当前值，频率输出值恒定；电动机恒速旋转。

【第七步】停止运行。

操作过程：闭合低速（清除）控制开关，使RL端子与SD端子接通。

观察项目：观察变频器面板上的指示灯和显示器上显示的字符；观察电动机的转向和转速。

现场状况：EXT指示灯点亮，FWD指示灯闪烁，显示器上显示的字符为“0.00”；电动机停止旋转。

【第八步】取消频率清除。

操作过程：断开低速（清除）控制开关，使RL端子与SD端子断开。

观察项目：观察变频器面板上的指示灯和显示器上显示的字符；观察电动机的转向和转速。

现场状况：EXT指示灯点亮，FWD指示灯闪烁，显示器上显示的字符为“0.00”；电动机停止旋转。

【第九步】取消运行方向。

操作过程：断开正转启动开关，使STF端子与SD端子断开。

观察项目：观察变频器面板上的指示灯和显示器上显示的字符；观察电动机的转向和

转速。

现场状况：EXT指示灯点亮，FWD指示灯熄灭，显示器上显示的字符为“0.00”；电动机停止旋转。

【工程素质培养】

1. 职业素质培养要求

(1) 由于变频器属于价值较高的电气设备，所以在任何场合中，其接线端子一般不允许反复拆装，为防止损坏，变频器所有在用端子都必须通过端子排与外电路连接。

(2) 端子螺钉按规定转矩旋紧，过松或过紧都会导致短路或变频器错误动作。压接端子推荐使用带绝缘套管的端子。

(3) 在通电状态下，不允许进行改变接线或拔插连接件等操作。

(4) 当变频器发生故障而无故障显示时，不能再轻易通电，以免引起更大的故障。

2. 专业素质培养问题

问题1：当变频器进入EXT运行模式后，将RL端子与SD端子接通，给变频器设定一个输出频率，此时发现变频器并没有输出设定的频率，电动机也不旋转。

解答：这是因为控制STF和STR端子的开关没有及时断开，误将STF和STR端子同时与SD端子接通，造成电动机的运行方向无具体指向，所以变频器没有频率输出，电动机不旋转。

问题2：当变频器进入EXT运行模式后，将STF端子与SD端子接通，此时发现变频器的FWD指示灯闪烁，电动机没有旋转。

解答：这是因为，虽然STF端子与SD端子接通了，电动机的运行方向有具体指向，但变频器并没有得到频率输出指令，所以变频器没有输出，电动机没有旋转。

问题3：当变频器进入组合运行模式后，发现有的变频器的M旋钮不能设定变频器的运行频率，还有的变频器不能通过按键进行启/停操作。

解答：这是因为变频器组合运行模式有两种，在选择组合运行模式时，如果不注意区分，则很可能出现功能参数Pr.79设定混淆，所以出现了预想的功能操作与实际设定的功能操作不一致的现象。

问题4：虽然PLC的Y0、Y1输出端同变频器的STF、STR端子已经进行了硬件连接，但变频器没有频率输出，电动机不旋转。

解答：这是因为PLC和变频器之间没有共同的电压参考点，控制信号在两者之间就没有形成电流通路，所以变频器没有频率输出，电动机不旋转。解决的办法就是把Y0、Y1的COM端子与变频器的SD端子用导线连接起来，使PLC和变频器有共同的电压参考点。

问题5：在实训步骤（6）中，不管是正向还是反向，电动机始终不能运行。

解答：PLC的输出端子采用每4个连续的输出端口共同使用一个COM端子的形式。在实训步骤（6）中，Y0、Y1、Y2、Y3共同使用一个COM1端子，Y4使用的是COM2端子。出现上述现象的原因是COM1端子没有和COM2端子短接，只有COM1端子与变频器的SD端子连接了起来，而COM2端子与变频器的SD端子却没有连接，变频器当然不能运行。

问题6：在实训步骤（6）中，如果按下正转按钮SB_0，变频器就会输出设定的频率，电动机正向运行，此时如果再按下反转按钮SB_1，则变频器会停止输出设定的频率，电动机停止运行；反之，如果按下反转按钮SB_1，变频器就输出设定的频率，电动机反向运行，此时如果再

按下正转按钮 SB_0，则变频器会停止输出设定的频率，电动机停止运行。

解答：出现上述现象的原因很可能是 PLC 的输出 Y0 与 Y1 之间没有互锁，观察 Y0、Y1 输出指示灯，发现两个指示灯同时都亮，说明变频器的 STF 端子和 STR 端子同时与 SD 端子接通了，造成变频器运行方向无指向，所以变频器停止输出设定的频率，电动机也停止运行。解决的办法是在 PLC 控制程序中对 Y0 和 Y1 加互锁措施，防止 Y0 和 Y1 同时有输出。

3. 解答工程实际问题

问题情境 1：变频器在运行过程中，电动机的实际旋转方向与规定的方向相反。

趣味问题：电动机的接线往往是在调速系统主电路中进行的，不但接线的工艺要求高，而且实际现场环境可能不允许更换接线，那么在不更换电动机接线的情况下，如何更正电动机的旋转方向呢？

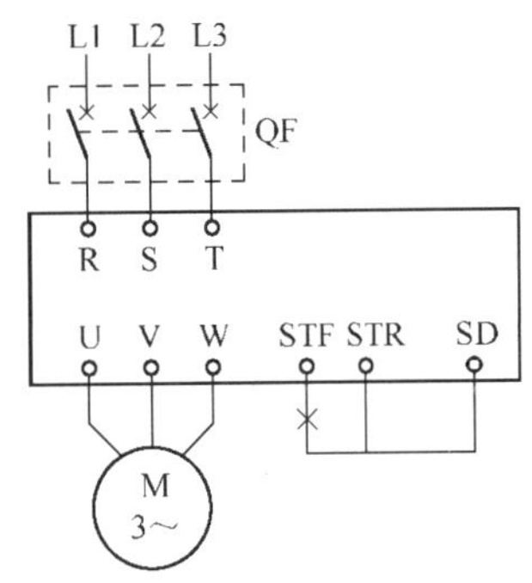

图 6.21 更换转向接线端子

工程答案：将正转接线端子（STF）与公共端子（SD）断开，再将反转接线端子（STR）与公共端子（SD）接通，如图 6.21 所示。也可以保持正转接线端子（STF）连线不变，通过功能预置改变电动机的旋转方向。

问题情境 2：在实训台上，PLC 和变频器的数量按 1∶1 配置，即一台 PLC 专门控制一台对应的变频器。

趣味问题：在变频调速系统中，有时可能需要多台变频器分别驱动多台电动机，那么这些变频器是否可以用同一台 PLC 控制呢？

工程答案：PLC 作为变频器的上位机，只要它的 I/O 点数及性能指标能满足控制系统的要求，就完全可以用一台 PLC 控制多台变频器，但在接线时必须注意的是，每台 PLC 控制单元的 COM 端子一定要连接对应变频器的 SD 端子，不能不接，也不能错接。

任务 7　PLC 模拟量控制变频器运行操作训练

【任务要求】

以 PLC 模拟量控制变频器运行操作为训练任务，通过对模拟量模块的学习，使学生熟悉 PLC、特殊功能模块和变频器的组合应用，掌握高精度传动控制系统的操作方法。

变频器的模拟量控制 1

变频器的模拟量控制 2

1. 知识目标

（1）熟悉模拟量和数字量，掌握 A/D 转换和 D/A 转换。

（2）掌握模拟量模块的 I/O 特性、标定和标定变换。

（3）了解缓冲存储器（BFM）的功能及分配，掌握常用 BFM 的设定。

（4）了解三菱模拟量模块，掌握 FX_{2N}-5A 模块的应用。

（5）熟悉 PLC 以模拟量方式控制变频器运行的方法。

2. 技能目标

（1）会编制通道字、采样字，能对 BFM 进行读取。

（2）会写入零点值和增益值，能完成标定变换操作。

（3）会编写 PLC 控制程序，能完成模拟量控制系统的安装和调试。

【知识储备】

通常情况下，变频器的速度调节可采用键盘调节或电位器调节两种方式。但是，在需要对速度进行精细调节的场合，仅利用上述两种方式还不能满足生产工艺的控制要求，那么用什么方法可以解决这一问题呢？答案就是采用 PLC 控制，其中利用 PLC 模拟量模块的输出对变频器实现速度控制就是一种既有效又简便的方法，如图 7.1 所示。这种方法的优点是编程简单、调速过程平滑连续、工作稳定、实时性强；缺点是成本较高，其造价是采用 RS-485 通信控制方法造价的 5 ～ 7 倍。

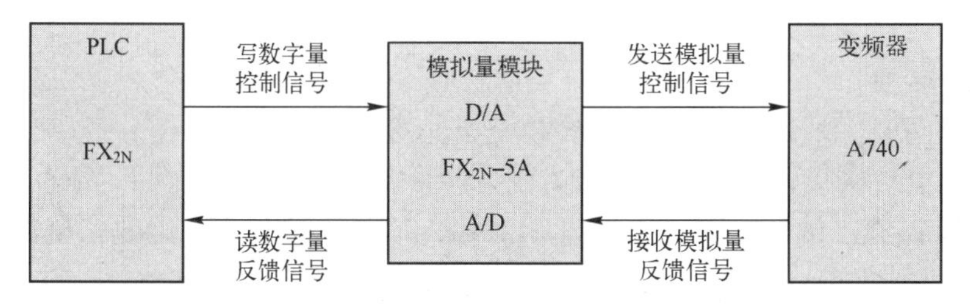

图 7.1　PLC 模拟量模块控制变频器框图

变频器模拟量控制——框图分析

1. 模拟量控制基础知识

1）模拟量和数字量

在模拟量控制系统中，被控制的物理量往往都是随时间连续变化的，如速度、温度、压力、流量等。因此，在控制领域就把这些物理量称为模拟量。与模拟量相对的是数字量，因为它只有开和关两种状态，所以又称开关量，其参数值不随时间连续变化。模拟量和数字量如图7.2所示。

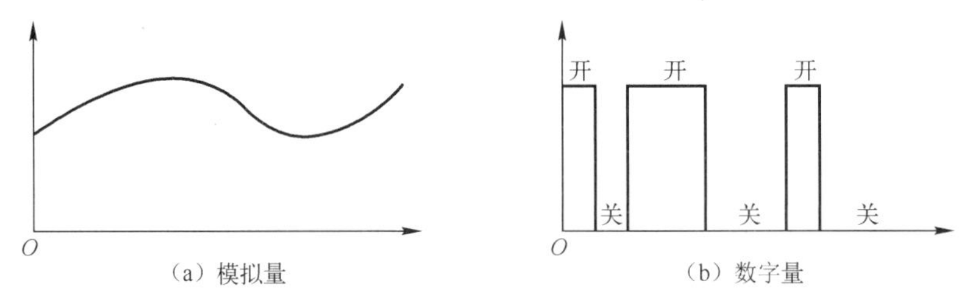

图7.2　模拟量和数字量

模拟量和数字量是性质完全不同的两个物理量，它们之间原本没有任何关联，但通过对二进制数和十进制数的研究把它们联系了起来。二进制数只有0和1两个数码，可以用数字量的开和关表示。一个二进制数由多个0或1组成，也可以用一组开关的开和关表示。在数字电子技术中，存储器的状态不是0就是1，就相当于开关的开和关。因此，一个多位存储器组就可用于表示一个多位的二进制数。虽然模拟量是连续变化的，但在某个确定的时刻，其值是一定的。如果按照一定的时间测量模拟量（十进制数）的大小，并想办法把这个模拟量转换成相应的二进制数后送到存储器中，就把这个由二进制数表示的量称为数字量，这样，模拟量和数字量之间就有了联系，如图7.3（a）、（b）所示。

由图7.3可以看出，数字量的幅值变化与模拟量的幅值变化是大致相同的。因此，用数字量的幅值来处理模拟量，可以得到与模拟量直接被处理的相同效果。但是，模拟量在时间上和取值上都是连续的；而数字量在时间上和取值上都是不连续的，数字量仅在某些时间点上等于模拟量的值。

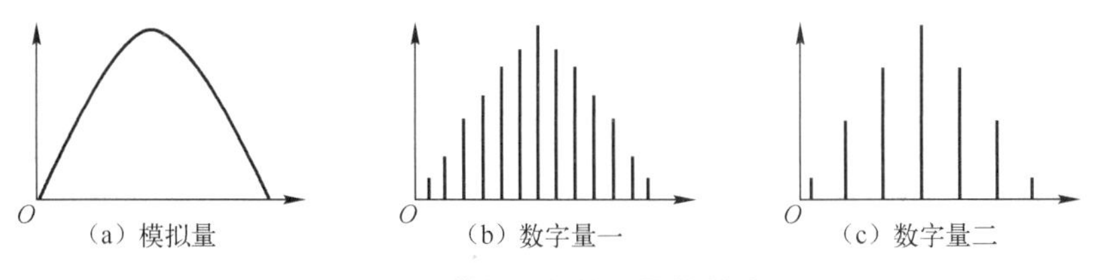

图7.3　模拟量与数字量的联系

2）A/D转换和D/A转换

在变频器的模拟量控制中，A/D转换和D/A转换都是必不可少的环节。PLC的输出信号是数字量，这个数字量不能直接接到变频器上，因为变频器只能接收模拟量信号；同样，变频器的模拟量（电流、电压）输出端子也不能直接与PLC输入端子直接相连。因此，就需要一种能在模拟信号与数字信号之间起转换作用的电路——模拟量模块。

（1）A/D转换。

① 采样。

按一定的时间原则对模拟量进行取值的过程称为采样，采样后得到的量即离散量。显然，离散量在时间上是离散的，只能代表采样瞬间的模拟量的值。采样的离散量是一个模拟数量，必须经过A/D转换，才能变成与离散的模拟量最接近的二进制数字量，这个过程称为量化。量化后的离散量为数字量，但这个数字量在时间上和取值上都是离散的。

在模拟量控制系统中，采样通常按时间等间隔方式进行。采样间隔越短，数字量幅值变化就越接近连续变化的模拟量信号，信号失真就越小；采样间隔越长，信号失真就越大，如图 7.3（b）、（c）所示。

② 功能。

A/D 转换就是将输入的模拟量信号进行量化处理，转换为相应的数字量信号。但就控制变频器而言，PLC 通过 A/D 转换就能读取来自变频器的模拟量反馈信号，从而实现对变频器运行状态的监视。

③ 性能参数。

分辨率指 A/D 转换模块能够转换的二进制数的位数。分辨率反映 A/D 转换模块对输入微小变化响应的能力，位数越多，分辨率越高、误差越小、转换精度越高。

转换时间指从模拟量输入到数字量输出，完成一次 A/D 转换所需的时间。

相对精度指在整个转换范围内，任意数字量对应的模拟输入量的实际值与理论值之差，用模拟电压满量程的百分比表示。

量程是指在进行 A/D 转换时，模拟量值的输入范围。

（2）D/A 转换。

① 功能。

D/A 转换就是将输入的数字量信号进行模拟化处理，转换为相应的模拟量信号。但就控制变频器而言，变频器通过 D/A 转换就能接收来自 PLC 的控制信号，从而实现对变频器运行状态的控制。

② 性能参数。

分辨率指单位数字量变化引起的模拟量输出变化值。通常定义为满量程电压与最小输出电压分辨值之比。

转换时间指从数字量输入到模拟量输出，完成一次 D/A 转换所需的时间。

转换精度指模块的实际输出值与理想值的误差。

3）标定和标定变换

（1）标定的定义。

标定是指两种变量的对应关系。以三菱 FX_{2N}-5A 模块为例，在进行 A/D 转换时，模拟量和数字量存在一定的对应转换关系，如图 7.4 所示，这种关系称为模块的 A/D 转换标定。同样，在进行 D/A 转换时，数字量和模拟量也存在一定的对应转换关系，如图 7.5 所示，这种关系称为模块的 D/A 转换标定。

（2）标定的作用。

① 规定转换关系。例如，在图 7.4 中，转换前的模拟量输入总是与转换后的数字量输出成线性关系。同样，在图 7.5 中，转换前的数字量输入总是与转换后的模拟量输出成线性关系。

② 规定转换量程。例如，在图 7.4 中，当电压信号输入为-10 ～+10V 时，转换成数字量为-32000 ～+32000。

③ 规定转换分辨率。例如，在图 7.4 中，转换前的最大模拟量电压为 10V，转换后的最大数字量为 32000，因此，分辨率=10V/32000=0.3125mV。

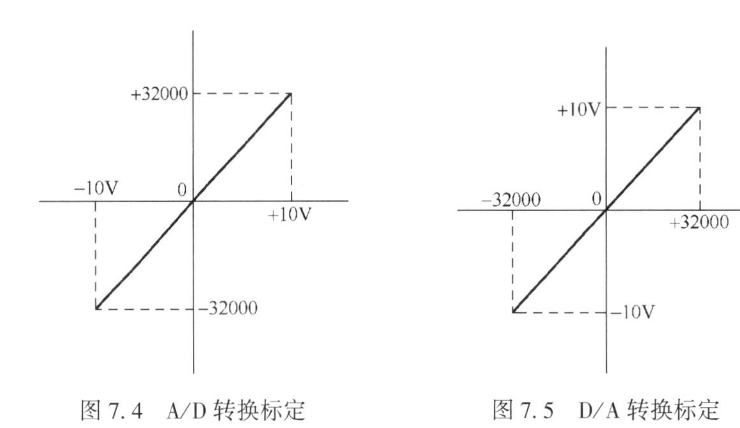

图 7.4　A/D 转换标定　　图 7.5　D/A 转换标定

（3）标定变换。

标定变换是指改变原输入和输出之间的转换关系，即用新标定替换原标定，如图 7.6 所示。根据两点式直线方程原理可知，只要在两个定值输入点上修改对应的输出值，就可改变转换关系，实现标定变换，如图 7.7 所示。

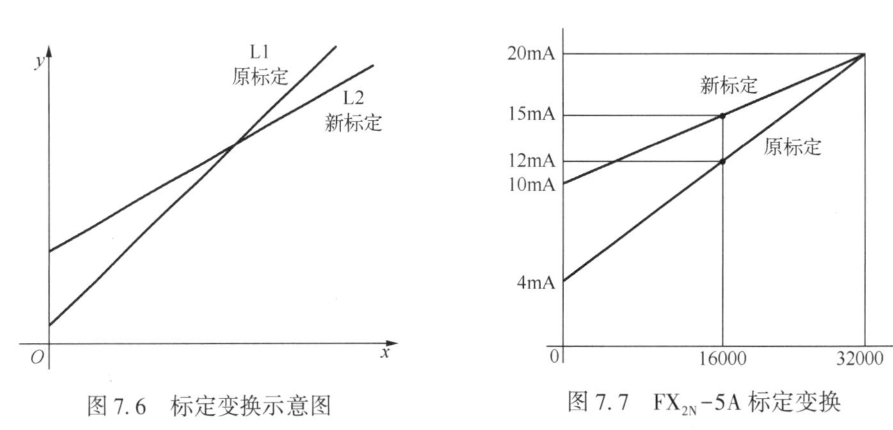

图 7.6　标定变换示意图　　图 7.7　FX_{2N}-5A 标定变换

定义：零点——数字量为 0 时的模拟量值。

增益——数字量为量程中间值时的模拟量值。

在进行具体标定变换时，只要将新的零点值和增益值送入相应的存储器，标定就会自动进行变换。

【例 7.1】 如图 7.7 所示，指出原标定和新标定的零点与增益分别是多少？

原标定的零点是 4mA、增益是 12mA；新标定的零点是 10mA、增益是 15mA。

2. 三菱模拟量模块的简介

为使 PLC 能够应用于变频器的模拟量控制中，许多生产厂商都开发了与 PLC 配套使用的模拟量模块，模块的类型主要有模拟量输入模块、模拟量输出模块、模拟量输入/输出混合模块。三菱生产商为小型机系列 PLC 专门开发了 5 款模拟量模块，这些模块可以用在 FX_{1N}、FX_{2N}、FX_{2NC}、FX_{3G}、FX_{3U} 等系列的 PLC 上。

（1）模拟量模块的连接。

模拟量模块必须安装在 PLC 的右侧，且通过模块自带的扁平电缆连接到 PLC 的扩展接口上，如图 7.8 所示。当需要进行多个模块连接时，可采用串级连接方式，即把后一个模块的连接电缆插在前一个模块的扩展接口上。

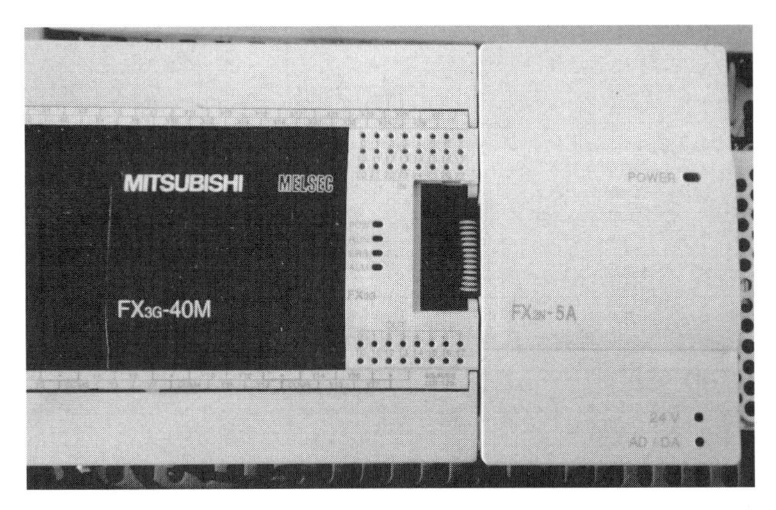

图 7.8　PLC 与模拟量模块的连接

（2）模拟量模块的编号。

在变频器模拟量控制系统中，PLC 可能需要连接多个模拟量模块（最多 8 块），为使 PLC 能够准确地对每个模块进行读/写操作，就必须对这些模块加以标识，即对其所在位置进行编号。编号原则是从最靠近 PLC 基本单元的模块算起，按由近到远的原则，将 0 号到 7 号依次分配给各个模块。模拟量模块位置编号举例如图 7.9 所示。

变频器模拟量
控制运行范例
——任务演示

基本单元	模块0	模块1	模块2
FX_{3U}-64MR	FX_{2N}-4AD	FX_{2N}-4DA	FX_{2N}-5A

图 7.9　模拟量模块位置编号举例

变频器模拟量
控制运行范例
——程序分析

（3）A/D 转换模块。

在变频器控制系统中，三菱 FX_{2N} 系列 A/D 转换模块主要有 FX_{2N}-2AD 和 FX_{2N}-4AD 两种型号，它们的性能规格如表 7.1 和表 7.2 所示。

表 7.1　FX_{2N}-2AD 模块的性能规格

项　目	电压输入	电流输入
模拟量输入范围	DC -10～+10V 或 0～5V 绝对最大输入为-0.5V，+15V	DC 4～20mA 绝对最大输入为-2mA，+60mA
有效数字量输出	12 位二进制数	

续表

项　　目	电压输入	电流输入
分辨率	2.5mV	4μA((4～20)mA×1/4000)
综合精度	±1%（10V 满量程）	±1%（20mA 满量程）
转换速度	2.5ms/通道	
隔离方式	输入和 PLC 的电源间采用光耦及 DC/DC 转换器进行隔离	
电源	DC 5V 20mA（PLC 内部供电），DC 24V 50mA（PLC 外部供电）	
占用 PLC 点数	8 点	
适用 PLC	FX_{1N}、FX_{2N}、FX_{3U}、FX_{2NC}、FX_{3UC}	

表 7.2　FX_{2N}-4AD 模块的性能规格

项　　目	电压输入	电流输入
模拟量输入范围	DC 0～10V 或 0～5V 绝对最大输入为±15V	DC 4～20mA 绝对最大输入为±32mA
有效数字量输出	11 位二进制数+1 位符号位	
分辨率	5mV	20μA
综合精度	±1%	±1%
转换速度	15ms×(1～4 个通道)/普通模式，6ms×(1～4 个通道）/高速模式	
隔离方式	输入和 PLC 的电源间采用光耦及 DC/DC 转换器进行隔离	
电源	DC 5V 30mA（PLC 内部供电），DC 24V 55mA（PLC 外部供电）	
占用 PLC 点数	8 点	
适用 PLC	FX_{1N}、FX_{2N}、FX_{3U}、FX_{2NC}、FX_{3UC}	

（4）D/A 转换模块。

在变频器控制系统中，三菱 FX_{2N} 系列 D/A 转换模块主要有 FX_{2N}-2DA 和 FX_{2N}-4DA 两种型号，它们的性能规格如表 7.3 和表 7.4 所示。

表 7.3　FX_{2N}-2DA 模块的性能规格

项　　目	电压输入	电流输入
模拟量输出范围	DC 0～10V 或 0～5V	DC 4～20mA
有效数字量输入	12 位二进制数	
分辨率	2.5mV	4μA
综合精度	±1%	±1%
转换速度	4ms/通道	
隔离方式	输入和 PLC 的电源间采用光耦及 DC/DC 转换器进行隔离	
电源	DC 5V 20mA（PLC 内部供电），DC 24V 50mA（PLC 外部供电）	
占用 PLC 点数	8 点	
适用 PLC	FX_{1N}、FX_{2N}、FX_{3U}、FX_{2NC}、FX_{3UC}	

表 7.4　FX_{2N}-4DA 模块性能规格

项　　目	电 压 输 入	电 流 输 入
模拟量输出范围	DC 0～10V	DC 0～20mA
有效数字量输入	11 位二进制数+1 位符号位	10 位二进制数
分辨率	5mV	20μA
综合精度	±1%	±1%
转换速度	4ms/4 个通道	
隔离方式	输入和 PLC 的电源间采用光耦及 DC/DC 转换器进行隔离	
电源	DC 5V 20mA（PLC 内部供电），DC 24V 50mA（PLC 外部供电）	
占用 PLC 点数	8 点	
适用 PLC	FX_{1N}、FX_{2N}、FX_{3U}、FX_{2NC}、FX_{3UC}	

（5）混合模块。

在变频器控制系统中，三菱 FX_{2N} 系列混合模块的型号为 FX_{2N}-5A，它的性能规格如表 7.5 所示。

表 7.5　FX_{2N}-5A 模块的性能规格

A/D 转换	电 压 输 入	电 流 输 入
模拟量输入范围	DC -10～+10V 或-100～+100mV	DC 4～20mA
输入特性	可以对各通道设定电压输入和电流输入	
有效数字量输出	15 位二进制数+1 位符号位	14 位二进制数+1 位符号位
分辨率	50μV（±100mV） 312.5μV（±10V）	1.25μA 10μA
转换速度	1ms×使用的通道数	
D/A 转换	**电 压 输 入**	**电 流 输 入**
模拟量输出范围	DC -10～+10V	DC 0～20mA 或 4～20mA
有效数字量输入	15 位二进制数+1 位符号位	10 位二进制数
分辨率	5mV	20μA
转换速度	1ms	
通 用 部 分	**电压输入/输出**	**电流输入/输出**
隔离方式	输入和 PLC 的电源间采用光耦及 DC/DC 转换器进行隔离	
电源	DC 5V 20mA（PLC 内部供电），DC 24V 50mA（PLC 外部供电）	
占用 PLC 点数	8 点	
适用 PLC	FX_{1N}、FX_{2N}、FX_{3U}、FX_{2NC}、FX_{3UC}	

3. FX_{2N}-5A 模块的应用

三菱 FX_{2N}-5A 作为混合型模块，具有 4 个模拟量输入（A/D）通道和 1 个模拟量输出（D/A）通道。输入通道用于接收模拟量信号并将其转换成相应的数字值；输出通道用于获取一个数字值并输出一个相应的模拟量信号。

1）外部结构

FX_{2N}-5A 模块的外部结构如图 7.10 所示，端子排列分布如图 7.11 所示。

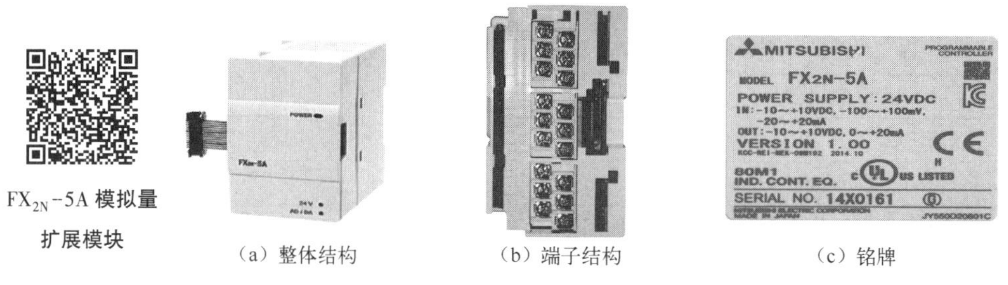

（a）整体结构　（b）端子结构　（c）铭牌

图 7.10　FX_{2N}-5A 模块的外部结构

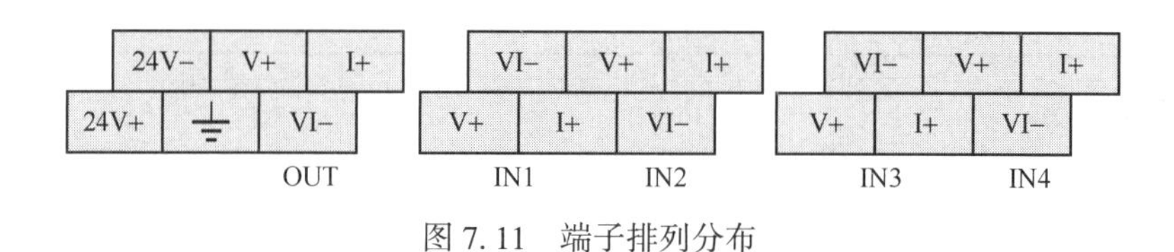

图 7.11　端子排列分布

2）接线

FX_{2N}-5A 模块输入端的接线如图 7.12 所示，输出端的接线如图 7.13 所示。

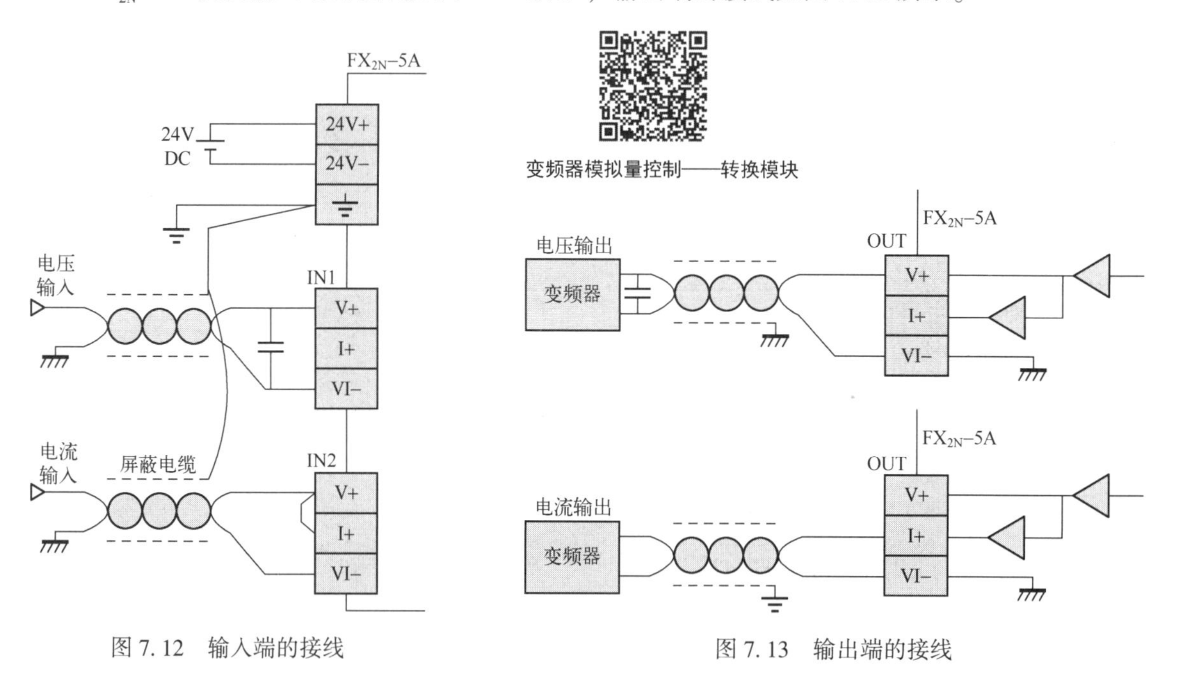

图 7.12　输入端的接线　　图 7.13　输出端的接线

接线要求如下。

（1）模拟量输入/输出通道必须通过屏蔽双绞线连接，并且应远离电源线或其他可能产生电气干扰的电线和电源。

（2）如果输入/输出电压有波动或系统外部有高频干扰，则可接入一个容量为 0.1 ～ 0.47μF 的滤波电容。

3）标定

（1）A/D 转换标定。

FX_{2N}-5A 模块的输入通道对应的是 A/D 转换，其常用的标定形式如图 7.14 和表 7.6 所示。

变频器模拟量控制——标定分析

（2）D/A 转换标定。

FX_{2N}-5A 模块的输出通道对应的是 D/A 转换，其常用的标定形式如图 7.15 和表 7.7 所示。

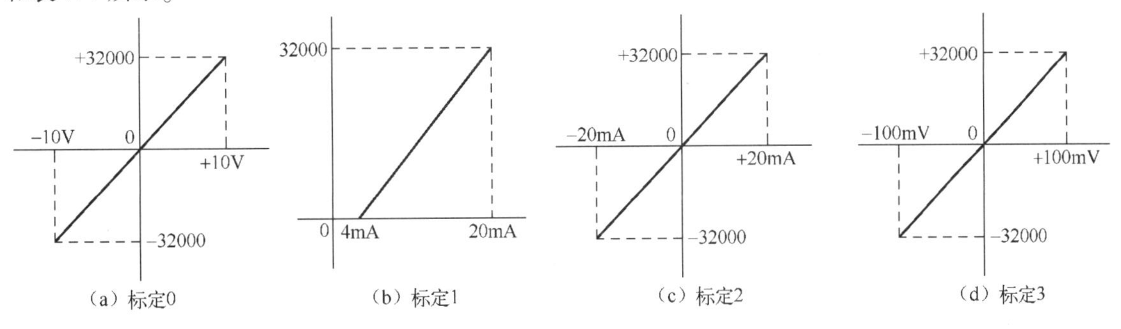

图 7.14　FX_{2N}-5A 模块的 A/D 转换标定

表 7.6　FX_{2N}-5A 模块的 A/D 转换标定表

标定形式	输入形式	量程		I/O 特性
		输入（模拟量）	输出（数字量）	
0	模拟量电压信号	-10～+10V	-32000～+32000	图 7.14（a）
1	模拟量电流信号	4～20mA	0～+32000	图 7.14（b）
2	模拟量电流信号	-20～+20mA	-32000～+32000	图 7.14（c）
3	模拟量电压信号	-100～+100mV	-32000～+32000	图 7.14（d）

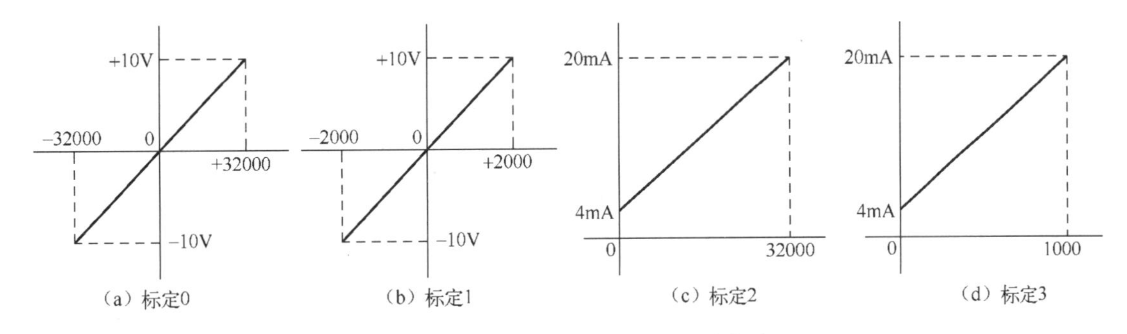

图 7.15　FX_{2N}-5A 模块的 D/A 转换标定

表 7.7　FX_{2N}-5A 模块的 D/A 转换标定表

标定形式	输出形式	量程		I/O 特性
		输入（数字量）	输出（模拟量）	
0	模拟量电压信号	-32000～+32000	-10～+10V	图 7.15（a）
1	模拟量电压信号	-2000～+2000	-10～+10V	图 7.15（b）
2	模拟量电流信号	0～+32000	4～20mA	图 7.15（c）
3	模拟量电流信号	0～+1000	4～20mA	图 7.15（d）

4）缓冲存储器（BFM）功能分配

缓冲存储器简称BFM，它由1个字，即16个位组成。FX_{2N}-5A模块中有250个BFM，编号为BFM#0～BFM#249，除了保留和禁止使用的BFM，每个BFM都有特定的功能或含义。在变频器的模拟量控制中，PLC就是通过对BFM进行读/写操作来实现变频器输出频率的调整和实时控制的。BFM在出厂时都有一个出厂值，当出厂值满足要求时，不需要对它进行修改；否则需要使用写指令TO对它进行修改。

下面针对变频器的模拟量控制介绍一些常用的BFM。

（1）模块初始化BFM。

① BFM#0 —— 模拟量输入通道组态选择单元。

BFM#0又称输入通道字，用来对CH1～CH4的输入方式进行指定，其出厂值为H0000。BFM#0由一组4位的十六进制代码组成，每位代码分别分配给4个输入通道，最高位对应输入通道4，最低位对应输入通道1，如图7.16所示。

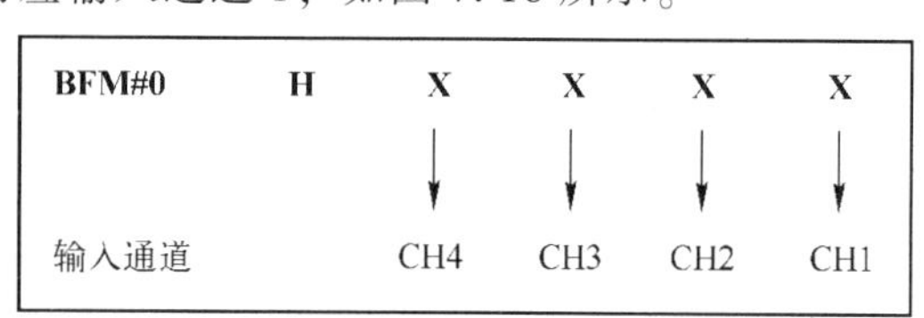

图7.16　输入通道组态

变频器模拟量控制——通道设置

在图7.16中，当X的取值在0～3时，对应的标定形式可在表7.6中查找。当X=F时，对应通道关闭。

【实操经验】

闲置不用的通道一定要关闭。如果该通道不关闭，那么它在受到干扰时，模块就会认为有电压输入而进行转换。同时会延长模块转换时间，影响转换速度。

【例7.2】 试说明输入通道字HF310的含义。

输入通道字HF310的含义如下。

CH1=0，通道1模拟量电压输入，量程为-10～+10V。

CH2=1，通道2模拟量电流输入，量程为4～20mA。

CH3=3，通道3模拟量电压输入，量程为-100～+100mV。

CH4=F，通道4关闭。

【例7.3】 已知FX_{2N}-5A模块的输入通道组态为：CH1为4～20mA输入、CH2关闭、CH3关闭、CH4为-100～+100mV输入。试编制输入通道字。

根据通道组态，确定输入通道字如下。

CH1为4～20mA输入，判定CH1的对应代码为1。

CH2为关闭状态，判定CH2的对应代码为F。

CH3为关闭状态，判定CH3的对应代码为F。

CH4为-100～+100mV输入，判定CH4的对应代码为3。

因此，FX_{2N}-5A模块的输入通道字为H3FF1。

② BFM#1 —— 模拟量输出通道组态选择单元。

BFM#1 又称输出通道字，用来对 CH1 的输出方式进行指定，其出厂值为 H0000。BFM#1 由一个 4 位数的十六进制代码组成，其中最高的 3 位数被模块忽略，只有最低的 1 位数对应输出通道 1，如图 7. 17 所示。

在图 7. 17 中，当 X=0 ～ 3 时，对应的标定形式可在表 7. 7 中查找。当 X=F 时，通道关闭。

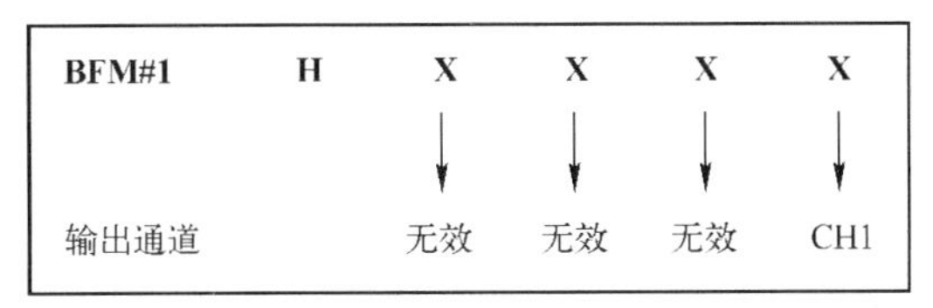

图 7. 17　输出通道组态

【例 7. 4】 试说明输出通道字 HFFF3 的含义。

CH1=3，通道 1 模拟量电流输出，量程为 4 ～ 20mA。

CH2=F，无效通道。

CH3=F，无效通道。

CH4=F，无效通道。

③ BFM#2 ～ BFM#5 —— 平均值采样次数选择单元。

BFM#2 ～ BFM#5 又称输入通道采样字，用来确定输入通道 CH1 ～ CH4 平均值的采样次数，出厂值为 8。

【例 7. 5】 试说明（BFM#2）= 4、（BFM#3）= 5、（BFM#4）= 6 和（BFM#5）= 8 的含义。

（BFM#2）= 4，通道 1 采样值为 4 次的平均值。

（BFM#3）= 5，通道 2 采样值为 5 次的平均值。

（BFM#4）= 6，通道 3 采样值为 6 次的平均值。

（BFM#5）= 8，通道 4 采样值为 8 次的平均值。

④ BFM#20—— 初始化功能选择单元。

BFM#20 用来选择是否对 BFM 执行初始化操作，其出厂值为 K0。当（BFM#20）= K0 时，不执行初始化操作；当（BFM#20）= K1 时，执行初始化操作。

【注意事项】

当 BFM#20 被写入（程序执行）以后，其值会自动恢复为 K0。BFM#20 仅允许读，不允许写。

（2）数据读取 BFM。

外部模拟量信号经 FX_{2N}-5A 模块内部的 A/D 处理转换成数字量，然后被存放在规定的 BFM 中。数字量的存放有两种方式：一种是以采样平均值方式存放；另一种是以当前值方式存放。

① BFM#6 ～ BFM#9 —— 采样数据（平均值）存放单元。

输入通道的 A/D 转换数据（数字量）以平均值的方式存放在 BFM#6 ～ BFM#9 中。BFM#6 ～ BFM#9 分别对应通道 CH1 ～ CH4，具有只读性。

② BFM#10 ～ BFM#13 —— 采样数据（当前值）存放单元。

输入通道的 A/D 转换数据（数字量）以当前值的方式存放在 BFM#10 ～ BFM#13 中。

BFM#10 ～ BFM#13 分别对应通道 CH1 ～ CH4，具有只读性。

【实操经验】

如图 7.18 所示，在三菱 A740 系列变频器上有两个模拟量输出端子：一个是电压输出端子，标号为 AM，AM 端子输出的电压信号为 DC 0 ～ 10V；另一个是电流输出端子，标号为 CA，CA 端子输出的电流信号为 DC 0 ～ 20mA。在变频器模拟量控制系统中，通常可任选其一作为反馈信号源，经过 FX_{2N}-5A 模块的 A/D 处理，PLC 就能读取变频器的当前频率了，从而实现运行频率的实时监视。

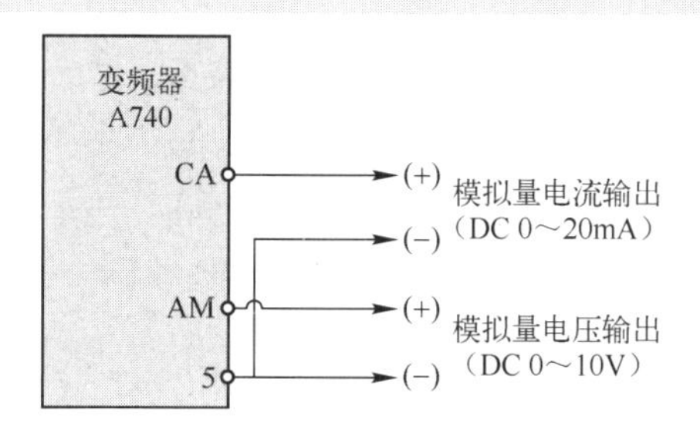

图 7.18　变频器模拟量输出端子图

③ BFM#14 —— 模拟量输出值存放单元。

BFM#14 接收用于 D/A 转换的模拟量输出数据。在模拟量控制系统中，变频器的给定频率就存放在 BFM#14 中。

（3）标定变换 BFM。

标定变换其实就是对零点和增益的值进行调整。标定的变换过程如图 7.19 所示。

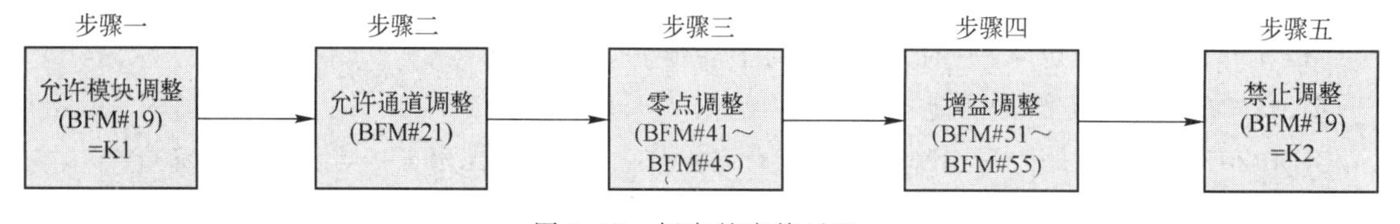

图 7.19　标定的变换过程

① BFM#19 ——允许模块调整选择单元。

BFM#19 又称模块调整字，用来选择是否允许对 BFM 进行标定调整操作，其出厂值为 K1。当（BFM#19）= K1 时，允许调整；当（BFM#19）= K2 时，禁止调整。

【实操经验】

在对标定进行调整时，必须设置（BFM#19）= K1。一般情况下，在对模块进行了初始化或标定调整以后，需要通过程序再把 BFM#19 的值设置为 K2，这就相当于对模块的调整加了一把安全锁。

② BFM#21 —— 允许通道调整选择单元。

BFM#21 又称通道调整字。FX_{2N}-5A 模块依据 BFM#21 的 b0 ～ b4 位状态信息确定是否进行通道调整操作，其设置如图 7.20 所示。

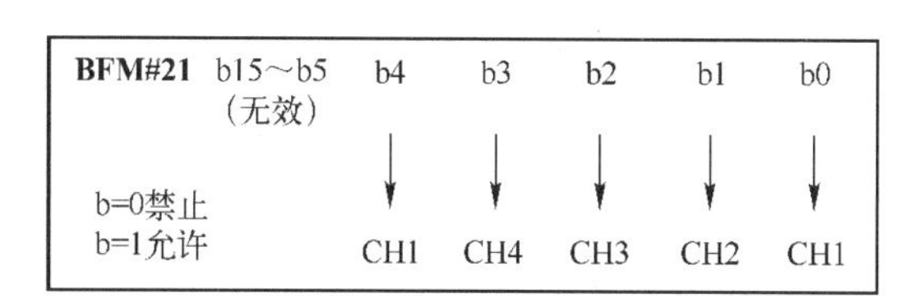

图 7.20　通道调整组态

【**例 7.6**】已知通道调整字（BFM#21）= H0019，试说明通道调整组态情况。

b15	b14	b13	b12	b11	b10	b9	b8	b7	b6	b5	b4	b3	b2	b1	b0
			（b15 ～ b5 无效）								1	1	0	0	1

比较图 7.20 可知：

b0 = 1 → 输入通道 CH1 允许调整　　　　b1 = 0 → 输入通道 CH2 禁止调整

b2 = 0 → 输入通道 CH3 禁止调整　　　　b3 = 1 → 输入通道 CH4 允许调整

b4 = 1 → 输出通道 CH1 允许调整

【**例 7.7**】某控制系统要求对 FX_{2N}-5A 模块的输入通道 CH1 和 CH3 进行标定调整，试写出该模块的通道调整字。

根据控制要求写出 BFM#21 的内容如下：

b15	b14	b13	b12	b11	b10	b9	b8	b7	b6	b5	b4	b3	b2	b1	b0
			（b15 ～ b5 无效）								0	0	1	0	1

通道调整字为（BFM#21）= H0005。

③ BFM#41 ～ BFM#44 —— 模拟量输入偏置数据存放单元。

当数字量的值为 0 时，模拟量输入的电压值或电流值称为模拟量输入偏置数据。模拟量输入偏置数据存放在 BFM#41 ～ BFM#44 中，分别对应输入通道 CH1 ～ CH4。

【注意事项】

在写零点调整值和增益值时，所有电压和电流必须变换成以 mV 和 μA 为单位的数值写入程序。例如，零点调整值是 2V，因为 2V = 2000mV，所以输入值为 2000；同样，零点调整值是 8mA，因为 8mA = 8000μA，所以输入值为 8000。

④ BFM#45 —— 模拟量输出偏置数据存放单元。

当 BFM#14 中的数字量的值为 0 时，模拟量输出的电压值或电流值称为模拟量输出偏置数据。模拟量输出偏置数据存放在 BFM#45 中，BFM#45 对应输出通道 CH1。

⑤ BFM#51 ～ BFM#54 —— 模拟量输入增益数据存放单元。

当数字量的值为量程中间值时，模拟量输入的电压值或电流值称为模拟量输入增益数据。模拟量输入增益数据存放在 BFM#51 ～ BFM#54 中，分别对应输入通道 CH1 ～ CH4。

⑥ BFM#55 —— 模拟量输出增益数据存放单元。

当 BFM#14 中的数字量的值为量程中间值时，模拟量输出的电压值或电流值称为模拟量输出增益数据。模拟量输出增益数据存放在 BFM#55 中，BFM#55 对应输出通道 CH1。

4. 特殊模块读/写指令介绍

FX_{2N}-5A 模块和 PLC 基本单元之间的数据传送是通过 FX_{2N}-5A 的 BFM 来执行的。使用

FROM/TO 指令，就可以在 BFM 和 PLC 之间对数据进行读/写操作了，从而实现数据的传送和交换。

（1）读指令 FROM（FNC78）。

功能：将模块 BFM#的内容读（复制）到 PLC 中，其格式如图 7.21 所示。

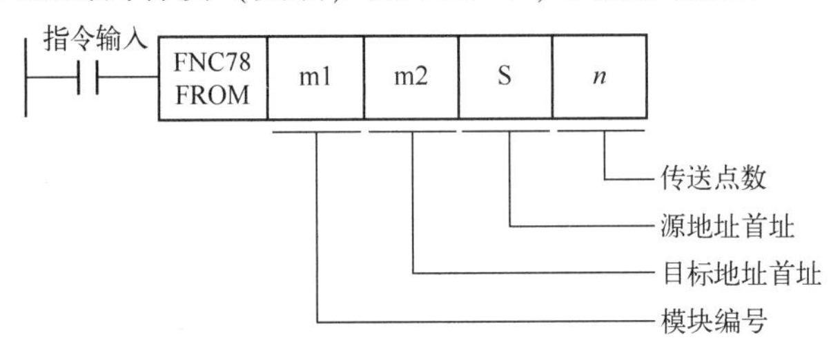

图 7.21　读指令 FROM 的格式

指令解读：当触点接通时，把 m1 模块中以 m2 为首址的 *n* 个缓冲存储单元的内容读到 PLC 的以 S 为首址的 *n* 个数据单元中。

下面通过举例来具体说明读指令 FROM 的功能。

【例 7.8】 试说明指令执行的功能含义。

① FROM　K0　K6　D10　K1

把 0 号模块的 BFM#6 单元里的内容读到 PLC 的 D10 数据单元中，即 CH1 的平均值在 D10 中存放。

② FROM　K1　K10　D100　K4

把 1 号模块的 BFM#10 ～ BFM#13 单元里的内容读到 PLC 的 D100 ～ D103 数据单元中。

对应关系：(BFM#10)→(D100)，CH1 的瞬时转换数据存放在 D100 中；(BFM#11)→(D101)，CH2 的瞬时转换数据存放在 D101 中；(BFM#12)→(D102)，CH3 的瞬时转换数据存放在 D102 中；(BFM#13)→(D103)，CH4 的瞬时转换数据存放在 D103 中。

③ FROM　K2　K1　K4M100　K1

把 2 号模块的 BFM#0 单元里的内容读到 PLC 的组合位元件 K4M100 中，输出通道字存放在 K4M100 中。

【例 7.9】 已知 PLC 型号为 FX_{3U}-64MR，变频器型号为 FR-A740-0.75K-CHT，模块号为 FX_{2N}-5A，试编写变频器运行频率的监视程序。

变频器运行频率的监视程序如图 7.22 所示，FX_{2N}-5A 模块的编号为 0，变频器的即时频率存放在 BFM#10 中。当程序执行时，通过 FROM 指令对 0 号模块的 BFM#10 进行读操作，并把 BFM#10 单元里的内容复制到 PLC 的 D1 数据单元中。

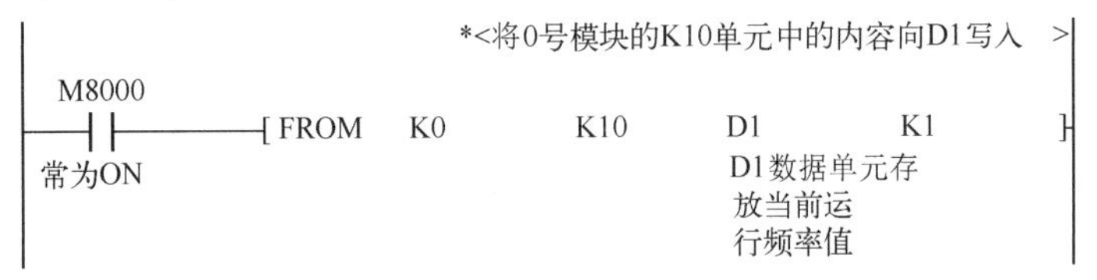

图 7.22　变频器运行频率的监视程序

（2）写指令 TO（FNC79）。

功能：将数据从 PLC 写入 BFM 中，其格式如图 7.23 所示。

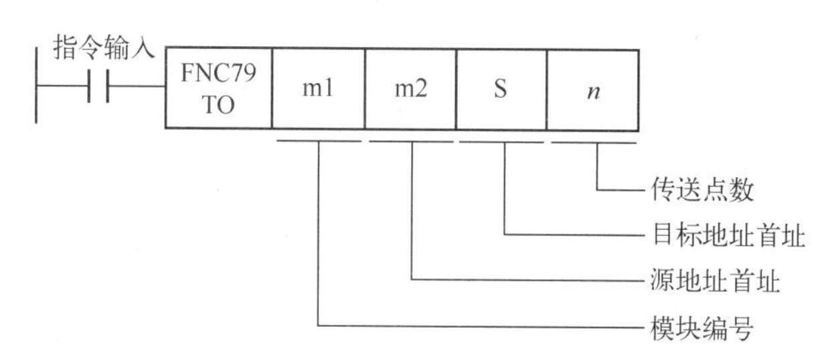

图 7.23　写指令 TO 的格式

指令解读：当触点接通时，把 PLC 中以 S 为首址的 n 个数据单元的内容写入 m1 模块的以 m2（BFM#）为首址的 n 个缓冲存储单元中。

下面通过举例来具体说明写指令 TO 的功能。

【例 5】试说明指令执行的功能含义。

① TO　K0　K0　H1234　K1

把十六进制数 H1234 写入 0 号模块的 BFM#0 单元中，即向 0 号模块写输入通道字。

② TO　K1　K2　D100　K4

把 PLC 的 D100 ～ D103 数据单元中的内容写入 1 号模块的 BFM#2 ～ BFM#5 单元中。

对应关系：(D100)→(BFM#2)，写入 CH1 的采样字；(D101)→(BFM#3)，写入 CH2 的采样字；(D102)→(BFM#4)，写入 CH3 的采样字；(D103)→(BFM#5)，写入 CH4 的采样字。

③ TO　K2　K3　K4　K1

把立即数 K4 写入 2 号模块的 BFM#3 单元中，即向 2 号模块写采样字。

【例 7.11】已知 FX_{2N}-5A 模块通道组态：CH1 关闭、CH2 为 4 ～ 20mA 电流输入、CH3 关闭、CH4 为-10 ～ +10 V 电压输入，所有通道采样字均为 6，试写出该模块初始化设置程序。

该模块的输入通道字为 H0F1F，其初始化设置程序如图 7.24 所示。

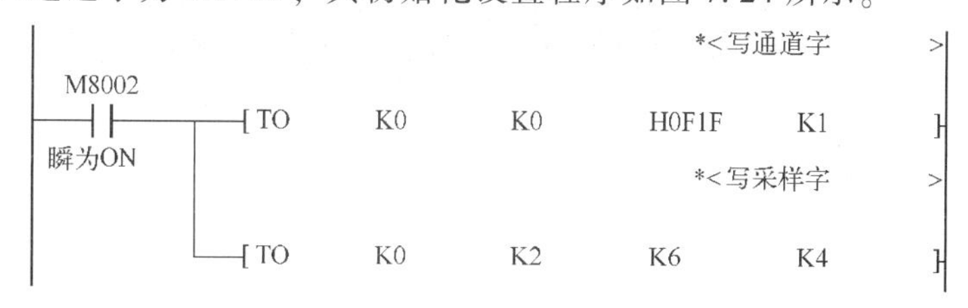

图 7.24　模块初始化设置程序

【例 7.12】试说明指令 TO　K0　K2　K6　K3 的执行功能。

指令执行功能是把立即数 K6 分别写入 0 号模块的 BFM#2、BFM#3 和 BFM#4 中。程序的执行结果是（BFM#2）= 6、(BFM#3) = 6、(BFM#4) = 6。如果模块型号是 FX_{2N}-5A，其含义就是通道 CH1 ～ CH3 的采样字均为 6，即采样值为 6 次的平均值。因为该指令只对 CH1 ～ CH3 通道的采样字进行了设置，所以 CH4 通道的采样字仍为出厂值。

【例 7.13】模块型号为 FX_{2N}-5A，设 CH1 的零点调整值为 1000、增益调整值为 8000，编制输入 CH1 标定调整程序。

标定调整程序如图 7.25 所示。

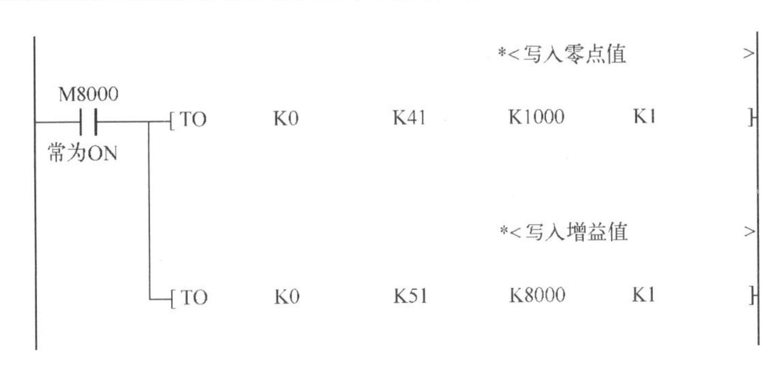

图 7.25　标定调整程序

5. FX_{5U} PLC 以模拟量方式控制变频器

FX_{5U} PLC 是三菱公司 FX 系列产品线上的新款机型，也是三菱公司面向全球市场主推的机型。FX_{5U} PLC 基本单元如图 7.26 所示，相比上一代产品，该机型具有更快的运算速度、更强的处理能力和更多的通信接口等优点。

图 7.26　FX_{5U} PLC 基本单元

（1）模拟量输入/输出接口结构。

FX_{5U} PLC 基本单元自身就具有 A/D 转换和 D/A 转换功能，一般不需要另外配置模拟量模块，在其面板的左上部设有模拟量输入/输出接口，如图 7.27 所示，该接口提供了 2 个输入通道和 1 个输出通道。

（2）模拟量输入/输出标定。

FX_{5U} PLC 机型模拟量输入/输出标定是这样的：在进行 A/D 转换时，模拟量和数字量的对应关系如图 7.28 所示；在进行 D/A 转换时，模拟量和数字量的对应关系如图 7.29 所示。

（3）几个特殊功能寄存器的使用说明。

FX_{5U} PLC 使用三菱 GX Works3 软件编程，用户通过编程对相应的特殊功能寄存器进行读/写操作，以监视变频器的运行频率和设定变频器的给定频率。

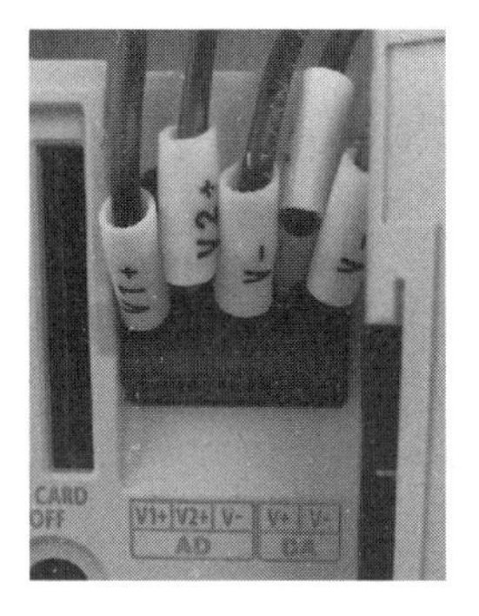

图 7.27　模拟量输入/输出接口

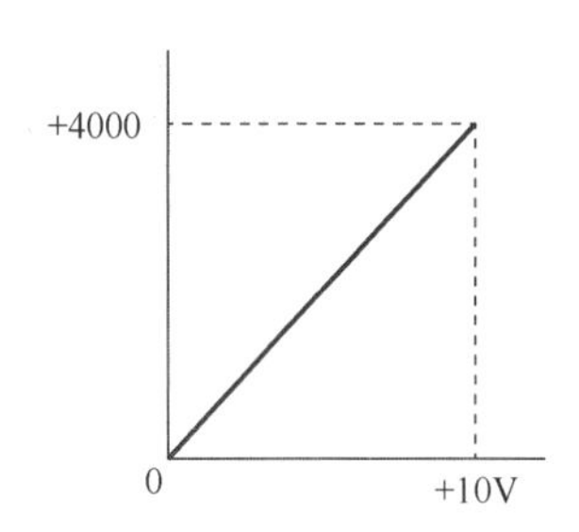

图 7.28　A/D 转换标定

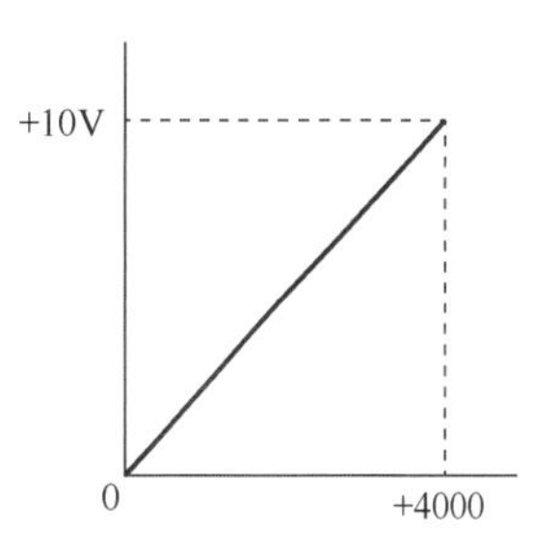

图 7.29　D/A 转换标定

① 监视变频器的运行频率。

如果变频器的模拟量输出信号送给了输入通道 1，那么该模拟量经过 A/D 转换的结果就会存放在 SD6020 中，当 CPU 读取 SD6020 中的数据时，就可以监视变频器当前的运行频率了。同样，如果变频器的模拟量输出信号送给了输入通道 2，那么该模拟量经过 A/D 转换的结果就会存放在 SD6060 中，当 CPU 读取 SD6060 中的数据时，就可以监视变频器当前的运行频率了。

② 设定变频器的给定频率。

如果 CPU 向 SD6180 写入数据，那么该数字量经过 D/A 转换后就变为了模拟量，该模拟量信号通过输出通道的端子输出给变频器，就可以设定变频器当前的给定频率了。

（4）模拟量输入/输出通道设置。

模拟量输入/输出通道的设置方法有两种：一种方法是通过特殊功能继电器进行设置；另一种方法是通过软件进行设置。

① 使用特殊功能继电器设置。

当 SM6021＝0 时，允许输入通道 1 进行 A/D 转换；当 SM6021＝1 时，禁止输入通道 1 进行 A/D 转换。

当 SM6061＝0 时，允许输入通道 2 进行 A/D 转换；当 SM6061＝1 时，禁止输入通道 2 进行 A/D 转换。

当 SM6080＝0 时，允许输出通道进行 D/A 转换；当 SM6080＝1 时，禁止输出通道进行 D/A 转换。

当 SM6081＝0 时，允许输出通道进行 D/A 输出；当 SM6081＝1 时，禁止输出通道进行 D/A 输出。

② 使用软件设置。

用软件设置输入通道的过程如图 7.30 所示；用软件设置输出通道的过程如图 7.31 所示。

【实操经验】

当使用特殊功能继电器设置模拟量输入/输出通道时，需要写程序；当通过软件设置模拟量输入/输出通道时，不需要写程序，只需在相应的下拉菜单栏上设定一下即可。因此，使用特殊功能继电器相对不方便，在实际应用中，还是建议大家多使用软件设置模拟量输入/输出通道。

图 7.30　用软件设置输入通道的过程

图 7.31　用软件设置输出通道的过程

【任务实施】

1. 实训器材

（1）变频器，型号为三菱 FR-A740-0.75K-CHT，1 台/组。

（2）PLC，型号为三菱 FX_{3G}-40M，1 台/组。

（3）PLC，型号为三菱 FX_{5U}-40M，1 台/组。

（4）模拟量模块，型号为三菱 FX_{2N}-5A，1 台/组。

（5）触摸屏，型号为昆仑通态 TPC1163KX，1 个/组。

（6）三相异步电动机，型号为 A05024、功率为 60W，1 块/组。

（7）电工常用仪表和工具，1 套/组。

（8）按钮，型号为施耐德 ZB2-BE101C（不带自锁），1 个（绿色）/组。

（9）对称三相交流电源，线电压为 380V，1 个/组。

2. 实训步骤

课题 1　PLC 选用三菱 FX_{3G}-40M 机型，以模拟量方式控制变频器单向连续运行。

（1）控制要求。

PLC 以模拟量方式控制变频器运行的组态画面如图 7.32 所示。

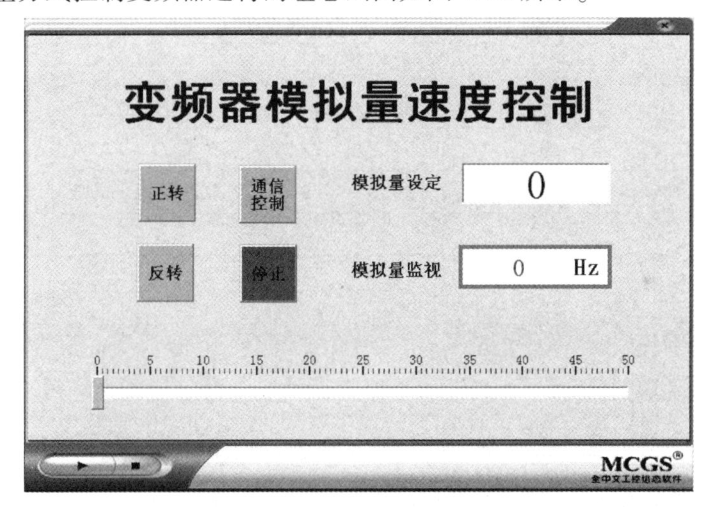

图 7.32　PLC 以模拟量方式控制变频器运行的组态画面

基本要求如下。

① 编制模块的输入通道字和输出通道字。

② 设定变频器为 EXT 工作模式。

③ 编写程序，完成以下运行控制要求。

a. 当点动按压启动按钮时，变频器以 25Hz 的固定频率单向运行。

b. 当点动按压停止按钮时，变频器停止运行。

c. 在变频器运行时，能对变频器的输出频率进行实时监视。

进阶要求如下。

① 对变频器的运行方向进行选择。

② 对变频器的预置频率进行调整。

③ 对变频器的输出频率进行精细调节。

（2）控制系统设计。

PLC以模拟量方式控制系统设计步骤如图7.33所示。

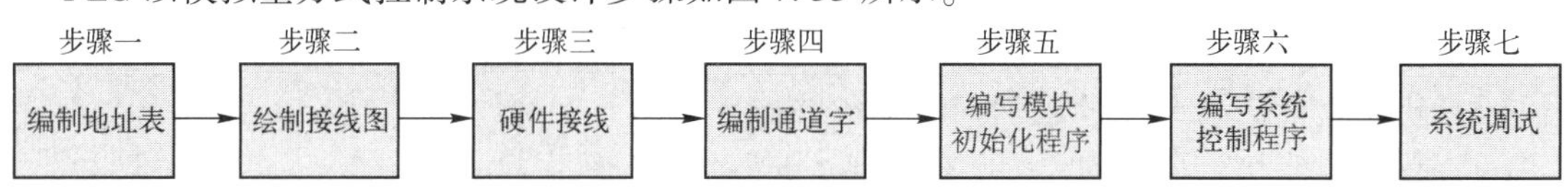

图7.33　PLC以模拟量方式控制系统设计步骤

① 硬件设计。

变频器模拟量控制——硬件设计

根据课题1的控制要求，编制PLC的I/O地址分配表，如表7.8所示。

根据PLC的I/O地址分配表设计控制系统硬件接线图，如图7.34所示。

选择输出通道1作为给定通道，用来设定变频器的给定频率，编制该通道字为HFFF0；选择输入通道2作为采样通道，用来监视变频器的运行频率，编制该通道字为HFF0F。

表7.8　PLC的I/O地址分配表1

外部输入设备		PLC				变频器			
		输入端子		输出端子		输入端子		输出端子	
设备名称	符号	编号	屏编号	输出点编号		输入点代号		输出点代号	
正转按钮	SB_0	X0	M0	正转	Y2	正转	STF	电压	AM
反转按钮	SB_1	X1	M1	反转	Y3	反转	STR		
停止按钮	SB_2	X2	M2	—					

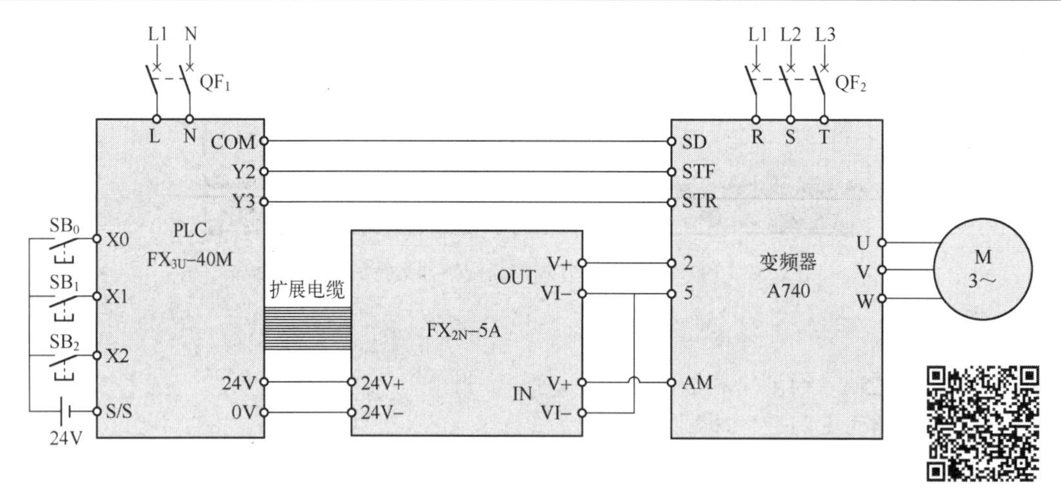

图7.34　课题1控制系统硬件接线图

② 软件设计。

操作过程：打开三菱GX Works2编辑软件，创建名称为“PLC以模拟量方式控制变频器单向连续运行”的新文件；根据课题1的控制要求设计控制系统梯形图程序，如图7.35所示。

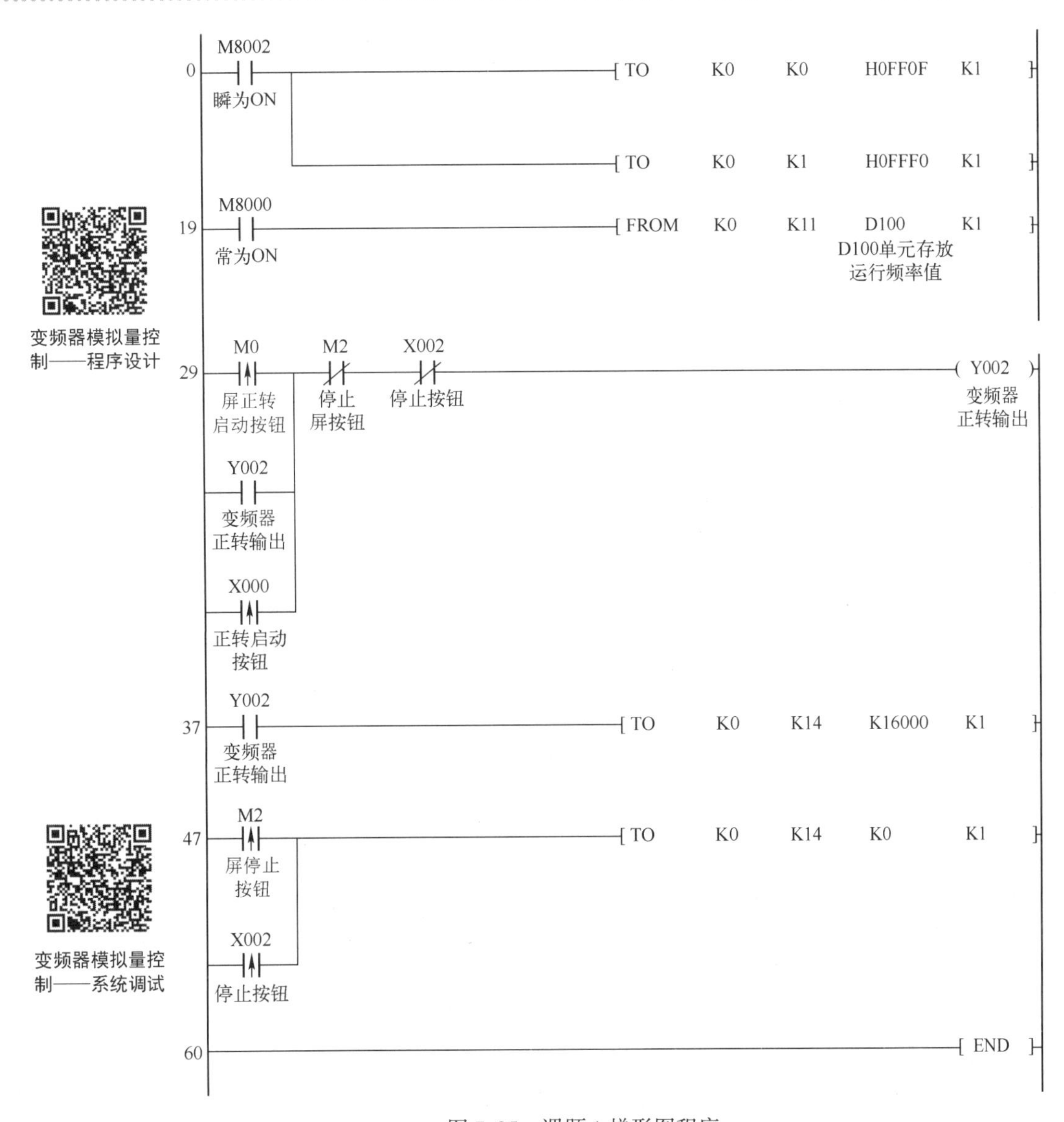

图 7. 35　课题 1 梯形图程序

（3）系统调试。

检查控制系统的硬件接线是否与图 7. 34 一致；检查接线端子的压接情况；观察接线是否有松脱现象。只有在硬件电路经确认正常后，系统才可以上电调试运行。

① 上电开机。

变频器模拟量控制——参数设置

操作过程：闭合空气断路器，将 PLC 和变频器上电；设置变频器功能参数 Pr. 73 = 0、Pr. 79 = 2；将图 7. 35 所示的梯形图程序下传给 PLC。

观察项目：观察 PLC 面板上的指示灯；观察变频器操作单元上的指示灯和显示器上显示的字符；观察电动机的转向和转速。

现场状况：PLC 的 POW 指示灯和 RUN 指示灯点亮；变频器的 MON 指示灯和 EXT 指示灯点亮。

② 功能调试。

【第一步】启动变频器运行。

操作过程：点动按压外设的正转启动按钮或触碰触摸屏上的正转启动按钮，启动变频器并实现单向（正转）运行。

观察项目：观察PLC面板上的指示灯；观察变频器操作单元上的指示灯和显示器上显示的字符；观察电动机的转向和转速。

现场状况：PLC的Y2指示灯点亮；变频器的FWD指示灯点亮，显示器上显示的字符为“25.00”；触摸屏显示25Hz；电动机正向旋转。

【第二步】停止变频器的运行。

操作过程：点动按压外设的停止按钮或触碰触摸屏上的停止按钮，停止变频器的运行。

观察项目：观察PLC面板上的指示灯；观察变频器操作单元上的指示灯和显示器上显示的字符；观察电动机的转向和转速。

现场状况：PLC的Y2指示灯熄灭；变频器的FWD指示灯熄灭，显示器上显示的字符为“0.00”；触摸屏显示0Hz；电动机停止旋转。

【第三步】选择运行方向。

操作过程：修改图7.35中的梯形图程序，将程序中的Y2（在程序中用Y002表示，在文字方面习惯用Y2表示，本书均采用此种表示形式）改为Y3；下传新程序、启动变频器运行。

观察项目：观察PLC面板上的指示灯；观察变频器操作单元上的指示灯和显示器上显示的字符；观察电动机的转向和转速。

现场状况：PLC的Y3指示灯点亮；变频器的REV指示灯点亮，显示器上显示的字符为“25.00”；触摸屏显示25Hz；电动机反向旋转。

【第四步】选择运行频率。

操作过程：修改图7.35中的梯形图程序，将运行频率的设定值由K16000更新为K32000；下传新程序、启动变频器运行。

观察项目：观察PLC面板上的指示灯；观察变频器操作单元上的指示灯和显示器上显示的字符；观察电动机的转向和转速。

现场状况：PLC的Y2指示灯点亮；变频器的FWD指示灯点亮，显示器上显示的字符为“50.00”；触摸屏显示50Hz；电动机正向旋转。

【第五步】精细调节输出频率。

操作过程：修改图7.35中的梯形图程序，将运行频率的设定值由立即数更新为D0；下传新程序、启动变频器运行；左右滑动频率调节亮条，改变D0数据单元中的数值并填写表7.9。

表7.9　设定频率与实际运行频率

频率设定值（数字量）	6400	9600	12800	16000	19200	22400	25600	28800	32000
频率设定值（模拟量）									
频率显示值（模拟量）									

观察项目：观察PLC面板上的指示灯；观察变频器操作单元上的指示灯和显示器上显示的字符；观察电动机的转向和转速；进行标定验证。

现场状况：PLC的Y2指示灯点亮；变频器的FWD指示灯点亮，显示屏显示当前值；触摸屏显示输出频率的当前值；电动机正向旋转；变频器的输出频率和电动机的转速均可以连续调节；验证标定正确。

课题2 PLC选用三菱FX_{3G}-40M机型，以模拟量方式控制变频器正/反转连续运行。

(1) 控制要求。

PLC以模拟量方式控制变频器运行的组态画面如图7.32所示。

基本要求如下。

① 当点动按压正转启动按钮时，PLC控制变频器以30Hz的固定频率正转运行。

② 当点动按压反转启动按钮时，PLC控制变频器以20Hz的固定频率反转运行。

③ 当点动按压停止按钮时，PLC控制变频器停止运行。

④ 对变频器的输出频率进行实时监视。

进阶要求如下。

① 对变频器的正转或反转运行状态可以直接进行切换，实现“正—反—停”控制。

② 对变频器的正转或反转输出频率都可以进行精细调节。

(2) 控制系统设计。

控制系统的硬件设计与课题1的硬件设计相同，此处叙述省略。

根据课题2的控制要求设计控制系统梯形图程序，如图7.36所示。

(3) 系统调试。

检查控制系统的硬件接线是否与图7.34一致；检查接线端子的压接情况；观察接线是否有松脱现象。只有在硬件电路经确认正常后，系统才可以上电调试运行。

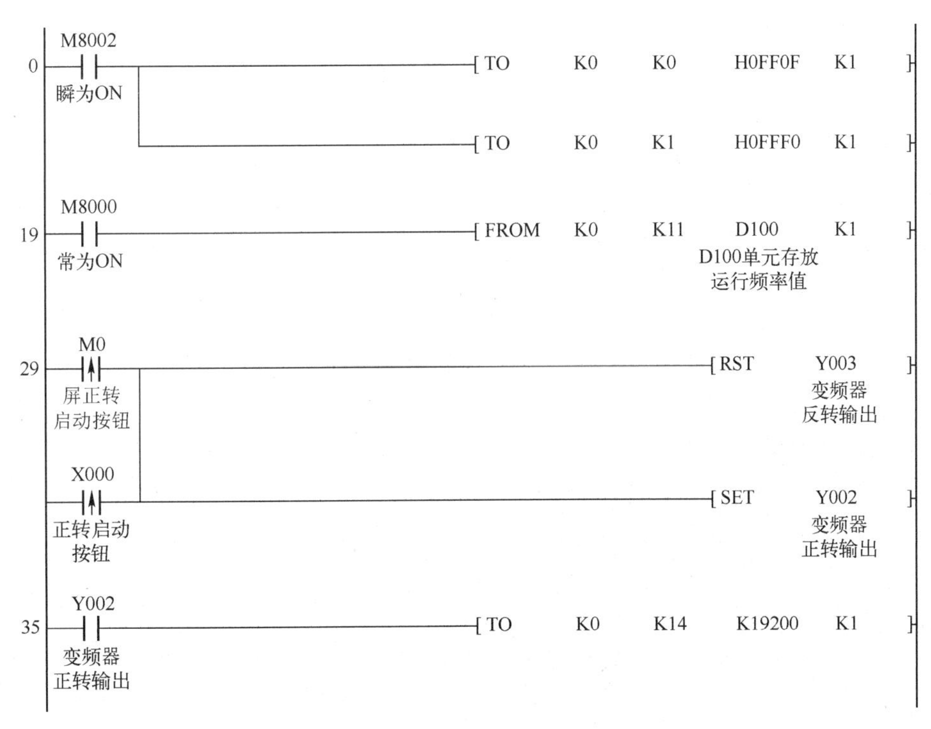

图7.36 课题2梯形图程序

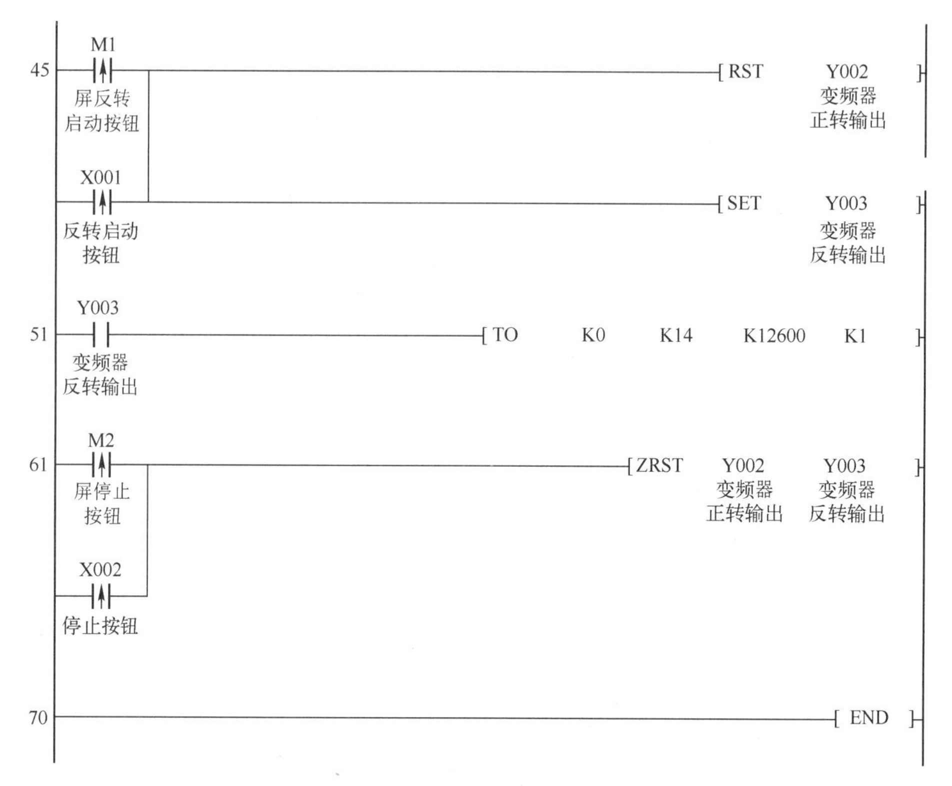

图 7.36　课题 2 梯形图程序（续）

【第一步】上电开机。

操作过程：闭合空气断路器，将 PLC 和变频器上电；设置变频器功能参数 Pr. 73 = 0、Pr. 79 = 2；将图 7.36 所示的梯形图程序下传给 PLC。

观察项目：观察 PLC 面板上的指示灯；观察变频器操作单元上的指示灯和显示器上显示的字符；观察电动机的转向和转速。

现场状况：PLC 的 POW 指示灯和 RUN 指示灯点亮；变频器的 MON 指示灯和 EXT 指示灯点亮。

【第二步】启动正转运行。

操作过程：点动按压外设的正转启动按钮或触碰触摸屏上的正转启动按钮，启动变频器正转运行。

观察项目：观察 PLC 面板上的指示灯；观察变频器操作单元上的指示灯和显示器上显示的字符；观察电动机的转向和转速。

现场状况：PLC 的 Y2 指示灯点亮；变频器的 FWD 指示灯点亮，显示器上显示的字符为“30.00”；触摸屏显示 30Hz；电动机正向旋转。

【第三步】启动反转运行。

操作过程：触碰触摸屏上的反转启动按钮或点动按压外设的反转启动按钮，启动变频器反转运行。

观察项目：观察 PLC 面板上的指示灯；观察变频器操作单元上的指示灯和显示器上显示的字符；观察电动机的转向和转速。

现场状况：PLC 的 Y3 指示灯点亮；变频器的 REV 指示灯点亮，显示器上显示的字符为“20.00”；触摸屏显示 20Hz；电动机反向旋转。

【第四步】停止运行。

操作过程：触碰触摸屏上的停止按钮或点动按压外设的停止按钮，停止变频器运行。

观察项目：观察 PLC 面板上的指示灯；观察变频器操作单元上的指示灯和显示器上显示的字符；观察电动机的转向和转速。

现场状况：PLC 的 Y3 指示灯熄灭；变频器的 REV 指示灯熄灭，显示器上显示的字符为“0.00”；触摸屏显示 0Hz；电动机停止旋转。

【第五步】输出频率精细调节。

操作过程：修改图 7.36 中的梯形图程序，将运行频率的设定值由立即数更新为 D0；下传新程序、启动变频器运行；左右滑动频率调节亮条，改变 D0 数据单元中的数值。

观察项目：观察 PLC 面板上的指示灯；观察变频器操作单元上的指示灯和显示器上显示的字符；观察电动机的转向和转速。

现场状况：PLC 的 Y2 指示灯点亮；变频器的 FWD 指示灯点亮，显示器上显示的字符为当前值；触摸屏显示输出频率的当前值；电动机正向旋转；变频器的输出频率和电动机的转速均可以连续调节。

课题 3　PLC 选用三菱 FX_{3G}-40M 机型，按要求变换标定，控制变频器单向连续运行。

(1) 控制要求。

PLC 以模拟量方式控制变频器运行的组态画面如图 7.32 所示。

基本要求如下。

① 左右滑动触摸屏上的频率调节亮条，精细调节变频器的输出频率。

② 当光标在调节亮条的最左侧位置时，变频器的输出频率为 10Hz。

③ 当光标在调节亮条的中间位置时，变频器的输出频率为 30Hz。

④ 其他基本要求与课题 1 的基本要求相同。

进阶要求如下。

① 控制变频器输出的频率在 25 ～ 50Hz 连续可调。

② 绘制标定的 I/O 特性曲线。

(2) 控制系统设计。

控制系统的硬件设计与课题 1 的硬件设计相同，此处叙述省略。

根据课题 3 的控制要求设计控制系统梯形图程序，如图 7.37 所示。

(3) 系统调试。

检查控制系统的硬件接线是否与图 7.34 一致；检查接线端子的压接情况；观察接线是否有松脱现象。只有在硬件电路经确认正常后，系统才可以上电调试运行。

【第一步】上电开机。

操作过程：闭合空气断路器，将 PLC 和变频器上电；设置变频器功能参数 Pr.73 = 0、Pr.79 = 2；将图 7.37 所示的梯形图程序下传给 PLC。

观察项目：观察 PLC 面板上的指示灯；观察变频器操作单元上的指示灯。

现场状况：POW 指示灯和 RUN 指示灯点亮；MON 指示灯和 EXT 指示灯点亮。

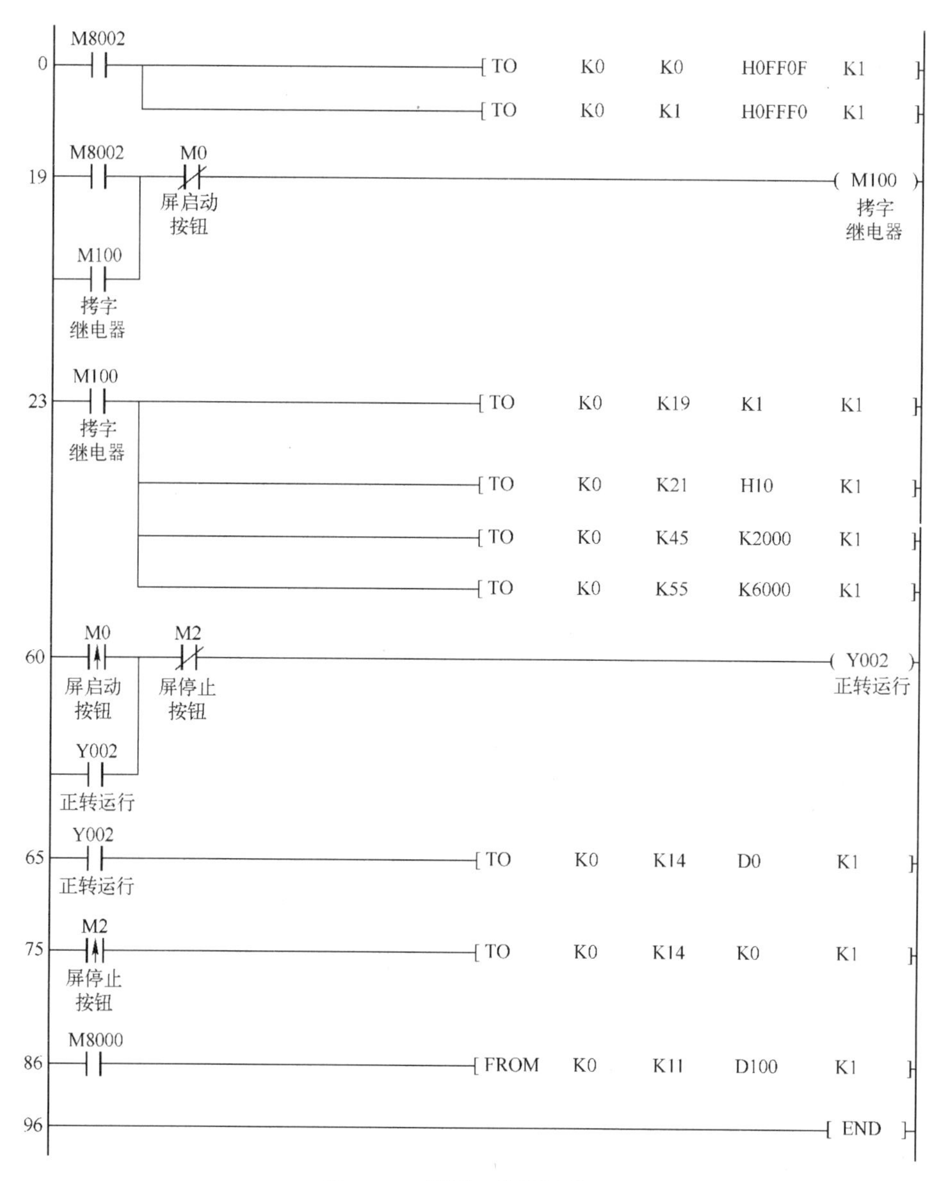

图7.37　课题3梯形图程序

【第二步】初值频率运行。

操作过程：向左滑动调节亮条，将光标滑动到调节亮条的最左侧位置，或者直接为D0数据单元赋值K0；点动按压外设的正转按钮或触碰触摸屏上的正转按钮，启动变频器正转运行。

观察项目：观察PLC面板上的指示灯；观察变频器操作单元上的指示灯和显示器上显示的字符；观察电动机的转向和转速。

现场状况：PLC的Y2指示灯和变频器的FWD指示灯点亮；显示器上显示的字符为“10.00”；触摸屏显示当前变频器的输出频率值；电动机正向旋转。

【第三步】中值频率运行。

操作过程：向右滑动调节亮条，将光标滑动到调节亮条的中间位置，或者直接为D0数据单元赋值K16000。

观察项目：观察 PLC 面板上的指示灯；观察变频器操作单元上的指示灯和显示器上显示的字符；观察电动机的转向和转速。

现场状况：PLC 的 Y2 指示灯和变频器的 FWD 指示灯点亮；显示器上显示的字符为“30.00”；触摸屏显示当前变频器的输出频率值；电动机正向旋转。

【第四步】终值频率运行。

操作过程：向右滑动调节亮条，将光标滑动到调节亮条的最右侧位置，或者直接为 D0 数据单元赋值 K32000。

观察项目：观察 PLC 面板上的指示灯；观察变频器操作单元上的指示灯和显示器上显示的字符；观察电动机的转向和转速。

现场状况：PLC 的 Y2 指示灯和变频器的 FWD 指示灯点亮；显示器上显示的字符为“50.00”；触摸屏显示当前变频器的输出频率值；电动机正向旋转。

【第五步】停止运行。

操作过程：触碰触摸屏上的停止按钮或点动按压外设的停止按钮，停止变频器运行。

观察项目：观察 PLC 面板上的指示灯；观察变频器操作单元上的指示灯和显示器上显示的字符；观察电动机的转向和转速。

现场状况：PLC 的 Y2 指示灯和变频器的 FWD 指示灯熄灭；显示器上显示的字符为“0.00”；触摸屏显示当前变频器的输出频率值（0）；电动机停止旋转。

课题 4　PLC 选用三菱 FX_{5U}-40M 机型，以模拟量方式控制变频器 3 段速运行。

（1）控制要求。

PLC 以模拟量方式控制变频器运行的组态画面如图 7.38 所示。

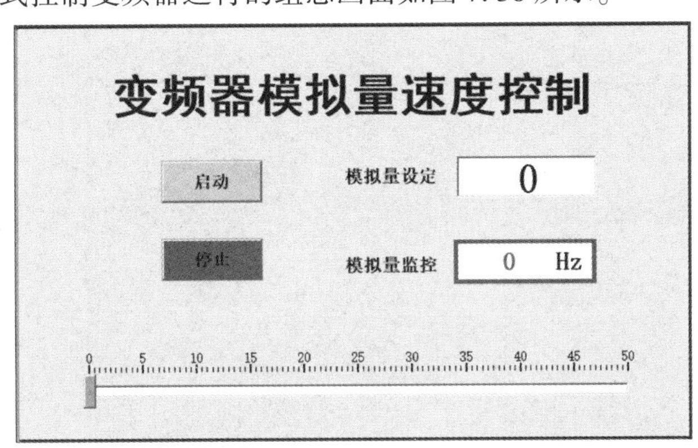

图 7.38　PLC 以模拟量方式控制变频器运行的组态画面

基本要求如下。

① 用软件设置模拟量输入/输出通道，并开放输出通道。

② 设定变频器为 EXT 工作模式。

③ 编写程序，完成以下运行控制要求。

a. 当第一次点动按压按钮时，PLC 控制变频器以 10Hz 的固定频率正转运行。

b. 当第二次点动按压按钮时，PLC 控制变频器以 20Hz 的固定频率正转运行。

c. 当第三次点动按压按钮时，PLC 控制变频器以 30 Hz 的固定频率正转运行。

d. 当第四次点动按压按钮时，PLC 控制变频器停止运行。

e. 对变频器的输出频率进行实时监视。

进阶要求如下。

① 当第一次点动按压按钮时，PLC控制变频器先以10Hz的频率正转运行10s；10s后，PLC控制变频器以20Hz的频率正转运行20s；20s后，PLC控制变频器以30Hz的频率正转运行30s；30s后，系统进入下一个循环。

② 当第二次点动按压按钮时，PLC控制变频器停止运行。

（2）控制系统设计。

① 硬件设计。

根据课题4的控制要求编制PLC的I/O地址分配表，如表7.10所示。

表7.10　PLC的I/O地址分配表2

外部输入设备		PLC			变频器			
		输入端子	输出端子		输入端子		输出端子	
设备名称	符号	编号	输出点编号		输入点代号		输出点代号	
启动按钮	SB_0	X0	正转	Y0	正转	STF	电压	AM

根据PLC的I/O地址分配表设计控制系统硬件接线图，如图7.39所示。

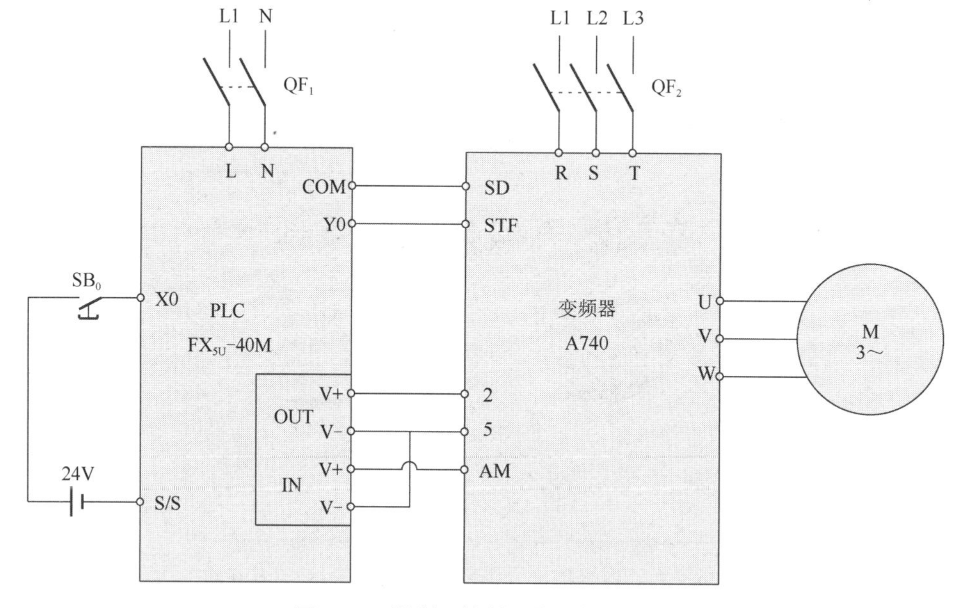

图7.39　课题4控制系统硬件接线图

② 软件设计。

操作过程：打开三菱GX Works3编辑软件，创建名称为“PLC以模拟量方式控制变频器3段速运行”的新文件；参照图7.36和图7.37所示的方法，用软件设置模拟量输入/输出通道，并开放输出通道；根据课题4的基本控制要求设计控制系统梯形图程序，如图7.40所示；根据课题4的进阶控制要求设计控制系统梯形图程序，如图7.41所示。

（3）系统调试。

检查控制系统的硬件接线是否与图7.39一致；检查接线端子的压接情况；观察接线是否

有松脱现象。只有在硬件电路经确认正常后，系统才可以上电调试运行。

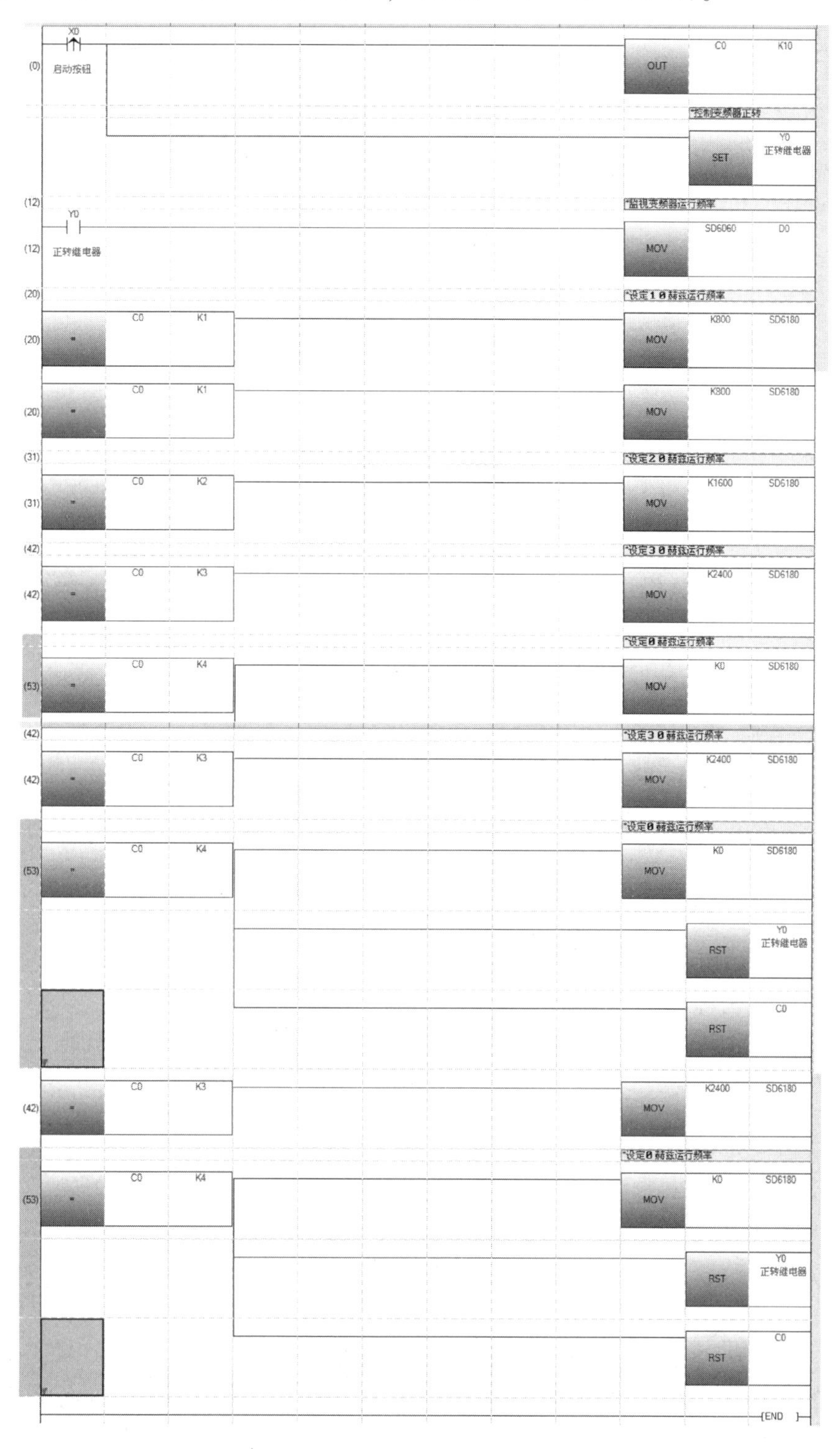

图 7.40　课题 4 基本控制梯形图程序

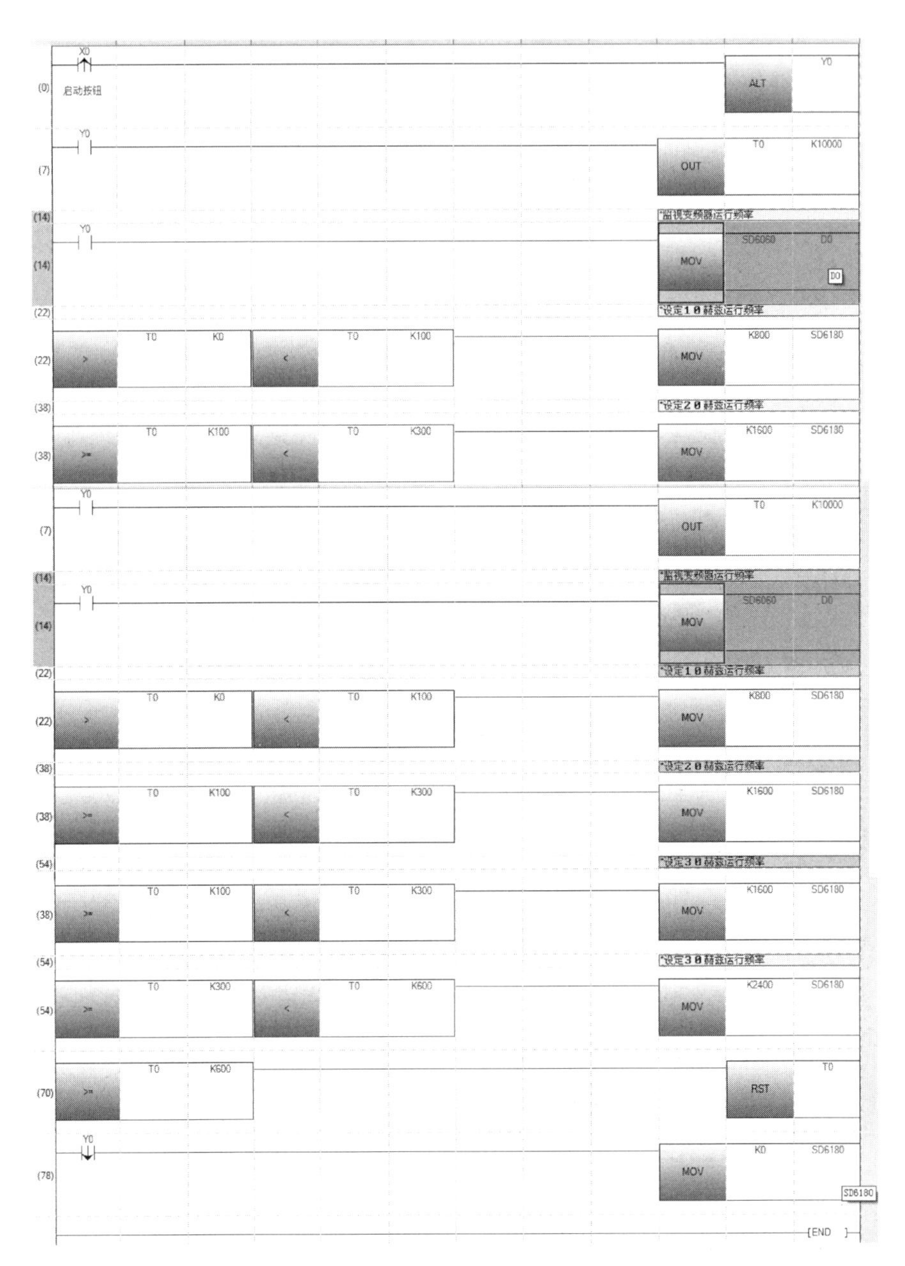

图 7.41　课题 4 进阶控制梯形图程序

① 上电开机。

操作过程：闭合空气断路器，将 PLC 和变频器上电；设置变频器功能参数 Pr. 73 = 0、Pr. 79 = 2。

观察项目：观察 PLC 面板上的指示灯；观察变频器操作单元上的指示灯。

现场状况：PLC 的 POW 指示灯和 RUN 指示灯点亮；变频器的 MON 指示灯和 EXT 指示灯点亮。

② 基本控制功能调试。

将图 7.40 所示的梯形图程序下传给 PLC。

【第一步】启动变频器低速运行。

操作过程：第一次点动按压启动按钮。

观察项目：观察 PLC 面板上的指示灯；观察变频器操作单元上的指示灯和显示器上显示的字符；观察电动机的转向和转速。

现场状况：PLC 的 Y0 指示灯点亮；变频器的 FWD 指示灯点亮，显示器上显示的字符为“10.00”；触摸屏显示 10Hz；电动机正向低速旋转。

【第二步】启动变频器中速运行。

操作过程：第二次点动按压启动按钮。

观察项目：观察 PLC 面板上的指示灯；观察变频器操作单元上的指示灯和显示器上显示的字符；观察电动机的转向和转速。

现场状况：PLC 的 Y0 指示灯点亮；变频器的 FWD 指示灯点亮，显示器上显示的字符为“20.00”；触摸屏显示 20Hz；电动机正向中速旋转。

【第三步】启动变频器高速运行。

操作过程：第三次点动按压启动按钮。

观察项目：观察 PLC 面板上的指示灯；观察变频器操作单元上的指示灯和显示器上显示的字符；观察电动机的转向和转速。

现场状况：PLC 的 Y0 指示灯点亮；变频器的 FWD 指示灯点亮，显示器上显示的字符为“30.00”；触摸屏显示 30Hz；电动机正向高速旋转。

【第四步】停止变频器运行。

操作过程：第四次点动按压启动按钮。

观察项目：观察 PLC 面板上的指示灯；观察变频器操作单元上的指示灯和显示器上显示的字符；观察电动机的转向和转速。

现场状况：PLC 的 Y0 指示灯熄灭；变频器的 FWD 指示灯熄灭，显示器上显示的字符为“0.00”；触摸屏显示 0Hz；电动机停止旋转。

③ 进阶控制功能调试。

将图 7.41 所示的梯形图程序下传给 PLC。

【第一步】启动变频器运行。

操作过程：第一次点动按压启动按钮。

观察项目：观察 PLC 面板上的指示灯；观察变频器操作单元上的指示灯和显示器上显示的字符；观察电动机的转向和转速。

现场状况：PLC 的 Y0 指示灯点亮；变频器的 FWD 指示灯点亮；按照 10s、20s 和 30s 的时间原则，显示器上显示的字符依次为“10.00”、“20.00”和“30.00”，触摸屏依次显示 10Hz、20Hz 和 30Hz，电动机正向依次低速、中速和高速旋转。

【第二步】停止变频器运行。

操作过程：第二次点动按压启动按钮。

观察项目：观察 PLC 面板上的指示灯；观察变频器操作单元上的指示灯和显示器上显示的字符；观察电动机的转向和转速。

现场状况：PLC 的 Y0 指示灯熄灭；变频器的 FWD 指示灯熄灭，显示器上显示的字符为“0.00”；触摸屏显示 0Hz；电动机停止旋转。

【工程素质培养】

1. 职业素质培养要求

PLC 基本单元与模拟量模块的安装应紧固，两者之间的安装缝隙越小越好。由于模拟量模块电源取用的是 PLC 基本单元上的 DC 24V，所以在与 PLC 基本单元连接时，为防止因接线错误损坏电源，一定要先确认电源的正负极性标识，然后才能接线。另外，模拟量模块不允许带电拔插和接线。

2. 专业素质培养问题

问题 1：在 PLC 上电以后，发现模拟量模块的 POWER 指示灯不亮。

解答：出现这种现象的原因可能是 PLC 的电源故障、模块电源接线错误或扩展电缆的插头没有插好。在实践中，往往是后一种情况发生的概率较大。

问题 2：在模拟量控制程序成功下传以后，发现变频器并不执行频率输出。

解答：出现这种现象的原因可能是系统的硬件接线错误、变频器的运行模式错误或模块的通道设置错误。在实践中，往往是后一种情况发生的概率较大。

问题 3：变频器实际输出的频率与程序设定的频率差别较大，几乎是两倍关系，而且系统很容易进入高频段运行状态。

解答：出现这种现象的原因是变频器的功能参数 Pr. 73 设置错误，应使 Pr. 73=0。

3. 解答工程实际问题

问题情境：在进行生产设备技术改造时，为了满足生产工艺的需要，往往会遇到提高速度调节精度这一指标要求。

实际问题：要想提高速度的调节精度，最简单的办法就是选用分辨率更高一级别的模拟量模块，但随着模块分辨率的提高，设备改造的成本也随之上升。那么，在实际工程中，应如何继续利用原有模块解决这一问题呢？

工程答案：因为在实际生产过程中，绝大多数机械设备并不要求电动机一定在 0 ～ 50Hz 的全频范围内调速运行，一般只是在某一个频段内做速度调整，所以我们继续利用原有模块，通过改变标定的方法来提高速度调节精度。例如，在课题 3 中，如果使模拟量输出偏置（BFM #45）= 5000、模拟量输出增益（BFM#55）= 7500，则模块输出的电压为 5 ～ 10V，对应控制变频器频率输出为 25 ～ 50Hz。与标定变换前相比，虽然变频器频率输出的范围被缩减了一半，但其速度调节精度却提高了一倍。

任务 8　PLC RS-485 通信控制变频器运行操作训练

【任务要求】

以 PLC RS-485 通信方式控制变频器运行操作为训练任务，通过对变频器通信专用指令和 PLC RS-485 通信接口的学习，使学生熟悉以 RS-485 总线为核心的变频器控制技术，掌握当今主流传动控制系统的操作方法。

PLC 以通信方式控制变频器运行

变频器的 RS-485 通信控制 1

变频器的 RS-485 通信控制 2

1. 知识目标

（1）了解 PLC RS-485 通信控制系统。

（2）熟悉三菱变频器通信控制硬件接口。

（3）掌握三菱变频器通信专用指令的格式及应用。

（4）了解通信基础知识，掌握三菱变频器的通信参数和通信格式。

（5）掌握三菱 PLC 和变频器通信设置的方法。

2. 技能目标

（1）会安装三菱变频器通信控制硬件接口。

（2）会进行通信设置，能完成通信接口硬件接线操作。

（3）会编写 PLC 通信控制程序，能完成 PLC RS-485 通信控制系统的安装和调试。

【知识储备】

在现代工业控制系统中，PLC 和变频器的综合应用最为普遍。比较传统的应用一般是使用 PLC 的输出接点驱动中间继电器控制变频器的启动、停止或多段速；更为精确一点的应用一般采用 PLC 加 D/A 扩展模块连续控制变频器的运行或多台变频器的同步运行。但是，对于大规模自动化生产线，一方面变频器的数目较多；另一方面电动机分布的距离不一致。采用 D/A 扩展模块做同步运动控制容易受到模拟量信号波动和因距离不一致而造成的模拟量信号衰减不一致的影响，使整个系统的工作稳定性和可靠性降低。而使用 RS-485 通信方式，仅通过一条通信电缆连接，就可以完成变频器的启动、停止、频率设定，并且很容易实现多台电动机的同步运行。该系统成本低、信号传输距离远、抗干扰性强。

1 台 PLC 和不多于 8 台变频器组成的交流变频传动系统是常见的小型工业自动化控制系统，广泛应用于各个小型工业领域。在这种场合下，变频器控制手段主要以 RS-485 总线控制方式为主。该方式的硬件主要由一台 PLC、一个 RS-485 通信板和若干台变频器组成，采用 1∶N 的主从通信方式：PLC 是主站，变频器是从站，主站 PLC 通过站号区分不同从站的变频器，主站与任意从站之间均可进行单向或双向数据传送，从站只有在收到主站的读/写命令后才能发送数据；通信程序在主站上编写，从站只需设定相关的通信协议参数即可。

需要说明的是，RS-485总线并不是真正意义上的总线，只是一种习惯称呼。就其本质而言，它只是一种数据通信系统，只不过链接在该系统当中的所有设备（PLC和变频器）都统一执行RS-485通信标准，其结构如图8.1所示。

变频器的RS-485通信控制——框图分析

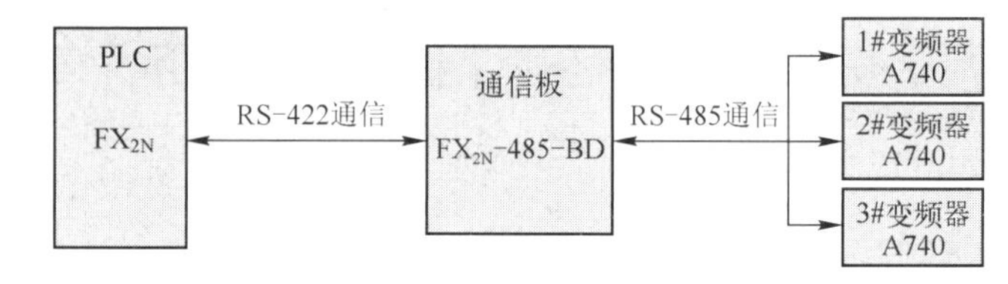

图8.1　变频器的RS-485总线控制系统

1. 三菱PLC RS-485通信控制硬件接口

1）FX_{3G}-485-BD通信板简介

为保证PLC和变频器能够进行正常的数据通信，要求双方的通信接口标准必须相同。三菱FX系列PLC标配的通信接口标准是RS-422，而三菱A740系列变频器标配的通信接口标准是RS-485。由于接口标准不同，它们之间要想实现数据通信，就必须对其中一个设备的通信接口进行转换。通常的做法是对PLC的通信接口进行转换，即把PLC的RS-422接口转换成RS-485接口，而进行这种转换所使用的硬件设备就是三菱FX系列485-BD通信模块。

三菱FX系列485-BD通信模块又称485-BD通信板，专门用于PLC通信接口的转换。通过该模块的转换，PLC和变频器就可以进行RS-485标准的数据通信了。三菱FX系列485-BD通信板的型号主要有FX_{1N}-485-BD、FX_{2N}-485-BD、FX_{3G}-485-BD和FX_{3U}-485-BD，如图8.2所示。

（a）FX_{1N}-485-BD

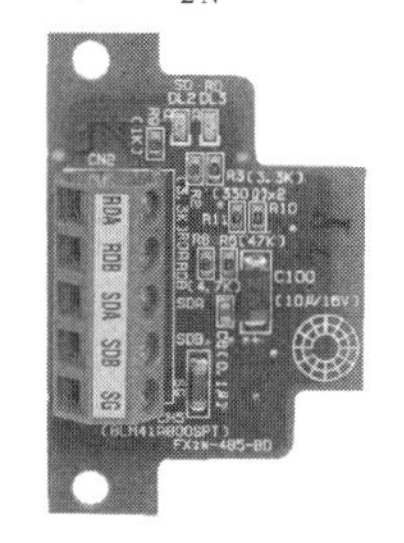

（b）FX_{2N}-485-BD

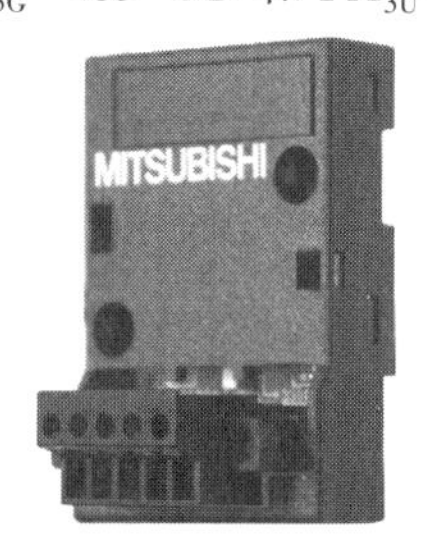

（c）FX_{3G}-485-BD

（d）FX_{3U}-485-BD

图8.2　三菱FX系列485-BD通信板

下面以FX_{3G}-485-BD通信板为例，介绍通信板的外部结构和安装方法。

（1）FX_{3G}-485-BD通信板的外部结构。

FX_{3G}-485-BD通信板的外部结构如图8.3所示。FX_{3G}-485-BD通信板上有5个接线端子，分别是数据发送端子（SDA、SDB）、数据接收端子（RDA、RDB）和公共端子SG，如图8.4所示。另外，在该通信板上，还有2个LED通信指示灯，用于显示当前的通信状态。当发送数据时，SD指示灯处于频闪状态；当接收数据时，RD指示灯处于频闪状态。

【注意事项】

目前，三菱公司在FX系列产品线上推出了新一代的FX_{5U} PLC，该机型配置了多种通信接口，其中就标配了一个RS-485接口，如图8.5所示。因此，如果使用FX_{5U}机型PLC控制变频器，就不需要额外配置485-BD通信模块了。

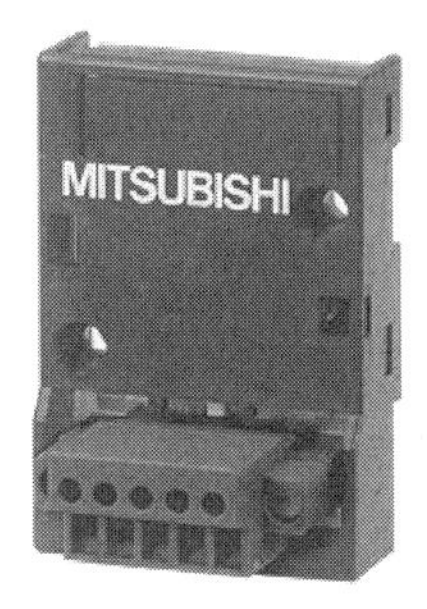

（a）正面

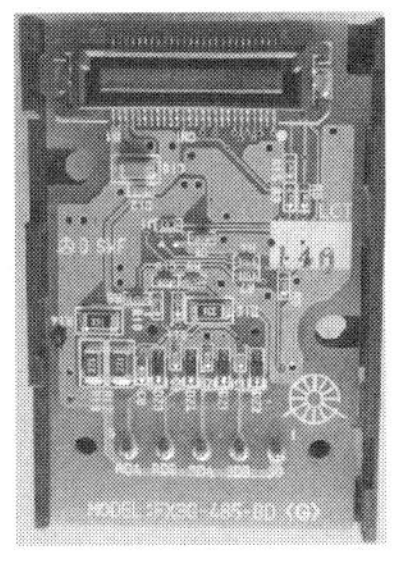

（b）反面

图 8.3　FX_{3G}-485-BD 通信板的外部结构

SD　RD

SG　SDB　SDA　RDB　RDA

图 8.4　FX_{3G}-485-BD 通信板的接线端子

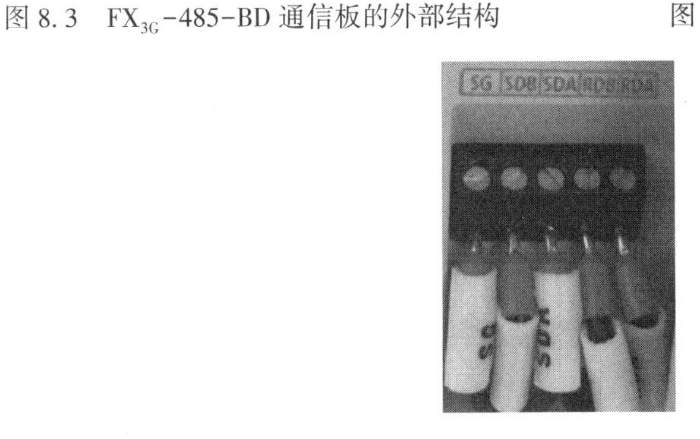

图 8.5　FX_{5U} PLC 的 RS-485 接口

变频器的 RS-485 通信链接

（2）FX_{3G}-485-BD 通信板的安装。

FX_{3G}-485-BD 通信板直接安装在三菱 FX_{3G} 系列 PLC 外壳正面的面板上，其安装过程较简单，具体步骤如下。

【第一步】从 PLC 外壳正面的面板上卸下盖板，如图 8.6 所示。

【第二步】将通信板插到 PLC 盖板下面的连接插口上，如图 8.7 所示。

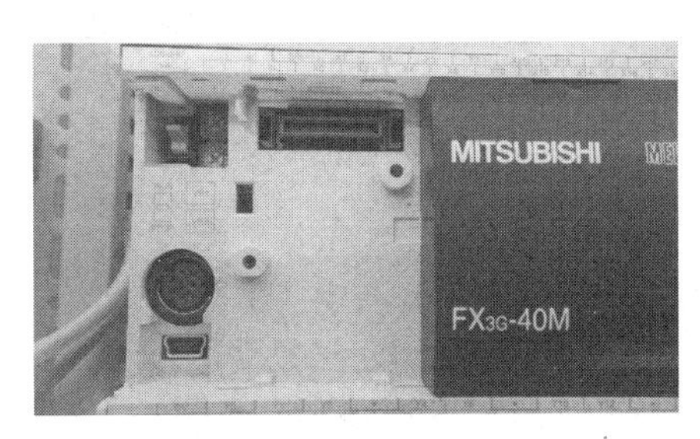

图 8.6　拆卸 PLC 的盖板

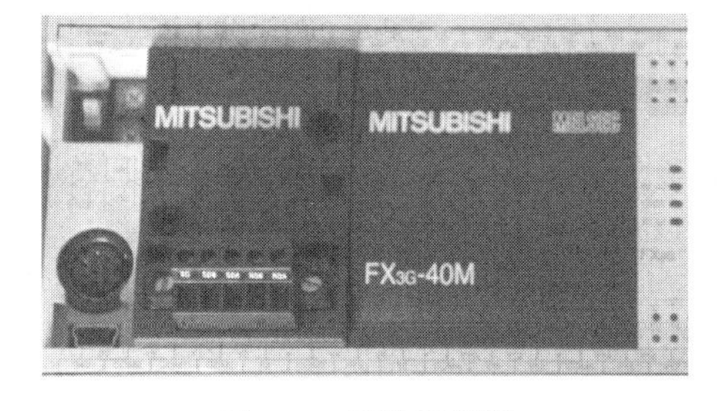

图 8.7　插装通信板

【第三步】用 M3 螺钉将通信板固定在 PLC 面板上。

2）FX_{3G}-485-BD 通信板与 FR-A740 变频器的连接

（1）连接要求。

变频器的 RS-485 通信控制——通信板结构

① 不管是通信板与变频器之间的通信连接，还是变频器与变频器之间的通信连接，都必须采用串接方式，即用一条总线通过若干分配器将各台变频器串接起来，如图 8.8 所示。

② 通信设备之间的引出线长度应尽量缩短，要远离干扰源和电源线，在有条件的情况下，应保持 0.5m 以上的间隔距离。

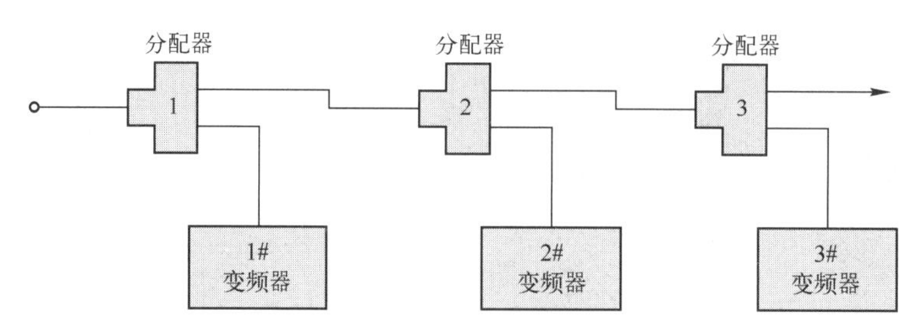

图 8.8　变频器的连接框图

③ 从通信板到变频器之间的连接线要尽量使用屏蔽双绞线，且双绞线的屏蔽层应有效接地。

（2）FR-A740 变频器的通信接口。

FR-A740 变频器的 RS-485 通信接口与其他品牌变频器的接口有很大的不同，它采用一种特殊的连接形式——通信端子排。采用这种连接形式不仅可以省掉分配器，还使得通信接口的接线变得既方便又可靠。

在通信端子排上，所有端子按上、中、下分 3 层布置，每层各有 4 个端子，一共排布了 12 个端子，如图 8.9 所示，各个端子的名称及用途如表 8.1 所示。

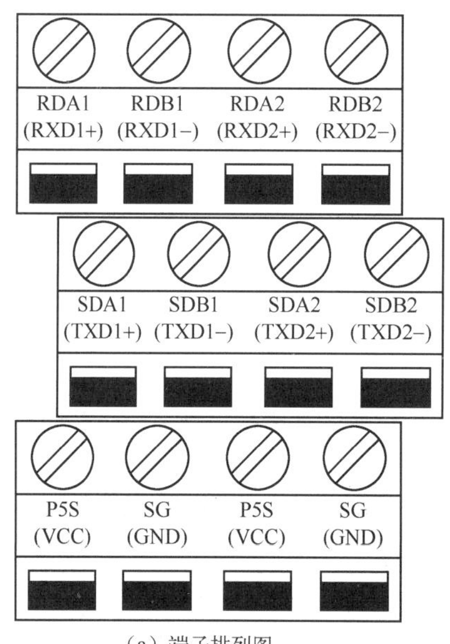

（a）端子排列图

（b）端子排实物图

图 8.9　RS-485 通信端子排

表 8.1　RS-485 各个通信端子的名称及用途

端子名称	端子属性	排列位置	用 途	说 明
RDA1（RXD1+）	第一套 通信端子	上排左 1	变频器接收+	本站使用
RDB1（RXD1-）		上排左 2	变频器接收-	
SDA1（TXD1+）		中排左 1	变频器发送+	
SDB1（TXD1-）		中排左 2	变频器发送-	
SG		下排左 2	接地端子（和 SD 端子相通）	

续表

端子名称	端子属性	排列位置	用 途	说 明
RDA2（RXD2+）	第二套通信端子	上排左 3	变频器接收+	分支使用
RDB2（RXD2-）		上排左 4	变频器接收-	
SDA2（TXD2+）		中排左 3	变频器发送+	
SDB2（TXD2-）		中排左 4	变频器发送-	
SG		下排左 4	接地端子（和 SD 端子相通）	
P5S		下排左 1 和左 3	5V，允许负载电流 100mA	电源使用

从图 8.9 和表 8.1 中可见，FR-A740 变频器的通信接口有两套通信端子：第一套通信端子用来与前一站号设备进行通信连接；第二套通信端子用来与后一站号设备进行通信连接。这样就很好地解决了多台变频器之间的串接通信问题，而不需要在同一个端子上压接两根线甚至多根线，避免出现因接触不良影响通信的现象。

在通信端子排上方附近，FR-A740 变频器内置了一个 100Ω 的终端电阻控制开关，如图 8.10 所示。变频器在出厂时，控制开关的挡位放置在“OPEN”标示侧，在 PLC 与多台变频器通信的情况下，只有处于最终端的变频器才需要接终端电阻，即把该变频器控制开关的挡位拨到“100Ω”标示侧，其余各台均不接。

（3）FX_{3G}-485-BD 通信板与单台 FR-A740 变频器的连接。

FR-A740 变频器采用四线制接线方式，它与 FX_{3G}-485-BD 通信板的连接如图 8.11 所示。从图 8.11 中可见，变频器上的第一套通信端子（SDA1、SDB1、RDA1、RDB1）通过屏蔽双绞线与通信板上的通信端子（RDA、SDB、SDA、SDB）一对一连接。

图 8.10　终端电阻控制开关

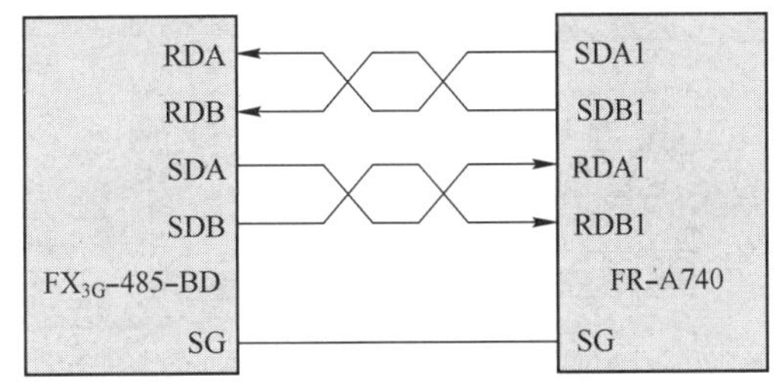

图 8.11　通信板与单台变频器的连接

变频器的 RS-485 通信控制——硬件设计

【注意事项】

在变频器与通信板相距较远（300m 以上）的情况下，应将终端电阻控制开关拨到“100Ω”标示侧。

FX_{3G}-485-BD 通信板与单台 FR-A740 变频器连接的现场照片如图 8.12 所示。

（4）FX_{3G}-485-BD 通信板与多台 FR-A740 变频器的连接。

FX_{3G}-485-BD 通信板与多台 FR-A740 变频器的连接如图 8.13 所示。从图 8.13 中可见，0 号站变频器上的第一套通信端子（SDA1、SDB1、RDA1、RDB1）通过屏蔽双绞线与通信板上的通信端子（RDA、RDB、SDA、SDB）一对一连接；0 号站变频器上的第二套通信端子（SDA2、SDB2、RDA2、RDB2）通过屏蔽双绞线与 1 号站变频器上的第一套通信端子（SDA1、

SDB1、RDA1、RDB1）一对一连接；后续变频器的接法依次类推，直至接完最后一台 n 号站的变频器。多台 FR-A740 变频器的实际接线如图 8.14 所示。

(a) 通信板侧

(b) 变频器侧

变频器的 RS-485 通信控制——硬件连接

图 8.12 FX_{3G}-485-BD 通信板与单台 FR-A740 变频器连接的现场照片

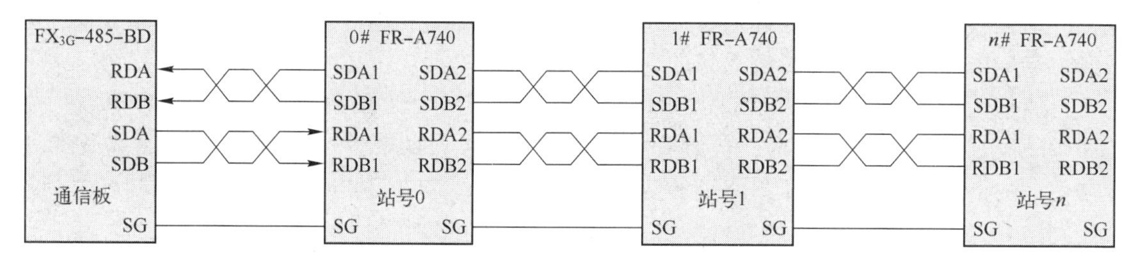

图 8.13 FX_{3G}-485-BD 通信板与多台 FR-A740 变频器的连接

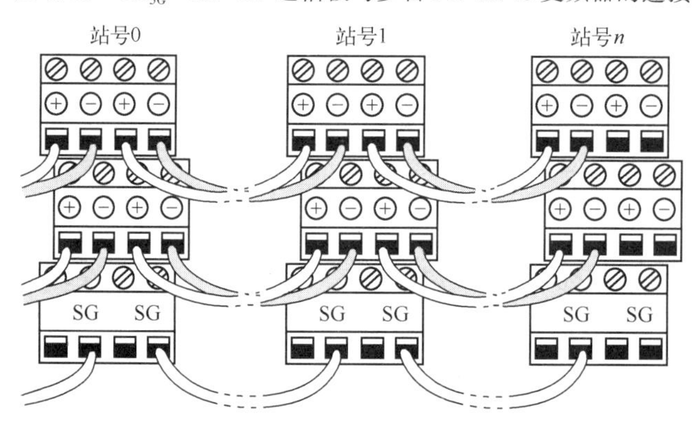

图 8.14 多台 FR-A740 变频器的实际接线

2. 三菱 FX_{3G} 系列 PLC 的变频器通信专用指令介绍

为方便 PLC 以通信方式控制变频器运行，许多 PLC 机型都提供了专门用于变频器通信控制的指令，但变频器通信专用指令的使用具有局限性，因为它只对某些特定的变频器适用，一般只针对与 PLC 同一品牌的变频器。

三菱 FX_{3G} 系列 PLC 提供了 4 条变频器通信专用指令，分别是运行监视指令、运行控制指令、参数读取指令和参数写入指令。下面从控制变频器这个角度详细介绍变频器通信专用指令的使用方法。

1）变频器运行状态的监视

PLC 采用通信方式对变频器的运行状态信息（电流值、电压值、频率值、正/反转等）进行采集，这种操作称为运行状态监视。为方便完成状态监视任务，三菱 FX_{3G} 系列 PLC 提供了变频器运行监视指令，该指令助记符为 IVCK，代码为 FNC270。

（1）指令说明。

指令功能：将变频器运行参数的当前值从变频器读（复制）到 PLC 中，其格式如图 8.15 所示，指令操作说明如表 8.2 所示。

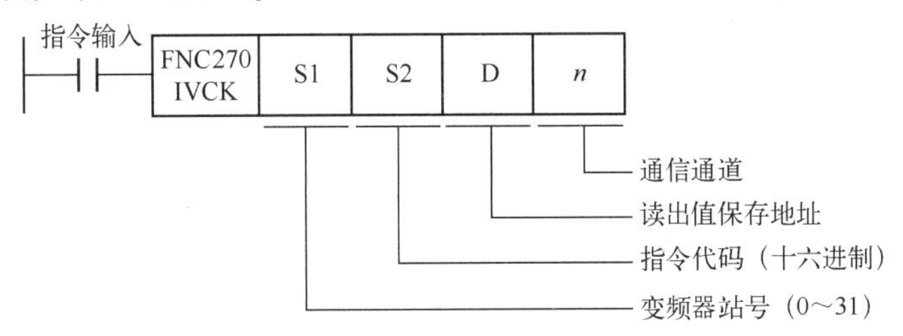

图 8.15　运行监视指令的格式

表 8.2　运行监视指令操作说明

读取内容（目标参数）	指令代码	操作数释义	通信方向	操作形式	通道号
输出频率值	H6F	当前值；单位为 0.01Hz	变频器 ↓ PLC	读操作	CH1 ↓ K1
输出电流值	H70	当前值；单位为 0.1A			
输出电压值	H71	当前值；单位为 0.1V			
运行状态监控	H7A	b0=1、H1；正在运行			
		b1=1、H2；正转运行			
		b2=1、H4；反转运行			

指令解读：当触点接通时，按照指令代码 S2 的要求，把通道 n 连接的 S1 号变频器的运行监视数据读（复制）到 PLC 的数据存储单元 D 中。

（2）指令应用。

下面通过举例具体说明变频器运行监视指令（IVCK）的实际应用。

【例 8.1】某段通信控制程序如图 8.16 所示，试说明该程序执行的功能。

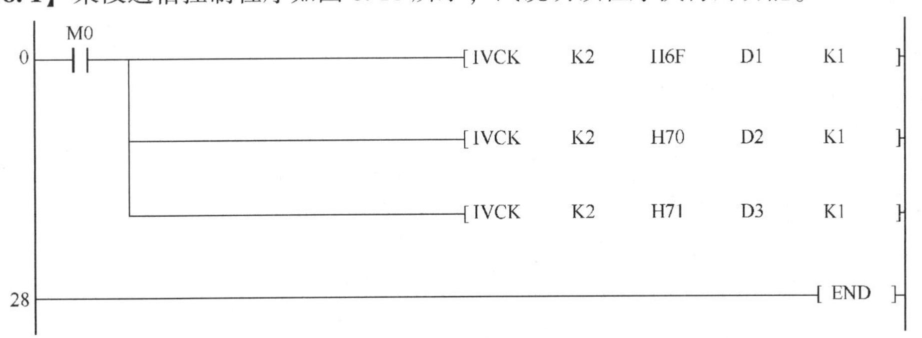

图 8.16　【例 8.1】通信控制程序

程序分析：当 M0 接通时，将连接在 CH1 中的 2 号变频器的输出频率值送入 PLC 的 D1 数据存储单元中；将 2 号变频器的输出电流值送入 PLC 的 D2 数据存储单元中；将 2 号变频器的输出电压值送入 PLC 的 D3 数据存储单元中。

【例 8.2】试编写 1 号变频器的运行状态监视程序。

编写的运行状态监视程序如图 8.17 所示。

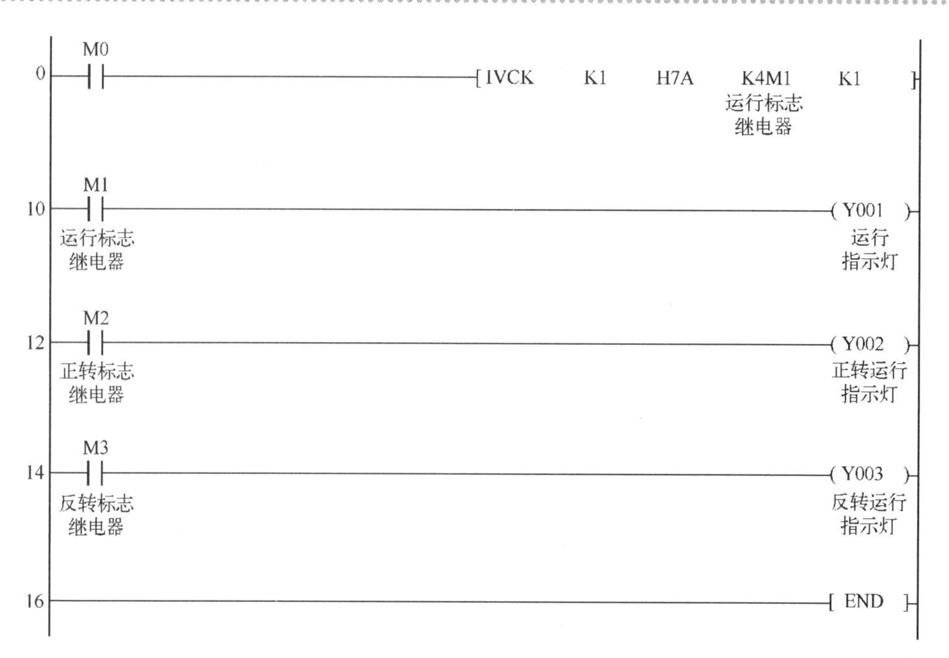

图 8.17 【例 8.2】通信控制程序

程序分析：当 M0 接通时，连接在 CH1 中的 1 号变频器的运行状态信息会送到 PLC 的 K4M1 组合位元件中；如果 M1 接通，则说明 1 号变频器处在运行状态，输出继电器 Y1 得电，驱动运行指示灯点亮；如果 M1 和 M2 接通，则说明 1 号变频器处在正转运行状态；输出继电器 Y1 和 Y2 得电，驱动运行指示灯和正转运行指示灯点亮；如果 M1 和 M3 接通，则说明 1 号变频器处在反转运行状态；输出继电器 Y1 和 Y3 得电，驱动运行指示灯和反转运行指示灯点亮。

2）变频器运行状态的控制

PLC 采用通信方式对变频器的运行状态（正转、反转、点动、停止等）进行控制，这种操作称为运行状态控制。为方便完成运行状态控制任务，三菱 FX_{3G} 系列 PLC 提供了变频器运行控制指令，该指令的助记符为 IVDR，代码为 FNC271。

（1）指令说明。

指令功能：将控制变频器运行所需的设定值从 PLC 写入（复制到）变频器中，其格式如图 8.18 所示，指令操作说明如表 8.3 所示。

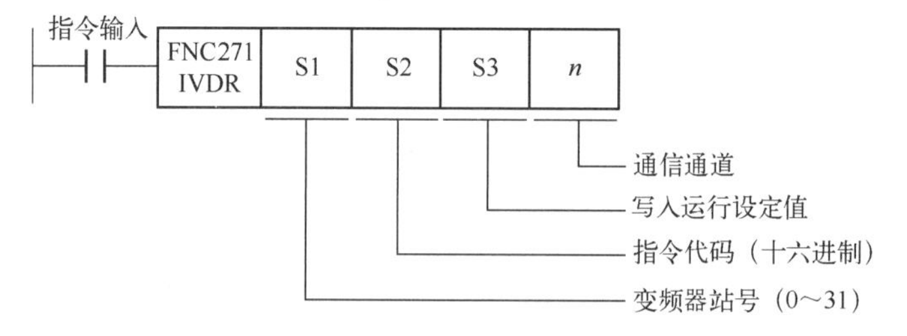

图 8.18 运行控制指令的格式

指令解读：当触点接通时，按照指令代码 S2 的要求，把通道 n 连接的 S1 号变频器的运行设定值 S3 写入（复制到）该变频器中。

表 8.3　运行控制指令操作说明

读取内容（目标参数）	指令代码	操作数释义	通信方向	操作形式	通道号
设定频率值	HED	设定值，单位为 0.01Hz	PLC ↓ 变频器	写操作	CH1 ↓ K1
设定运行状态	HFA	H1 → 停止运行			
		H2 → 正转运行			
		H4 → 反转运行			
		H8 → 低速运行			
		H10 →中速运行			
		H20 →高速运行			
		H40 →点动运行			
设定运行模式	HFB	H0 →网络模式			
		H1 →外部模式			
		H2 → PU 模式			

（2）指令应用。

下面通过举例具体说明变频器运行控制指令（IVDR）的实际应用。

【例 8.3】某段通信控制程序如图 8.19 所示，试说明该程序执行的功能。

程序分析：当 X0 接通时，控制 CH1 中的 0 号变频器正转运行，运行频率为 30Hz；当 X1 接通时，控制 2 号变频器停止运行。

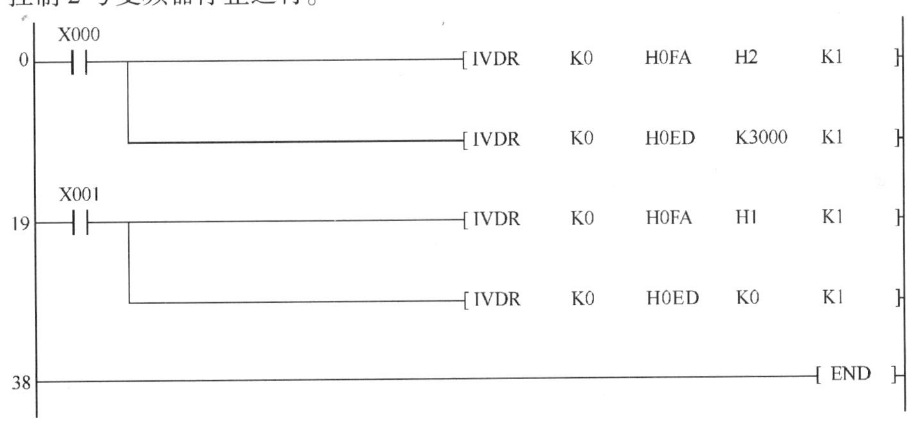

图 8.19 【例 8.3】通信控制程序

【例 8.4】控制要求：按钮 X0 控制 1 号变频器正转运行、控制 2 号变频器反转运行；按钮 X1 控制 1 号和 2 号变频器停止运行；两台变频器运行速度要保持同步。试编写控制程序。

根据控制要求编写通信控制程序，如图 8.20 所示。

程序分析：当 X0 接通时，CH1 中的 1 号变频器正转运行、2 号变频器反转运行，变频器输出频率的设定值从 PLC 的 D0 数据存储单元中获取；当 X1 接通时，两台变频器停止运行，D0 数据存储单元中的频率设定值被清零。

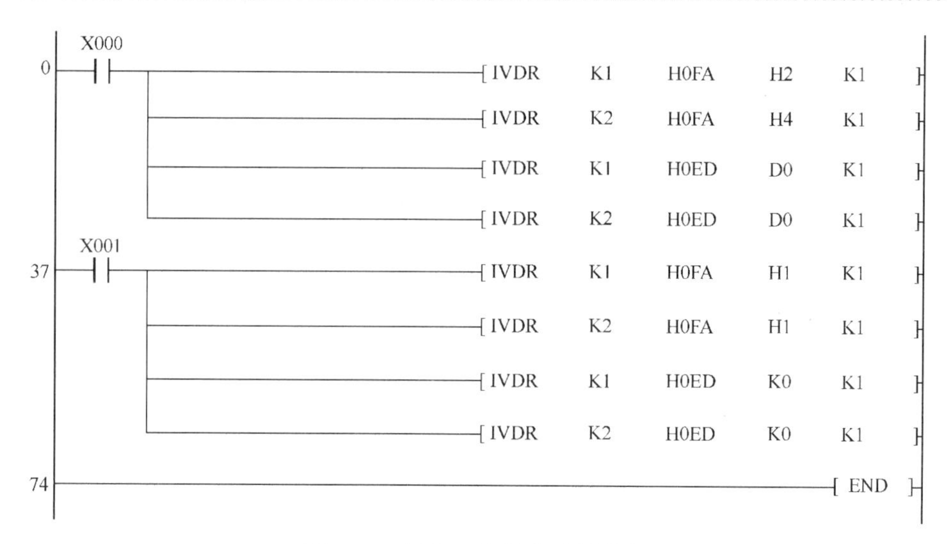

图 8.20 【例 8.4】通信控制程序

3）变频器参数的读取

PLC 采用通信方式对变频器参数（上限频率、下限频率、加速时间、减速时间、载波频率、运行模式等）的设定值进行读取，这种操作称为参数读取。为了方便完成参数读取任务，三菱 FX_{3G} 系列 PLC 提供了变频器参数读取指令，该指令的助记符为 IVRD，代码为 FNC272。

（1）指令说明。

指令功能：将变频器功能参数的设定值从变频器读（复制）到 PLC 中，其格式如图 8.21 所示。

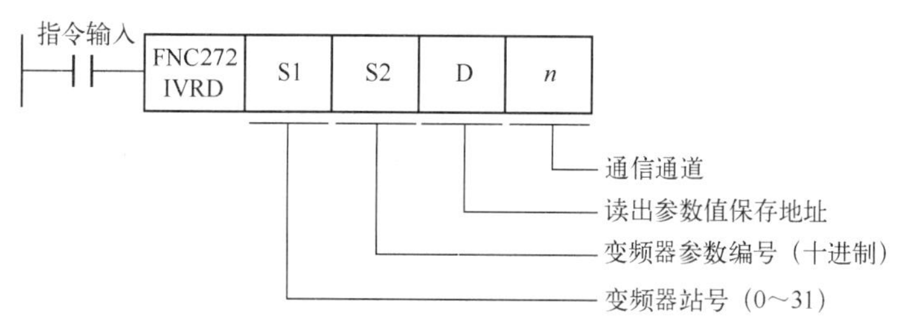

图 8.21 参数读取指令的格式

指令解读：当触点接通时，PLC 从通道 n 连接的 S1 号变频器中读取 S2 参数的设定值，并把该值存入 PLC 的数据存储单元 D 中。

（2）指令应用。

下面通过举例具体说明变频器参数读取指令的实际应用。

【例 8.5】 某段通信控制程序如图 8.22 所示，试说明该程序执行的功能。

程序分析：当 M0 接通时，读取 CH1 中的 1 号变频器上限频率（Pr. 1）的设定值并存入 PLC 的 D1 数据存储单元中；读取 CH1 中的 1 号变频器下限频率（Pr. 2）的设定值并存入 PLC 的 D2 数据存储单元中。

【例 8.6】 试编写一段通信控制程序，要求读取变频器功能参数 Pr. 78 的设定值并判断电动机旋转方向的限制状态。

根据要求，编写的通信控制程序如图 8.23 所示。

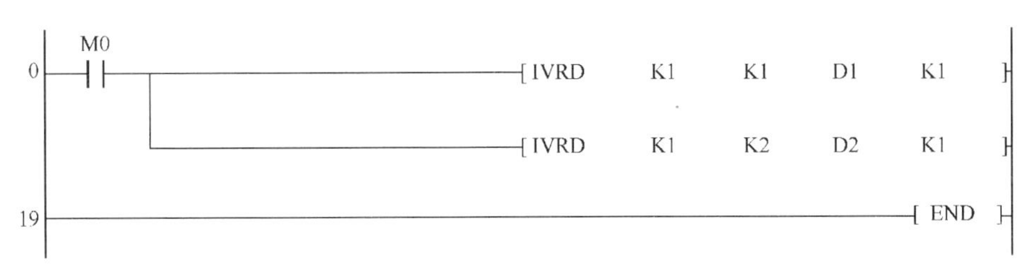

图8.22 【例8.5】通信控制程序

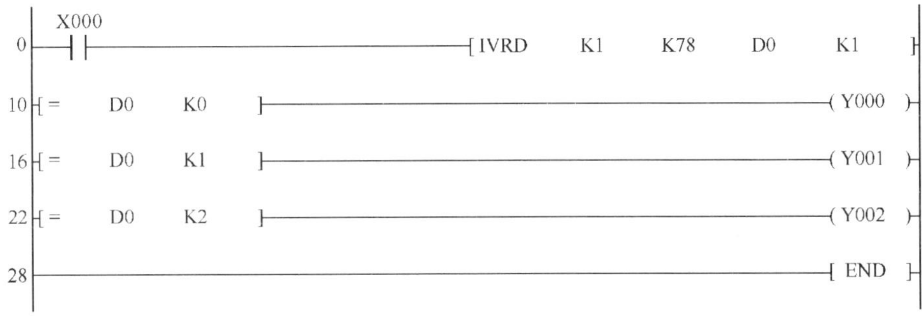

图8.23 【例8.6】通信控制程序

程序分析：当X0接通时，如果发现Y0指示灯点亮，则说明允许电动机做正/反转运行；如果发现Y1指示灯点亮，则说明只允许电动机做正转运行；如果发现Y2指示灯点亮，则说明只允许电动机做反转运行。

4）变频器参数的写入

PLC采用通信方式对变频器参数的设定值进行写入操作，称为参数写入，如写入加速时间的设定值、修改点动频率的设定值、设定参数写保护等。为了方便完成参数写入任务，三菱FX_{3G}系列PLC提供了变频器参数写入指令，该指令的助记符为IVWR，代码为FNC273。

（1）指令说明。

指令功能：将变频器的一个参数的设定值从PLC写入（复制到）变频器中，其格式如图8.24所示。

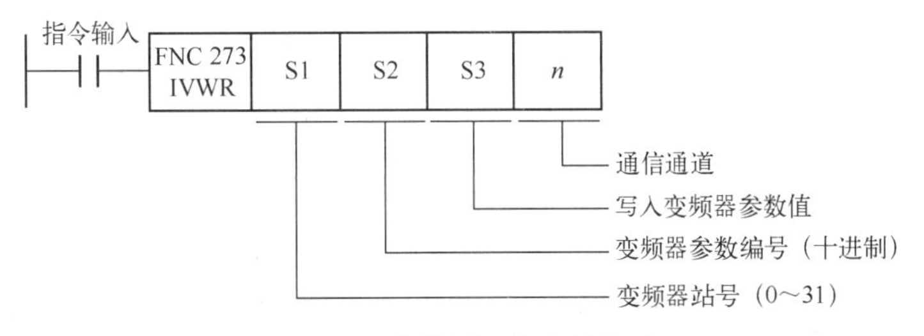

图8.24　参数写入指令的格式

指令解读：当触点接通时，PLC向通道n连接的S1号变频器中写入S2参数的设定值S3。

（2）指令应用。

下面通过举例具体说明变频器的参数写入指令（IVWR）的实际应用。

【例8.7】某段通信控制程序如图8.25所示，试说明该程序执行的功能。

程序分析：当X0接通时，1号变频器的功能参数Pr.77的设定值被写为1，使变频器处于参数写保护状态。

X000
0
IVWR K1 K77 K1 K1
10
END

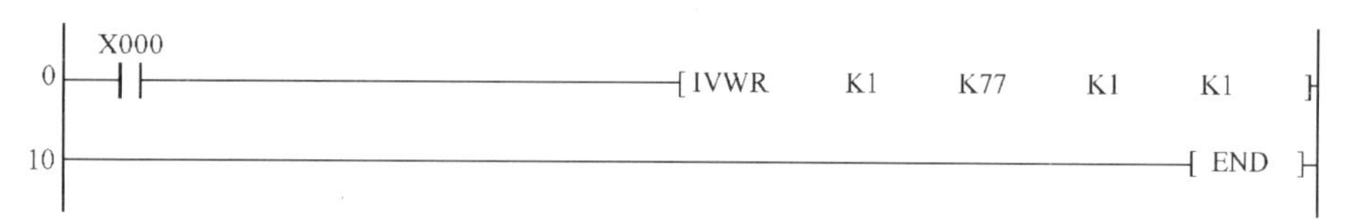

图 8.25 【例 8.7】通信控制程序

【例 8.8】控制要求：读取 6 号变频器点动频率（Pr. 15）的设定值；如果该值不为 10Hz，则将其修改为 10Hz。试编写点动频率（Pr. 15）设定值的读取、判断及修改程序。

根据控制要求编写的通信控制程序如图 8.26 所示。

程序分析：首先执行参数读取指令，读取 CH1 中的 6 号变频器点动频率（Pr. 15）的设定值并存入 PLC 的 D0 数据存储单元中；然后将 D0 数据存储单元中存放的点动频率设定值与 10Hz 进行比较，如果不相等，则执行参数写入指令，将 Pr. 15 的设定值修改为 10Hz。

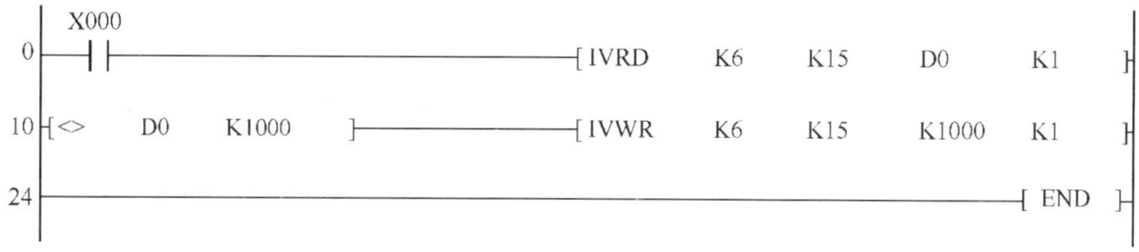

X000
0
IVRD K6 K15 D0 K1
10
<> D0 K1000
IVWR K6 K15 K1000 K1
24
END

图 8.26 【例 8.8】通信控制程序

【例 8.9】控制要求：当按下启动按钮 X0 时，1 号变频器正转运行、运行频率为 25Hz、加速时间为 8s、减速时间为 10s；按钮 X1 控制 1 号变频器停止运行，试编写 1 号变频器的通信控制程序。

根据控制要求编写的通信控制程序如图 8.27 所示。

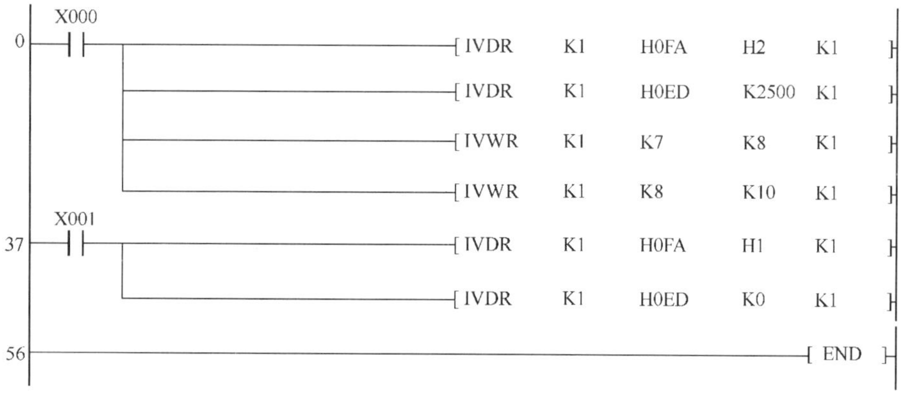

X000
0
IVDR K1 H0FA H2 K1
IVDR K1 H0ED K2500 K1
IVWR K1 K7 K8 K1
IVWR K1 K8 K10 K1
X001
37
IVDR K1 H0FA H1 K1
IVDR K1 H0ED K0 K1
56
END

图 8.27 【例 8.9】通信控制程序

程序说明：当 X0 接通时，执行两次运行控制指令，前一次使用运行控制指令确定 1 号变频器的旋转方向；后一次使用运行控制指令确定 1 号变频器的运行频率。执行两次参数写入指令，前一次使用参数写入指令确定 1 号变频器的加速时间；后一次使用参数写入指令确定 1 号变频器的减速时间。当 X1 接通时，执行运行控制指令，使 1 号变频器停止运行。

3. 三菱 FX_{3U} 系列 PLC 的变频器通信专用指令介绍

三菱 FX_{3U} 系列 PLC 的变频器通信专用指令与三菱 FX_{3G} 系列 PLC 的变频器通信专用指令相比，不仅保留了 FX_{3G} 系列已有的 4 条指令，还增加了 1 条新指令。因为 FX_{3G} 系列的参数写入指令在每次执行时只允许写入一个参数，所以在需要一次写入多个参数的情况下，使用该指令就显得力不从心。为此，在三菱 FX_{3U} 系列 PLC 中，为 FR-A740 变频器提供了参数成批写入指令。该指令不但可以一次写入多个参数，而且连参数的编号也不需要连续。在参数成批写入时，只需将参数的编号和参数的写入值依次存入 PLC 指定的存储区中即可，在 PLC 执行完该指令以后，各参数的写入值就会被写入变频器对应的参数中。

在使用变频器参数成批写入指令时，每个参数都必须占用两个存储单元，并且这两个存储单元是有专门分工的：前一个存储单元用来存储参数的编号；后一个存储单元用来存储参数的写入值。由于这些存储单元是连续排列的，因此形成了一张关于参数成批写入的参数表，如表 8.4 所示。

表 8.4　参数成批写入参数表

存储器对应关系	描 述	示范举例	
S3→Dn	参数编号 1	操作要求： 设定 Pr. 1 的参数值为 50Hz	(D200) = 1
S (3+1) = D(n+1)	参数编号 1 的写入值		(D201) = 50
S (3+2) = D(n+2)	参数编号 2	操作要求： 设定 Pr. 2 的参数值为 10Hz	(D202) = 2
S (3+3) = D(n+3)	参数编号 2 的写入值		(D203) = 10
S (3+4) = D(n+4)	参数编号 3	操作要求： 设定 Pr. 7 的参数值为 6s	(D204) = 7
S (3+5) = D(n+5)	参数编号 3 的写入值		(D205) = 6
S (3+6) = D(n+6)	参数编号 4	操作要求： 设定 Pr. 8 的参数值为 9s	(D206) = 8
S (3+7) = D(n+7)	参数编号 4 的写入值		(D207) = 9

（1）变频器参数成批写入指令 IVBWR（FNC274）。

指令功能：将变频器多个参数的设定值从 PLC 写入（复制到）变频器中，其格式如图 8.28 所示。

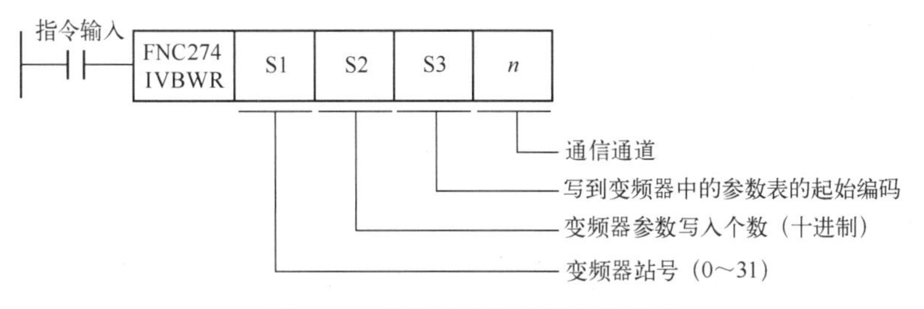

图 8.28　参数成批写入指令的格式

指令解读：当触点接通时，PLC 向通道 n 连接的 S1 号变频器中写入以 S3 为首址的参数表内的 S2 个设定值。

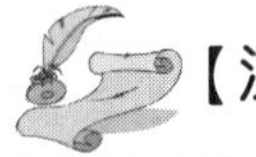【注意事项】

在使用变频器参数成批写入指令时，一定是指令的初始化在前、执行在后，即在执行该指令之前，应将相应参数表的内容存储到存储区中，然后才能执行该指令。

（2）变频器参数成批写入指令的应用。

下面通过举例说明变频器参数成批写入指令（IVBWR）的实际应用。

【例 8.10】 某段通信控制程序如图 8.29 所示，试说明该程序执行的功能。

程序功能分析：当 M0 接通时，0 号变频器的参数 1（上限频率）的编号会存入 D200 数据存储单元中、参数 1 的写入值（50Hz）会存入 D201 数据存储单元中；参数 2（下限频率）的编号会存入 D202 数据存储单元中、参数 2 的写入值（10Hz）会存入 D203 数据存储单元中；参数 7（加速时间）的编号会存入 D204 数据存储单元中、参数 7 的写入值（6s）会存入 D205 数据存储单元中；参数 8（减速时间）的编号会存入 D206 数据存储单元中、参数 8 的写入值（9s）会存入 D207 数据存储单元中。在 PLC 执行完参数成批写入指令以后，各参数的写入值就会被写入变频器对应的参数中。

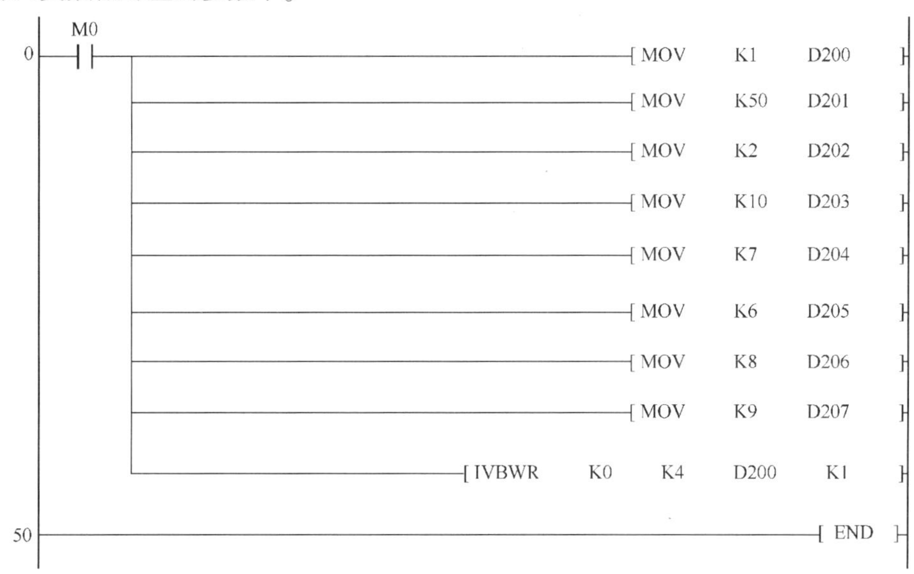

图 8.29 【例 8.10】通信控制程序

4. 三菱 FX_{2N} 系列 PLC 的变频器通信专用指令介绍

上述变频器通信专用指令仅支持 FX_{3G} 和 FX_{3U} 系列机型产品，不支持 FX_{2N} 系列机型产品。针对市场占有率极高的 FX_{2N} 系列 PLC，为弥补这个缺陷，三菱生产商推出了一个补充程序的 ROM 盒，使 FX_{2N} 系列 PLC 也能使用变频器专用指令进行通信控制。但是，这个 ROM 盒只对 2001 年 5 月以后生产的 FX_{2N} 机型提供支持，因此，在使用前必须检查 PLC 的型号、生产编号和编程软件的版本，确定其是否在技术支持的范围内。FX_{2N} 系列 PLC 通信专用指令技术支持表如表 8.5 所示。

表 8.5 FX_{2N} 系列 PLC 通信专用指令技术支持表

机型支持	FX_{2N} FX_{2NC}		
硬件支持	ROM 盒（FX_{2N}-ROM-E1）+通信板（FX_{2N}-485-BD）		
软件支持	机型	FX_{2N} FX_{2NC}	Ver3.00 以上
	编程软件	GX Developer	Ver7.00 以上

FX_{2N} 系列 PLC 与变频器之间采用 EXTR（FNC180）指令进行通信。根据数据通信的方向不同，EXTR 指令可分为 4 种类型，如表 8.6 所示。

表 8.6 EXTR 指令说明

指　令	编　号	操作功能	通信方向
EXTR	K10	变频器运行监视	PLC←变频器
	K11	变频器运行控制	PLC→变频器
	K12	变频器参数读取	PLC←变频器
	K13	变频器参数写入	PLC→变频器

1）变频器运行监视指令介绍

EXTR K10 指令与 IVCK 指令类似，其格式如图 8.30 所示。

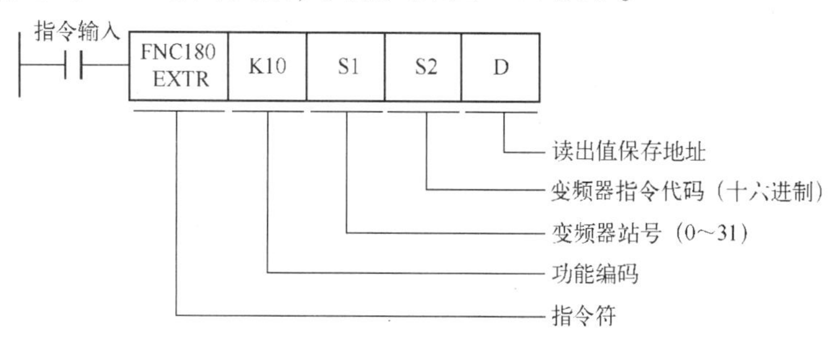

图 8.30 EXTR K10 指令的格式

使用 EXTR K10 指令替换 IVCK 指令编写的【例 8.2】通信控制程序，如图 8.31 所示。

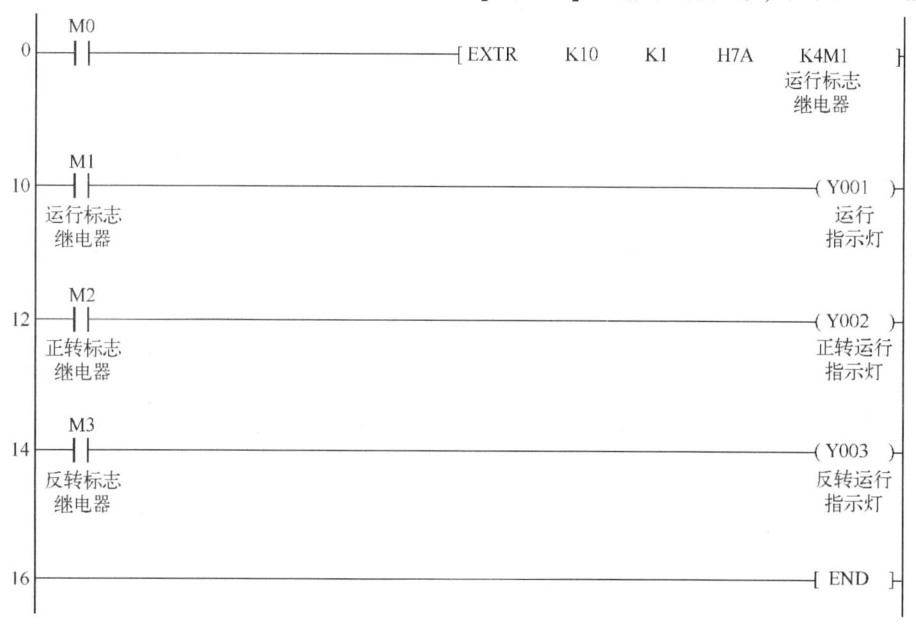

图 8.31 【例 8.2】替换程序

2）变频器运行控制指令介绍

EXTR K11 指令与 IVDR 指令类同，其格式如图 8.32 所示。

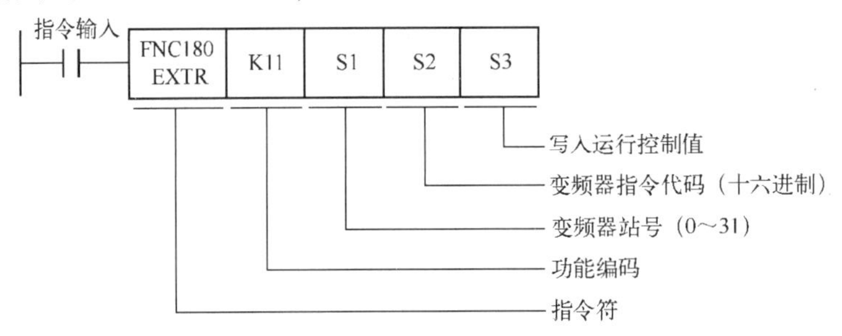

图 8.32　EXTR K11 指令的格式

使用 EXTR K11 指令替换 IVDR 指令编写的【例 8.4】通信控制程序，如图 8.33 所示。

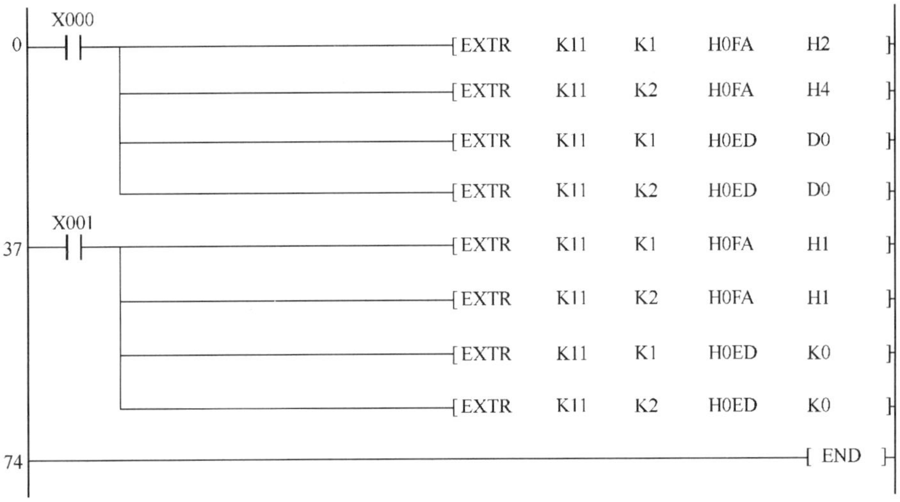

```
      X000
 0 ───┤├───┬──────────────[EXTR  K11  K1  H0FA  H2 ]
           ├──────────────[EXTR  K11  K2  H0FA  H4 ]
           ├──────────────[EXTR  K11  K1  H0ED  D0 ]
           └──────────────[EXTR  K11  K2  H0ED  D0 ]
      X001
37 ───┤├───┬──────────────[EXTR  K11  K1  H0FA  H1 ]
           ├──────────────[EXTR  K11  K2  H0FA  H1 ]
           ├──────────────[EXTR  K11  K1  H0ED  K0 ]
           └──────────────[EXTR  K11  K2  H0ED  K0 ]
74 ───────────────────────────────────────[ END ]
```

图 8.33　【例 8.4】替换程序

3）变频器参数读取指令介绍

EXTR K12 指令与 IVRD 指令类似，其格式如图 8.34 所示。

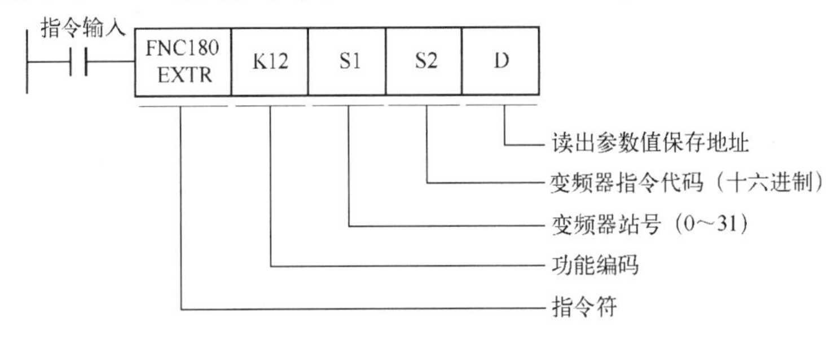

图 8.34　EXTR K12 指令的格式

使用 EXTR K12 指令替换 IVRD 指令编写的【例 8.6】通信控制程序，如图 8.35 所示。

4）变频器参数写入指令介绍

EXTR K13 指令与 IVWR 指令类似，其格式如图 8.36 所示。

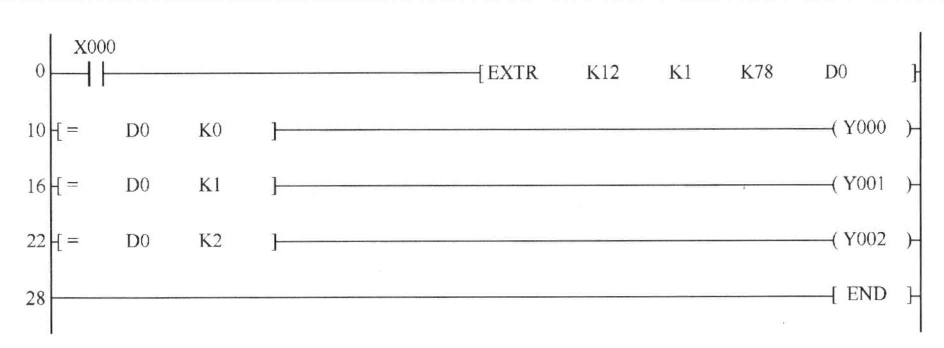

图 8.35　【例 8.6】替换程序

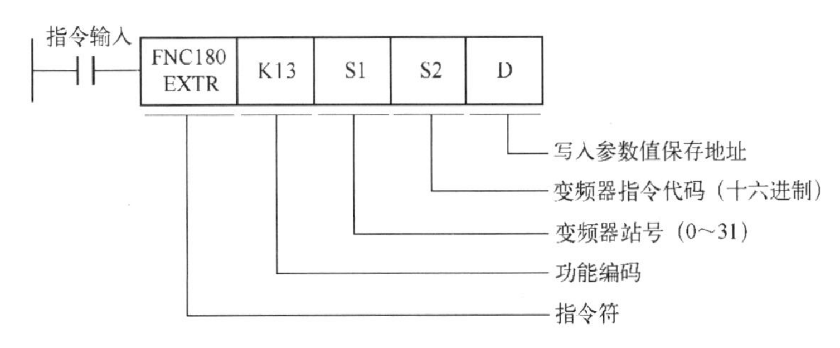

图 8.36　EXTR K13 指令的格式

使用 EXTR K13 指令替换 IVWR 指令编写的【例 8.8】通信控制程序，如图 8.37 所示。

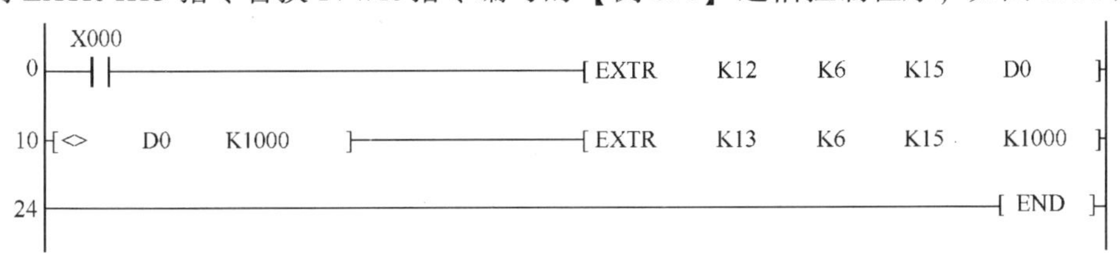

图 8.37　【例 8.8】替换程序

5. 通信指令的应用问题

在实际应用变频器通信专用指令时，应注意以下几个问题。

1）通信时序问题

当变频器通信专用指令的驱动条件处于上升沿时，通信开始执行。通信执行后，即使驱动条件关闭，通信也会自行执行完毕。因此，对于单条通信指令的驱动条件，只需一个边沿脉冲触发即可。如果驱动条件一直为 ON 状态，则始终执行通信指令。

在三菱 FX 系列 PLC 中，有一个标号为 M8029 的特殊功能继电器，作为通信结束标志继电器，当一个变频器通信指令执行完毕时，M8029 变为 ON 且保持一个扫描周期。

2）同时驱动问题

在同时驱动多条变频器通信专用指令时，为避免发生通信错误，可以通过编程的方式来解决这个问题。如图 8.38 所示，在全部指令通信完成前，务必保持触发条件为 ON，一直到全部通信结束，然后利用 M8029 将触发条件复位。

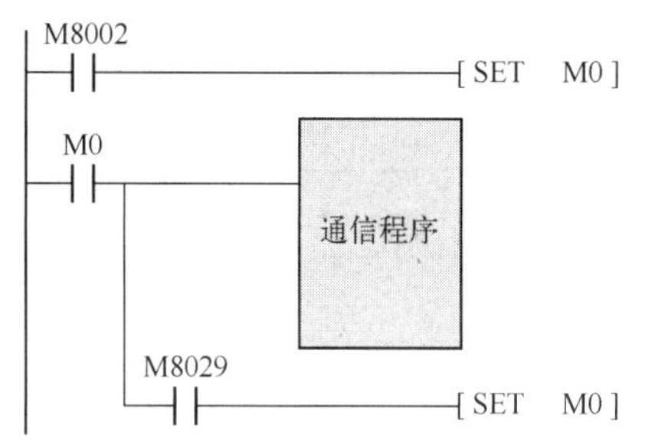

图 8.38　同时驱动的编程处理程序

3）流程禁用问题

变频器通信专用指令不可以在跳转程序、循环程序、子程序和中断程序中使用。

6. 通信设置

PLC与变频器之间的通信采用的是异步通信方式，即发送方可以在任意时刻传送数据，而且前后两次发送的时间间隔可以是不固定的，这种通信方式的特点是简单可靠、成本低、容易实现。PLC与变频器要想实现通信，还必须对PLC和变频器的通信参数进行设置。这种所谓的设置，其实就是把通信格式的内容分别写入或设置到通信设备中，这样就在通信设备之间建立起了通信的基础。

1）通信基础知识

（1）字符。

通信数据由若干字符组成，每个字符又由起始位、数据位、奇偶校验位和停止位组成，如图8.39所示。

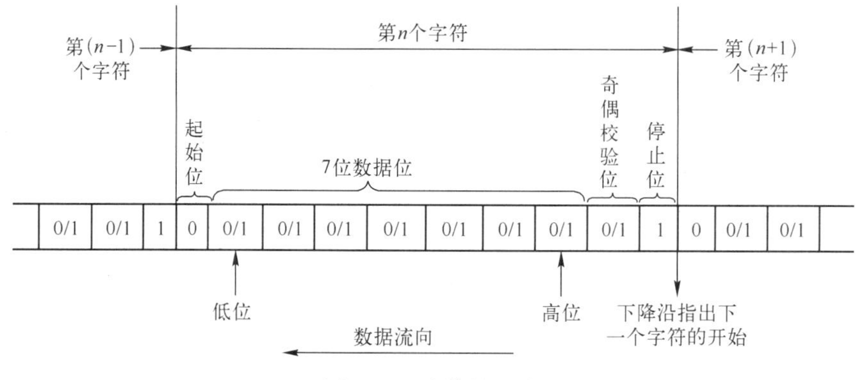

图 8.39　字符的组成

起始位是一个字符的开始标志，占用1bit。

数据位存放的数据是真正要传送的内容，占用7bit。

奇偶校验位是专门为检验数据传送的正确性设置的，占用1bit。

停止位是一个字符的结束标志，占用1bit。

（2）波特率。

波特率是指通信设备每秒钟传送的二进制位数，其单位为bps。波特率越高，数据传输速度就越快。三菱FX系列PLC的波特率的默认值是9600bps，FR-A740系列变频器的波特率的默认值是19200bps。

2）通信参数设置

为实现PLC和变频器之间的通信，通信双方需要有一个“约定”，使得通信双方在字符的数据长度、校验方式、停止位和波特率等方面能够保持一致，进行约定的过程就是通信设置。

在进行通信设置时，首先要了解变频器的通信参数并对其进行设置，即确定数据长度、校验方式、停止位和波特率；PLC的通信设置内容由变频器的通信设置内容决定。三菱FX_{5U}机型 PLC 通信参数的设置如图 8.40 所示，三菱 FX 系列其他机型 PLC 通信参数的设置如图 8.41 所示；三菱变频器通信参数的设置如表 8.7 所示。

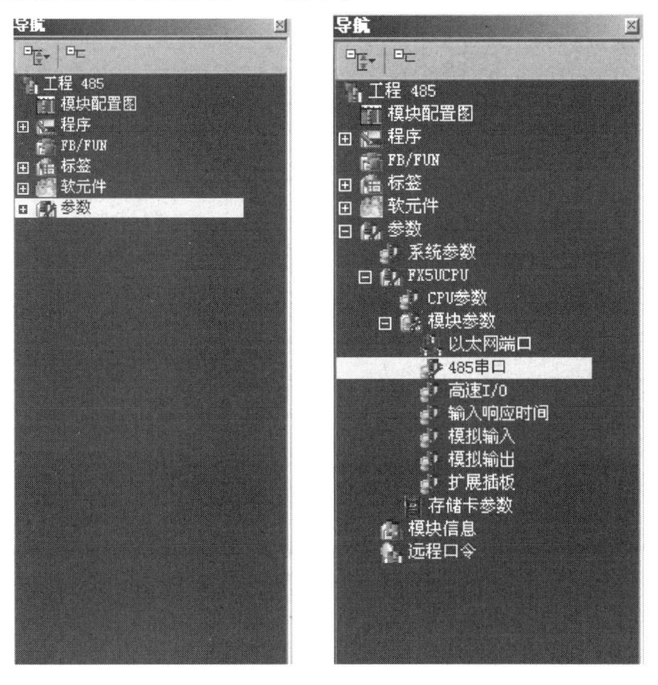

图 8.40　三菱 FX_{5U} 机型 PLC 通信参数的设置

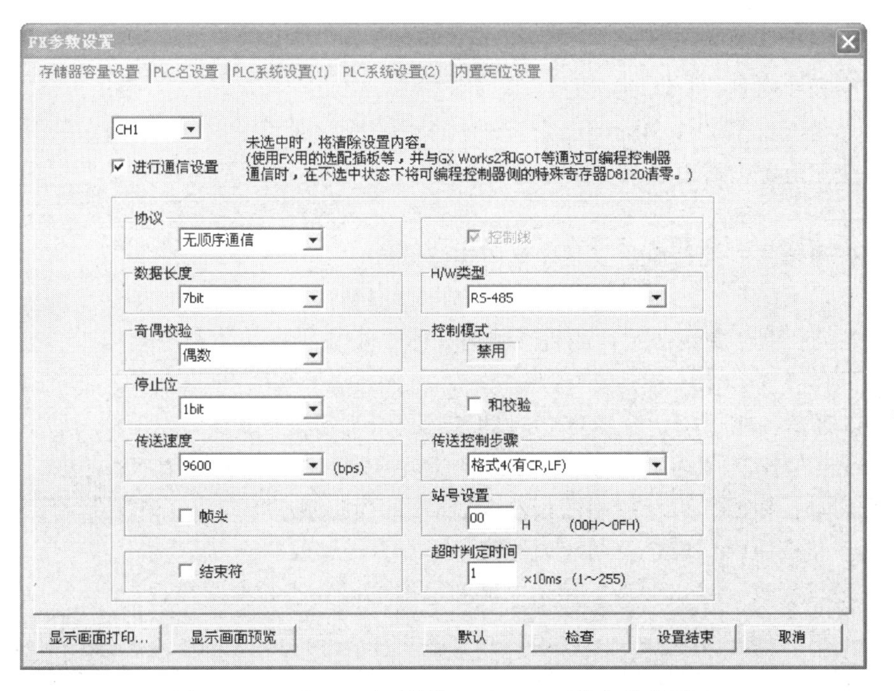

图 8.41　三菱 FX 系列其他机型 PLC 通信参数的设置

变频器的 RS-485 通信控制——参数设置

表 8.7　三菱变频器通信参数的设置

参数编号	设定内容	单位	初始值	设定值	数据内容描述
Pr. 331	站号选择	1	0	0～31	两台以上需要设站号
Pr. 332	波特率	1	96	96	选择通信速率，波特率 = 9600bps
Pr. 333	停止位长	1	1	10	数据位长 = 7bit、停止位长 = 1bit
Pr. 334	校验选择	1	2	2	选择偶校验方式
Pr. 335	再试次数	1	1	1	设定发生接收数据错误时的再试次数容许值
Pr. 336	校验时间	0. 1	0	9999	选择校验时间
Pr. 337	通信等待	1	9999	9999	设定向变频器发送数据后的信息返回等待时间
Pr. 338	通信运行指令权	1	0	0	选择启动指令权通信
Pr. 339	通信速度指令权	1	0	0	选择频率指令权通信
Pr. 341	CR/LF 选择	1	1	1	选择有 CR、LF
Pr. 79	运行模式选择	1	0	0	外部/PU 切换模式

【任务实施】

1. 实训器材

（1）变频器，型号为三菱 FR-A740-0. 75K-CHT，1 台/组。

（2）PLC，型号为三菱 FX_{3G}-32M，1 台/组。

（3）RS-485 通信模块，型号为三菱 FX_{3G}-485-BD，1 块/组。

（4）触摸屏，型号为三菱 GS2107-WTBD，1 个/组。

（5）三相异步电动机，型号为 A05024，1 台/组。

（6）电工常用仪表和工具，1 套/组。

（7）按钮，型号为施耐德 ZB2-BE101C（不带自锁），2 个（绿色、红色）/组。

（8）对称三相交流电源，线电压为 380V，1 个/组。

2. 实训步骤

课题 1　以 PLC 通信方式控制单台变频器单向连续运行。

（1）控制要求。

PLC 以通信方式控制单台变频器运行的组态画面如图 8. 42 所示。

基本要求如下。

① 根据 RS-485 通信控制要求，分别对 PLC 和变频器进行通信设置。

② 编写 RS-485 通信控制程序，采用通信方式将变频器的工作模式设定为 NET 模式。

③ 当点动按压启动按钮时，PLC 控制变频器以 25Hz 的固定频率单向（正转）运行。

④ 当点动按压停止按钮时，PLC 控制变频器停止运行。

⑤ 对变频器的运行参数（输出频率、输出电流和输出电压）进行实时监视。

进阶要求如下。

① 对变频器的运行方向进行选择。

② 对变频器的预置频率进行调整。

③ 对变频器的输出频率进行精细调节。

变频器的 RS-485 通信控制——程序设计

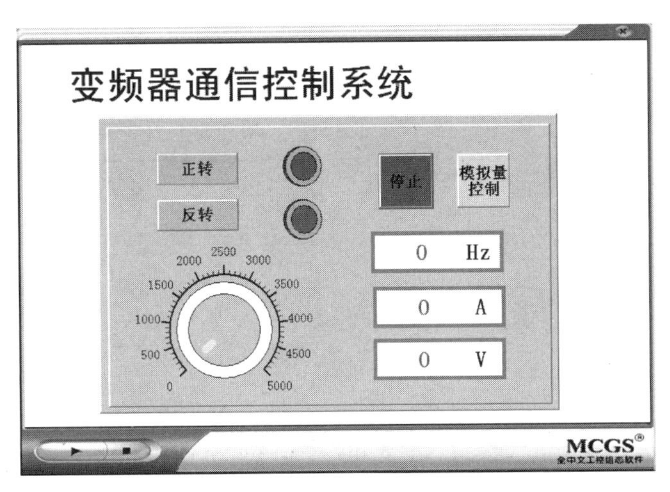

图 8.42　PLC 以通信方式控制单台变频器运行的组态画面

（2）控制系统设计。

根据控制要求编制 PLC 的 I/O 地址分配表，如表 8.8 所示；设计控制系统硬件接线图，如图 8.43 所示；设计控制系统梯形图程序，如图 8.44 所示。

表 8.8　PLC 的 I/O 地址分配表 1

外部输入设备		PLC			
		输入端子		输出端子	
设备名称	符号	外设按钮编号	屏上按钮编号	运行状态	输出点编号
启动按钮	SB_0	X0	M0	正转输出	Y2
停止按钮	SB_2	X2	M2	反转输出	Y3

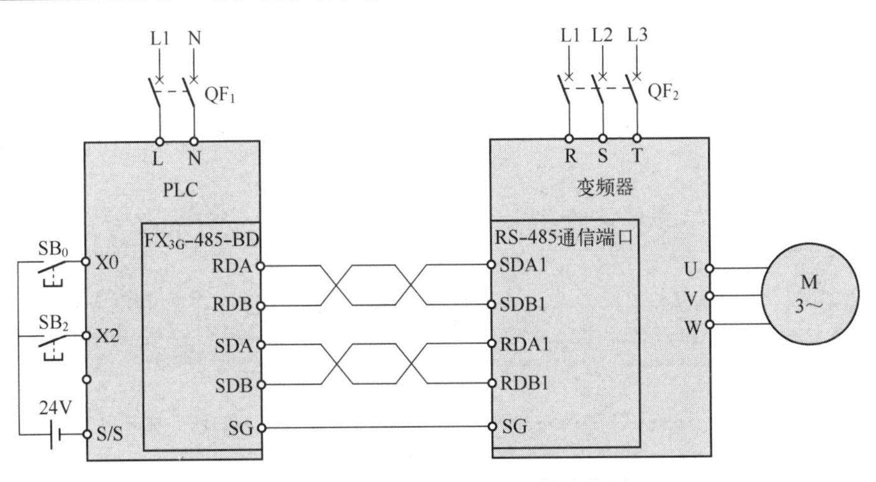

图 8.43　课题 1 控制系统硬件接线图

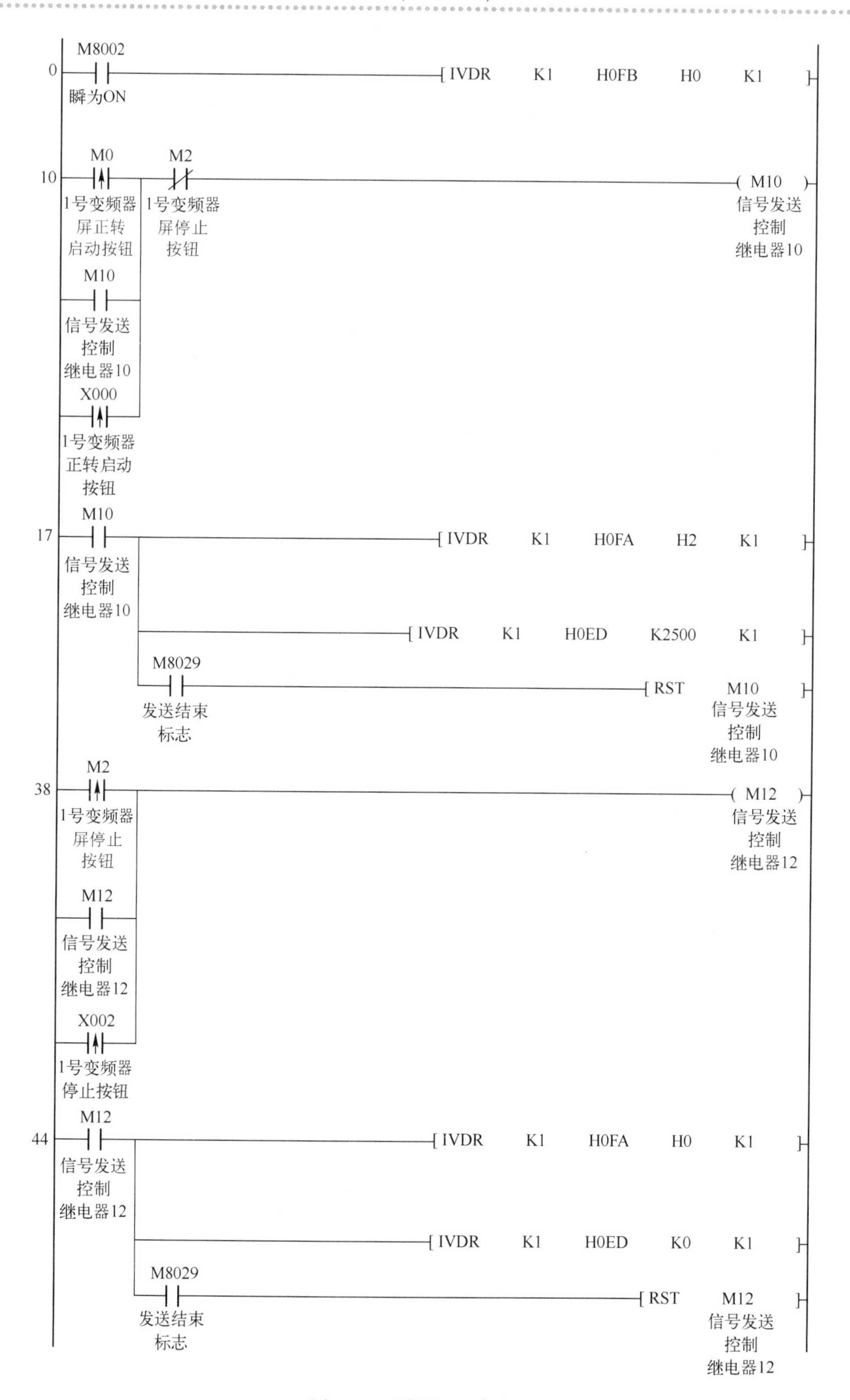

图 8.44　课题 1 程序之一

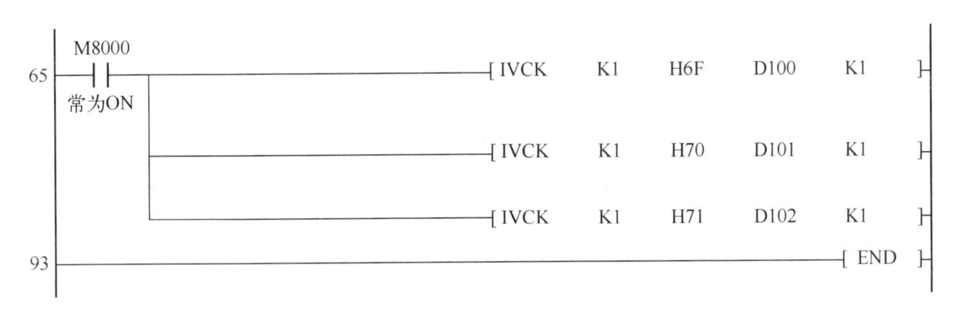

图 8.44　课题 1 程序之一（续）

（3）系统调试。

检查控制系统的硬件接线是否与图 8.43 一致；检查接线端子的压接情况；观察接线是否有松脱现象。只有在硬件电路经确认正常后，系统才可以上电调试运行。

① 通信设置。

变频器的 RS-485 通信控制——系统调试

【第一步】上电开机。

操作过程：闭合空气断路器，将 PLC 和变频器上电。

观察项目：观察 PLC 面板上的指示灯；观察变频器操作单元上的指示灯和显示器上显示的字符；观察电动机的转向和转速。

现场状况：PLC 的 POW 指示灯和 RUN 指示灯点亮；变频器的 MON 指示灯和 EXT 指示灯点亮，显示器上显示的字符为“0.00”；电动机没有旋转。

【第二步】设置通信参数。

操作过程：打开 GX Works2 编辑软件，创建名称为“变频器通信控制单向连续运行”的新文件；按图 8.45 所示的过程对 PLC 进行通信参数设置；将变频器运行模式切换为 PU 状态，按图 5.5 所示的过程对变频器进行通信参数设置。

观察项目：观察 PLC 面板上的指示灯；观察变频器操作单元上的指示灯和显示器上显示的字符；观察电动机的转向和转速。

现场状况：PLC 的 POW 指示灯和 RUN 指示灯点亮；变频器的 MON 指示灯和 EXT 指示灯点亮，显示器上显示的字符为“0.00”；电动机没有旋转。

【第三步】建立通信链接。

操作过程：在计算机上将图 8.44 所示的梯形图程序下传给 PLC。

观察项目：FX_{3G}-485-BD 通信板上的 SD 指示灯和 RD 指示灯是否闪烁；变频器面板上的 NET 指示灯是否点亮。

现场状况：PLC 的 POW 指示灯和 RUN 指示灯点亮；SD 指示灯和 RD 指示灯闪烁；变频器的 MON 指示灯和 NET 指示灯点亮，显示器上显示的字符为“0.00”；电动机没有旋转。

② 功能调试。

【第一步】启动变频器运行。

操作过程：点动按压外设的正转启动按钮或触碰触摸屏上的正转启动按钮，启动变频器并实现单向（正转）运行。

观察项目：观察 PLC 面板上的指示灯；观察变频器操作单元上的指示灯和显示器上显示的字符；观察电动机的转向和转速。

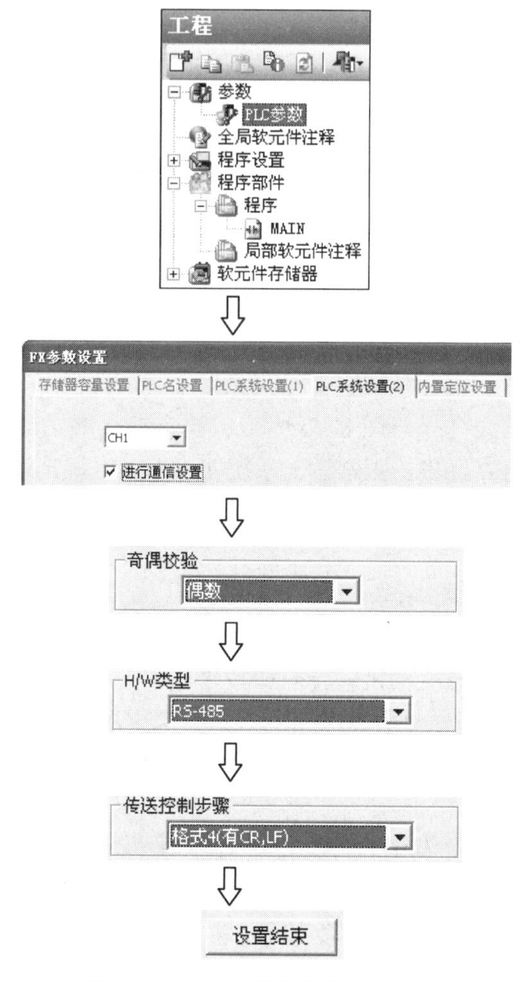

图 8.45　PLC 通信参数的设置过程

现场状况：PLC 的 Y2 指示灯点亮；变频器的 FWD 指示灯点亮，显示器上显示的字符为“25.00”；触摸屏显示输出频率、输出电流和输出电压的当前值；电动机正向旋转。

【第二步】停止变频器运行。

操作过程：点动按压外设的停止按钮或触碰触摸屏上的停止按钮，停止变频器运行。

观察项目：观察 PLC 面板上的指示灯；观察变频器操作单元上的指示灯和显示器上显示的字符；观察电动机的转向和转速。

现场状况：PLC 的 Y2 指示灯熄灭；变频器的 FWD 指示灯熄灭，显示器上显示的字符为“0.00”；触摸屏显示当前的各项输出值（均为 0）；电动机停止旋转。

【第三步】选择运行方向。

操作过程：在计算机上，修改图 8.44 中的梯形图程序，将运行方向的设定值由 H2 更新为 H4；下传新程序、启动变频器运行。

观察项目：观察 PLC 面板上的指示灯；观察变频器操作单元上的指示灯和显示器上显示的字符；观察电动机的转向和转速。

现场状况：PLC 的 Y3 指示灯点亮；变频器的 REV 指示灯点亮，显示器上显示的字符为

"25.00"；触摸屏显示输出频率、输出电流和输出电压的当前值；电动机反向旋转。

【第四步】选择运行频率。

操作过程：在计算机上，修改图 8.44 中的梯形图程序，将运行频率的设定值由 K2500 更新为 K4000；下传新程序、启动变频器运行。

观察项目：观察 PLC 面板上的指示灯；观察变频器操作单元上的指示灯和显示器上显示的字符；观察电动机的转向和转速。

现场状况：PLC 的 Y2 指示灯点亮；变频器的 FWD 指示灯点亮，显示器上显示的字符为"40.00"；触摸屏显示输出频率、输出电流和输出电压的当前值；电动机正向旋转。

【第五步】精细调节输出频率。

操作过程：在计算机上，将图 8.46 所示的梯形图程序下传给 PLC；启动变频器运行，旋转触摸屏上的速度调节旋钮。

观察项目：观察 PLC 面板上的指示灯；观察变频器操作单元上的指示灯和显示器上显示的字符；观察电动机的转向和转速。

现场状况：PLC 的 Y2 指示灯点亮；变频器的 FWD 指示灯点亮，显示器上显示的字符为当前值；触摸屏显示输出频率、输出电流和输出电压的当前值；电动机正向旋转。变频器的输出频率和电动机的转速均可以连续调节。

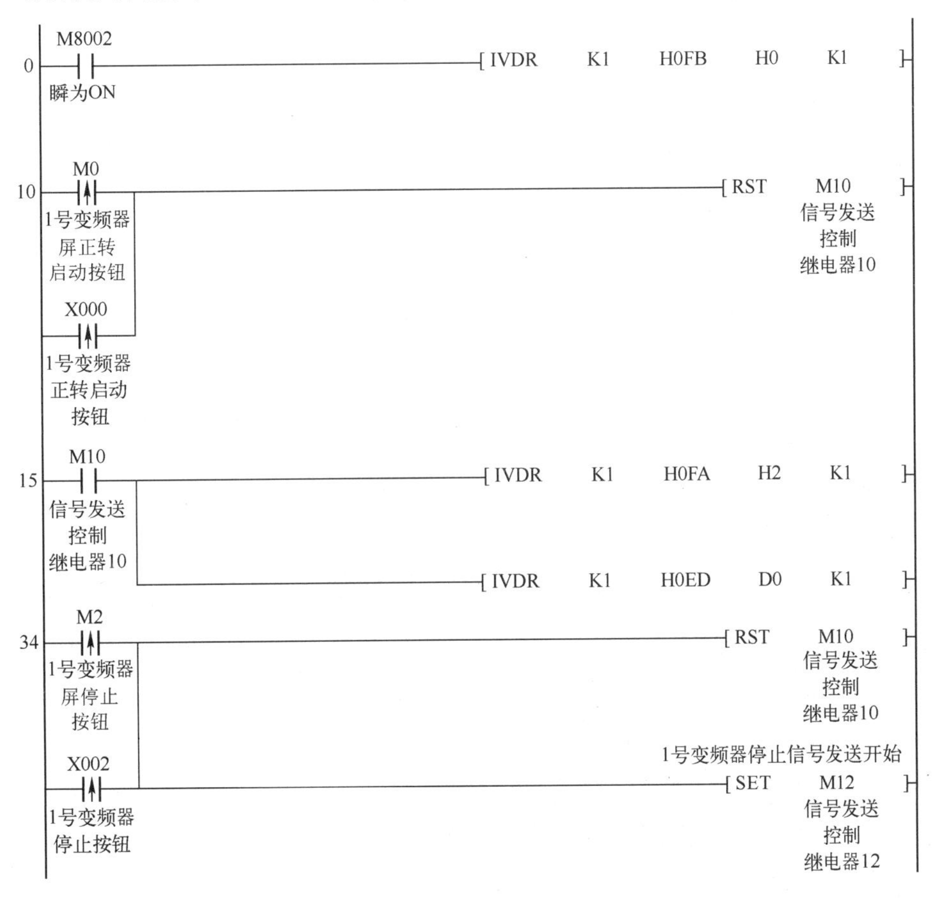

图 8.46 课题 1 程序之二

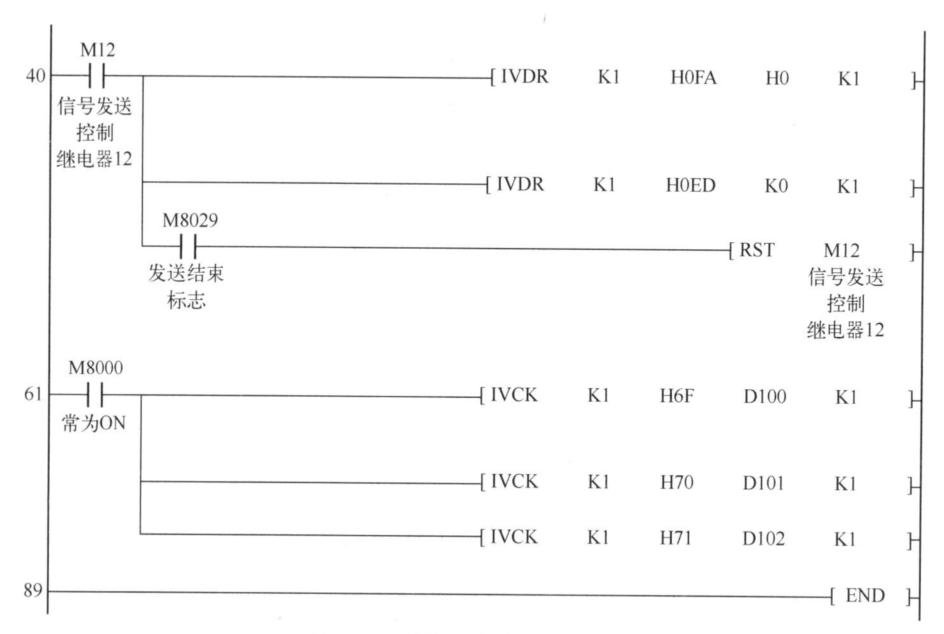

图8.46　课题1程序之二（续）

课题2　PLC以通信方式控制单台变频器正/反转连续运行。

（1）控制要求。

基本要求如下。

① 当点动按压正转按钮时，PLC控制变频器以30Hz的固定频率正转运行。

② 当点动按压反转按钮时，PLC控制变频器以20Hz的固定频率反转运行。

③ 当点动按压停止按钮时，PLC控制变频器停止运行。

④ 对变频器的输出频率进行精细调节。

进阶要求如下。

① 对变频器的正转或反转运行状态直接进行切换，实现“正—反—停”控制。

② 对变频器的运行参数（输出频率、输出电流和输出电压）进行实时监视。

③ 对变频器的运行状态（在线运行、正转运行、反转运行）进行实时监视。

（2）控制系统设计。

根据控制要求编制PLC的I/O地址分配表，如表8.9所示；设计控制系统硬件接线图，如图8.47所示；设计控制系统梯形图程序，如图8.48所示。

表8.9　PLC的I/O地址分配表2

外部输入设备		PLC			
		输入端子		输出端子	
设备名称	符号	外设按钮编号	屏上按钮编号	运行状态	输出点编号
正转按钮	SB_0	X0	M0	正转输出	Y002
反转按钮	SB_1	X1	M1	反转输出	Y003
停止按钮	SB_2	X2	M2	运行指示灯	Y015
—				正转指示灯	Y011
				反转指示灯	Y012

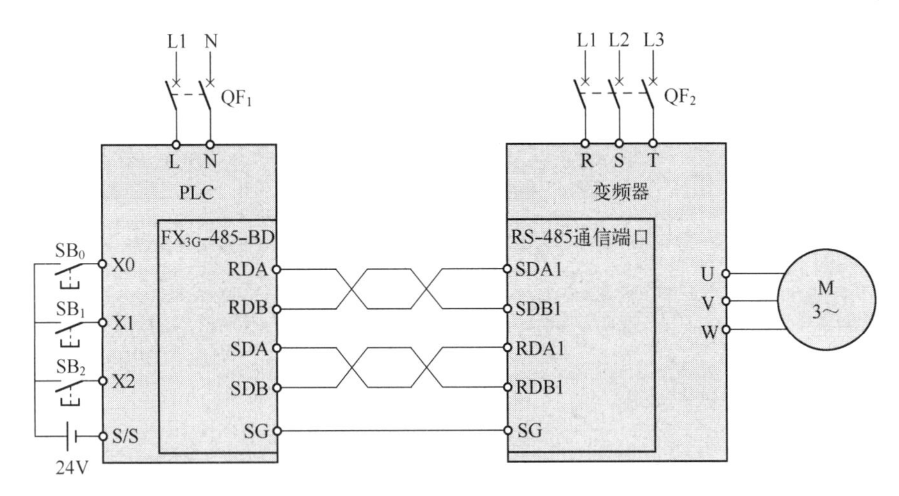

图8.47　课题2控制系统硬件接线图

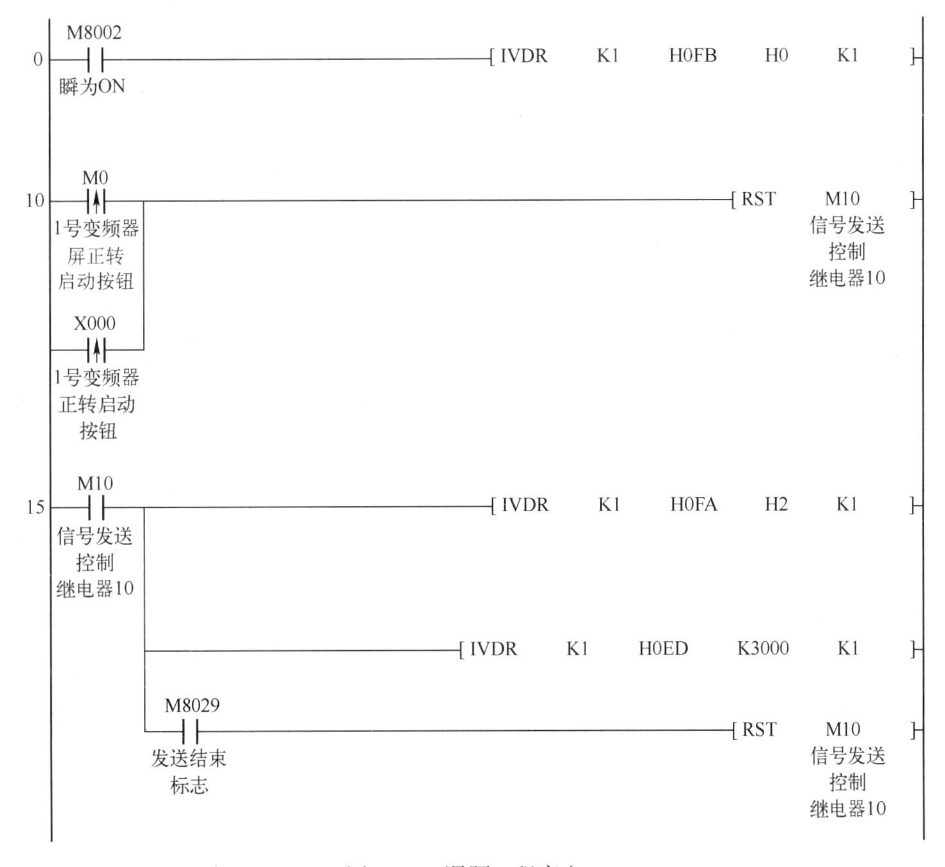

图8.48　课题2程序之一

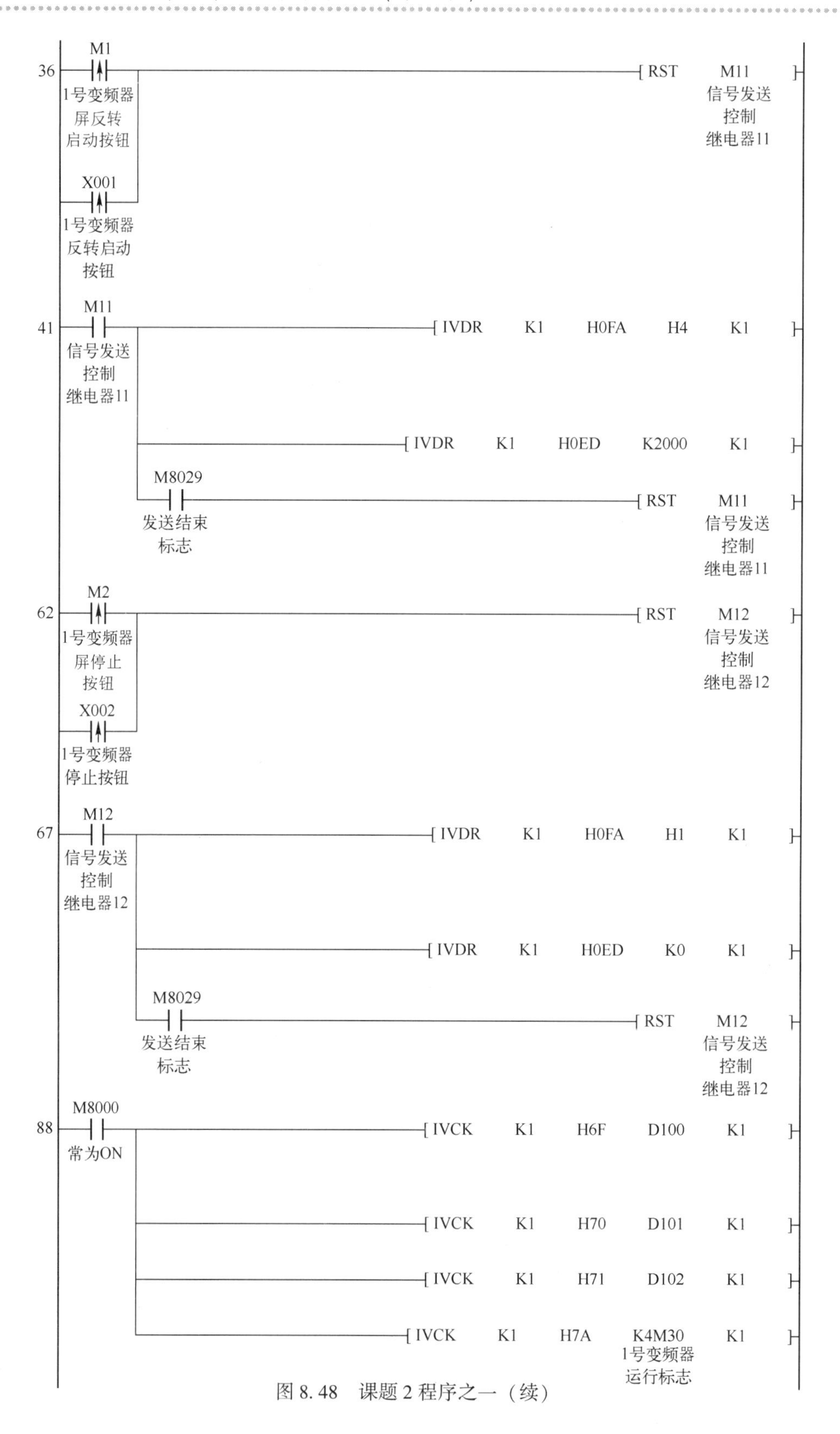

图8.48 课题2程序之一（续）

图 8.48 课题 2 程序之一（续）

（3）系统调试。

检查控制系统的硬件接线是否与图 8.47 一致；检查接线端子的压接情况；观察接线是否有松脱现象。只有在硬件电路经确认正常后，系统才可以上电调试运行。

① 通信设置。

由于课题 2 的通信设置过程与课题 1 的通信设置过程相似，所以此过程的叙述省略，但是在此过程中，需要在计算机上将图 8.48 所示的梯形图程序下传给 PLC。

② 功能调试。

【第一步】启动正转运行。

操作过程：点动按压外设的正转启动按钮或触碰触摸屏上的正转启动按钮，启动变频器正转运行。

观察项目：观察 PLC 面板上的指示灯；观察变频器操作单元上的指示灯和显示器上显示的字符；观察电动机的转向和转速。

现场状况：PLC 的 Y2 指示灯点亮；变频器的 FWD 指示灯点亮，显示器上显示的字符为“30.00”；触摸屏显示输出频率、输出电流和输出电压的当前值；电动机正向旋转。

【第二步】启动反转运行。

操作过程：点动按压外设的反转启动按钮或触碰触摸屏上的反转启动按钮，启动变频器反转运行。

观察项目：观察 PLC 面板上的指示灯；观察变频器操作单元上的指示灯和显示器上显示的字符；观察电动机的转向和转速。

现场状况：PLC 的 Y3 指示灯点亮；变频器的 REV 指示灯点亮，显示器上显示的字符为“20.00”；触摸屏显示输出频率、输出电流和输出电压的当前值；电动机反向旋转。

【第三步】停止运行。

操作过程：点动按压外设的停止按钮或触碰触摸屏上的停止按钮，停止变频器运行。

观察项目：观察 PLC 面板上的指示灯；观察变频器操作单元上的指示灯和显示器上显示的字符；观察电动机的转向和转速。

现场状况：PLC 的 Y3 指示灯熄灭；变频器的 REV 指示灯熄灭，显示器上显示的字符为

“0. 00”；触摸屏显示输出频率、输出电流和输出电压的当前值；电动机停止旋转。

【第四步】精细调节输出频率1。

操作过程：将图8. 49所示的梯形图程序下传给PLC；启动变频器正转运行，旋转触摸屏上的速度调节旋钮。

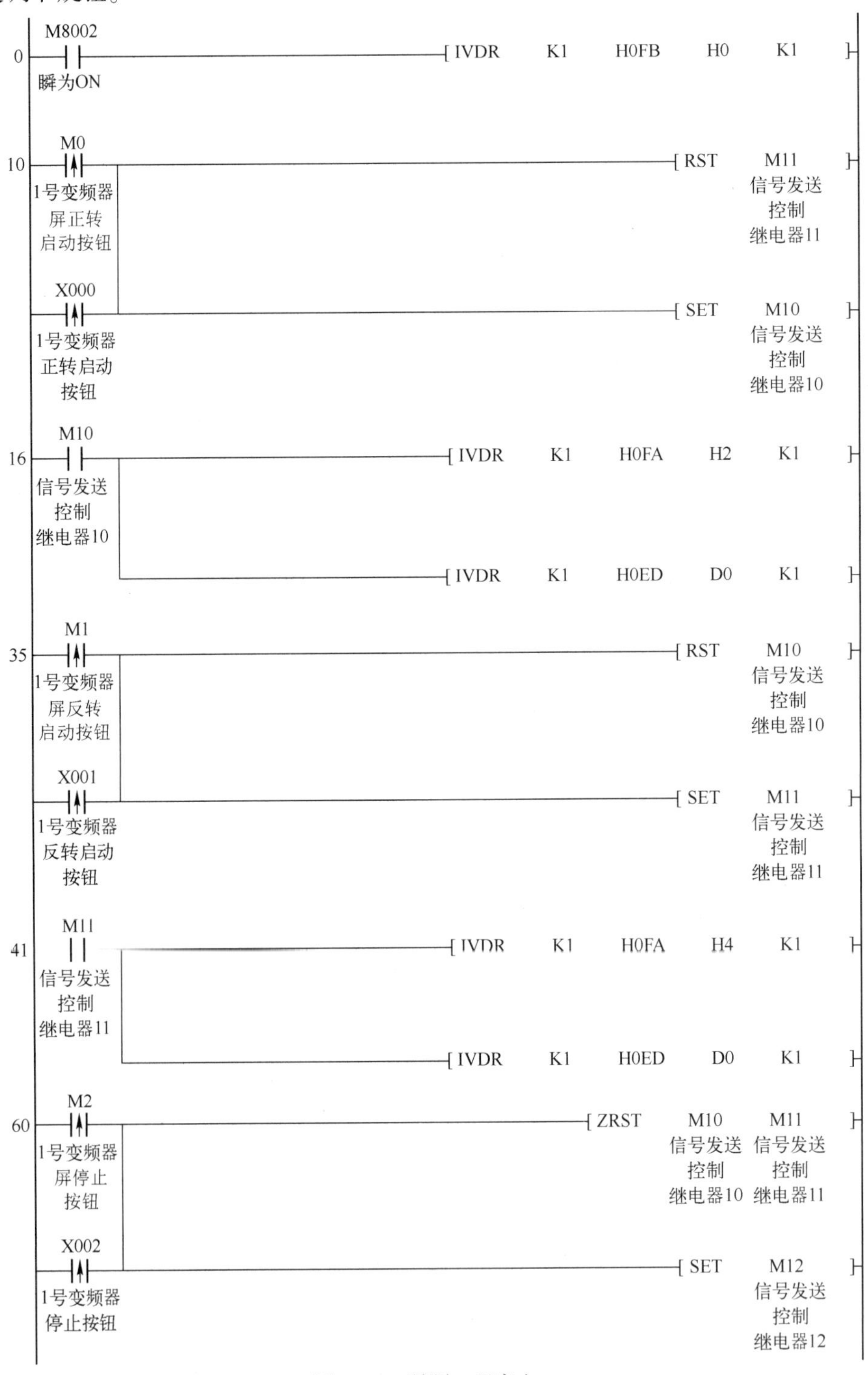

图8. 49　课题2程序之二

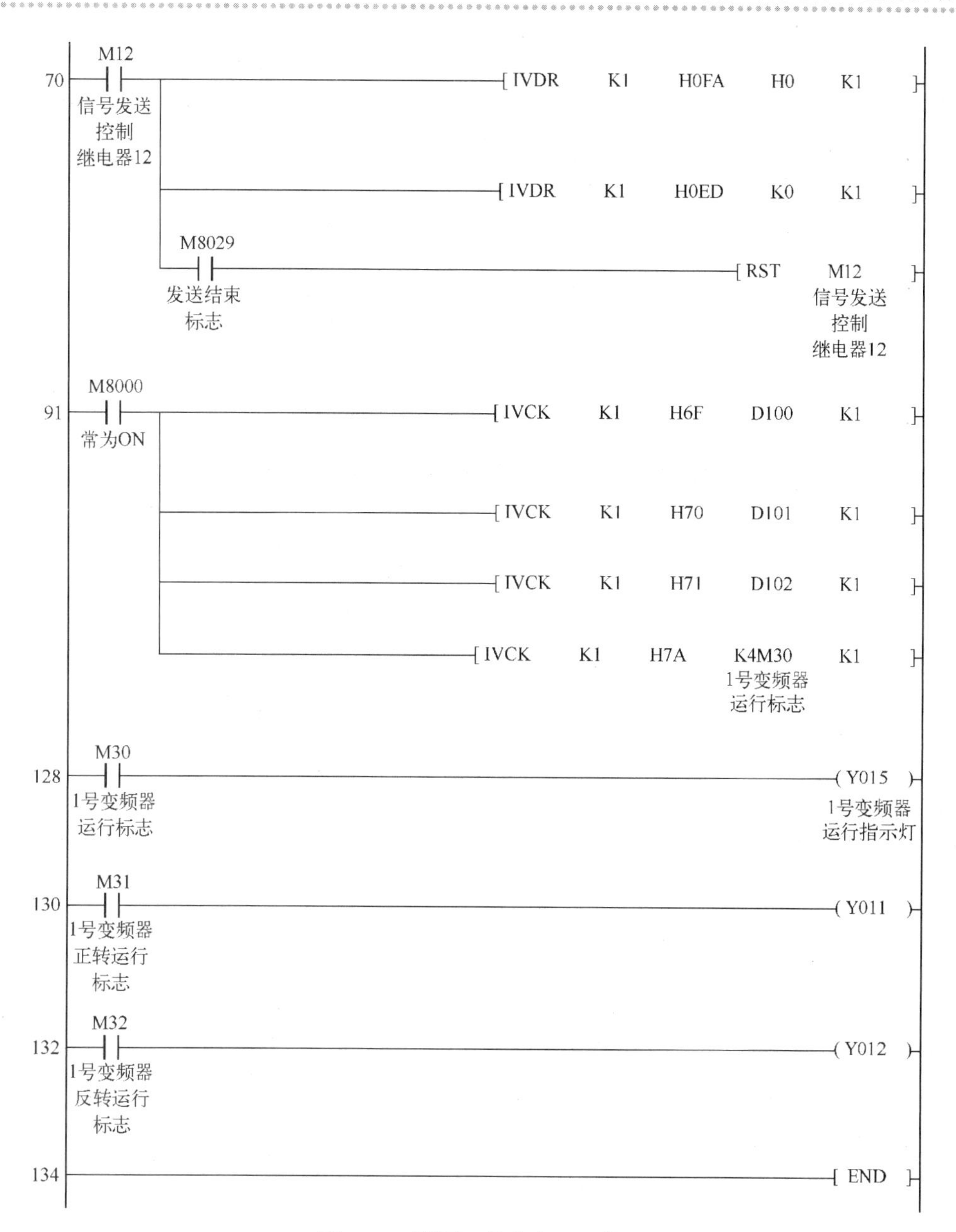

图 8.49　课题 2 程序之二（续）

观察项目：观察 PLC 面板上的指示灯；观察变频器操作单元上的指示灯和显示器上显示的字符；观察电动机的转向和转速。

现场状况：PLC 的 Y2 指示灯点亮；变频器的 FWD 指示灯点亮，显示器上显示的字符为当前值；触摸屏显示输出频率、输出电流和输出电压的当前值；电动机正向旋转。结论是变频器的输出频率和电动机的转速均可以连续调节。

【第五步】精细调节输出频率 2。

操作过程：启动变频器反转运行，旋转触摸屏上的速度调节旋钮。

观察项目：观察 PLC 面板上的指示灯；观察变频器操作单元上的指示灯和显示器上显示

的字符；观察电动机的转向和转速。

现场状况：PLC 的 Y3 指示灯点亮；变频器的 REV 指示灯点亮，显示器上显示的字符为当前值；触摸屏显示输出频率、输出电流和输出电压的当前值；电动机反向旋转。结论是变频器的输出频率和电动机的转速均可以连续调节。

课题 3　PLC 以通信方式控制两台变频器正/反转连续运行。

（1）控制要求。

PLC 以通信方式控制两台变频器运行的组态画面如图 8.50 所示。

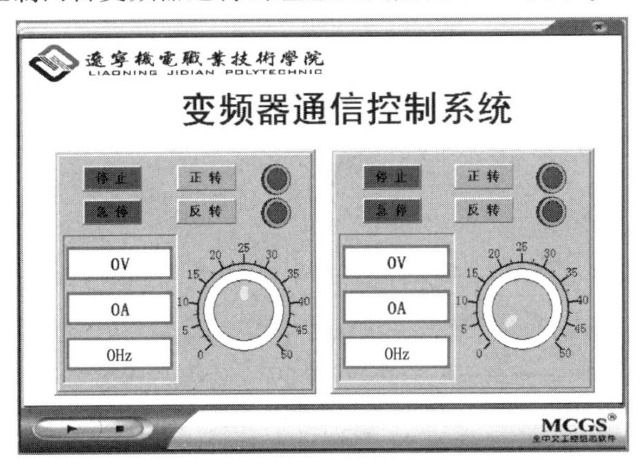

图 8.50　PLC 以通信方式控制两台变频器运行的组态画面

具体要求如下。

① 当点动按压 1 号变频器的正转或反转启动按钮时，PLC 控制 1 号变频器以预置频率值正转或反转运行；当点动按压 1 号变频器的停止按钮时，PLC 控制 1 号变频器停止运行。

② 当点动按压 2 号变频器的正转或反转启动按钮时，PLC 控制 2 号变频器以预置频率值正转或反转运行；当点动按压 2 号变频器的停止按钮时，PLC 控制 2 号变频器停止运行。

③ 可以对 1 号和 2 号变频器的输出频率进行精细调节。

④ 对 1 号和 2 号变频器的运行参数（输出频率、输出电流和输出电压）进行实时监视。

⑤ 对 1 号和 2 号变频器的运行状态（正在运行、正转运行、反转运行）进行实时监视。

⑥ 当点动按压急停按钮时，PLC 控制 1 号和 2 号变频器同时停止运行。

（2）控制系统设计。

根据课题 2 的控制要求，编制 PLC 的 I/O 地址分配表，如表 8.10 所示；设计控制系统硬件接线图，如图 8.51 所示；设计控制系统梯形图程序，如图 8.52 所示。

表 8.10　PLC 的 I/O 地址分配表 3

外部输入设备		PLC			
		输入端子		输出端子	
设备名称	符号	外设按钮编号	屏上按钮编号	运行状态	输出点编号
1 号机正转按钮	SB_0	X0	M0	1 号机正转输出	Y002
1 号机反转按钮	SB_1	X1	M1	1 号机反转输出	Y003
1 号机停止按钮	SB_2	X2	M2	1 号机运行指示灯	Y015
2 号机正转按钮	SB_3	X3	M3	1 号机正转指示灯	Y011

续表

外部输入设备		PLC			
		输入端子		输出端子	
2号机反转按钮	SB_4	X4	M4	1号机反转指示灯	Y012
2号机停止按钮	SB_5	X5	M5	2号机正转输出	Y004
系统急停按钮	SB_6	X6	M6	2号机反转输出	Y005
—				2号机运行指示灯	Y016
				2号机正转指示灯	Y013
				2号机反转指示灯	Y014

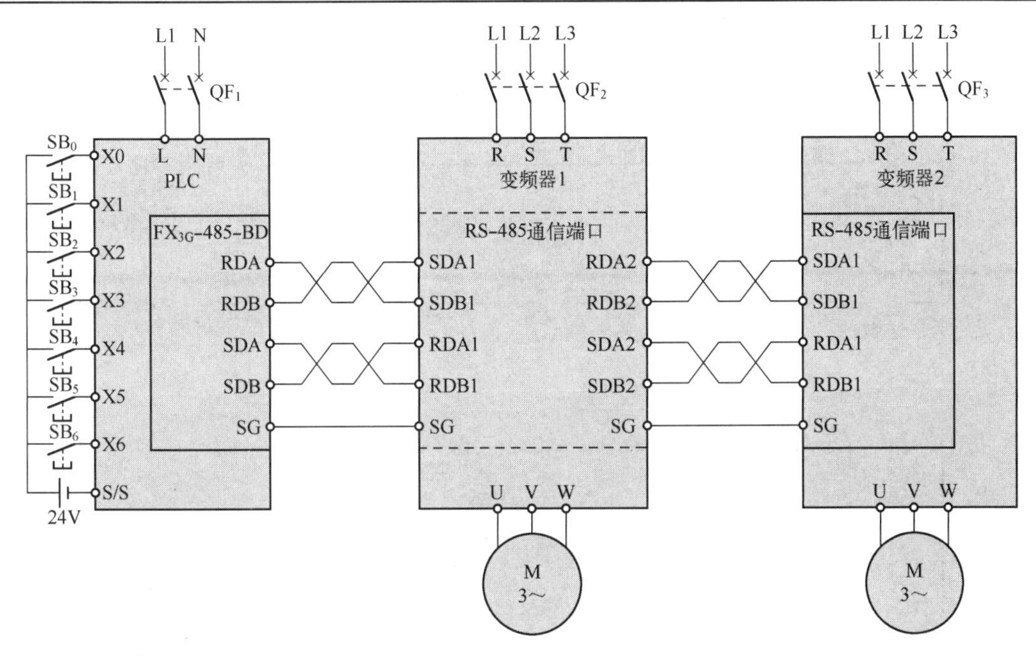

图8.51　课题3控制系统硬件接线图

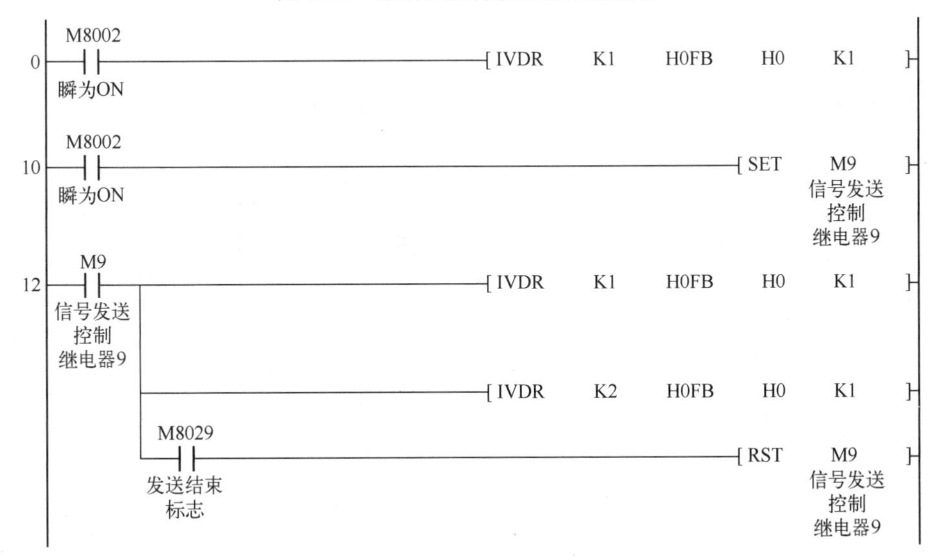

图8.52　课题3程序

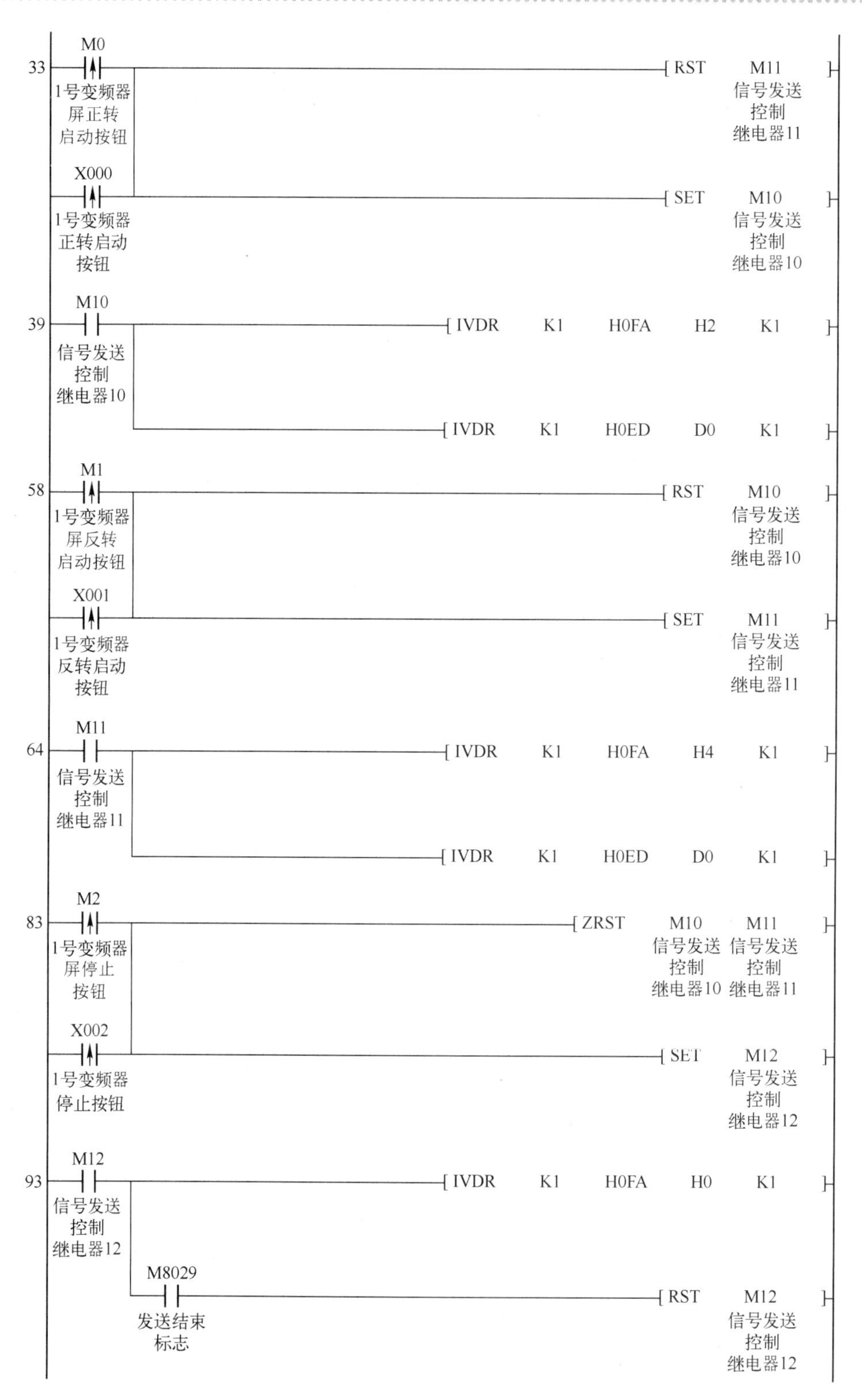
33
M0
1号变频器屏正转启动按钮
RST
M11
信号发送控制继电器11
X000
1号变频器正转启动按钮
SET
M10
信号发送控制继电器10
39
M10
信号发送控制继电器10
IVDR K1 H0FA H2 K1
IVDR K1 H0ED D0 K1
58
M1
1号变频器屏反转启动按钮
RST
M10
信号发送控制继电器10
X001
1号变频器反转启动按钮
SET
M11
信号发送控制继电器11
64
M11
信号发送控制继电器11
IVDR K1 H0FA H4 K1
IVDR K1 H0ED D0 K1
83
M2
1号变频器屏停止按钮
ZRST
M10
信号发送控制继电器10
M11
信号发送控制继电器11
X002
1号变频器停止按钮
SET
M12
信号发送控制继电器12
93
M12
信号发送控制继电器12
IVDR K1 H0FA H0 K1
M8029
发送结束标志
RST
M12
信号发送控制继电器12

图8.52 课题3程序（续）

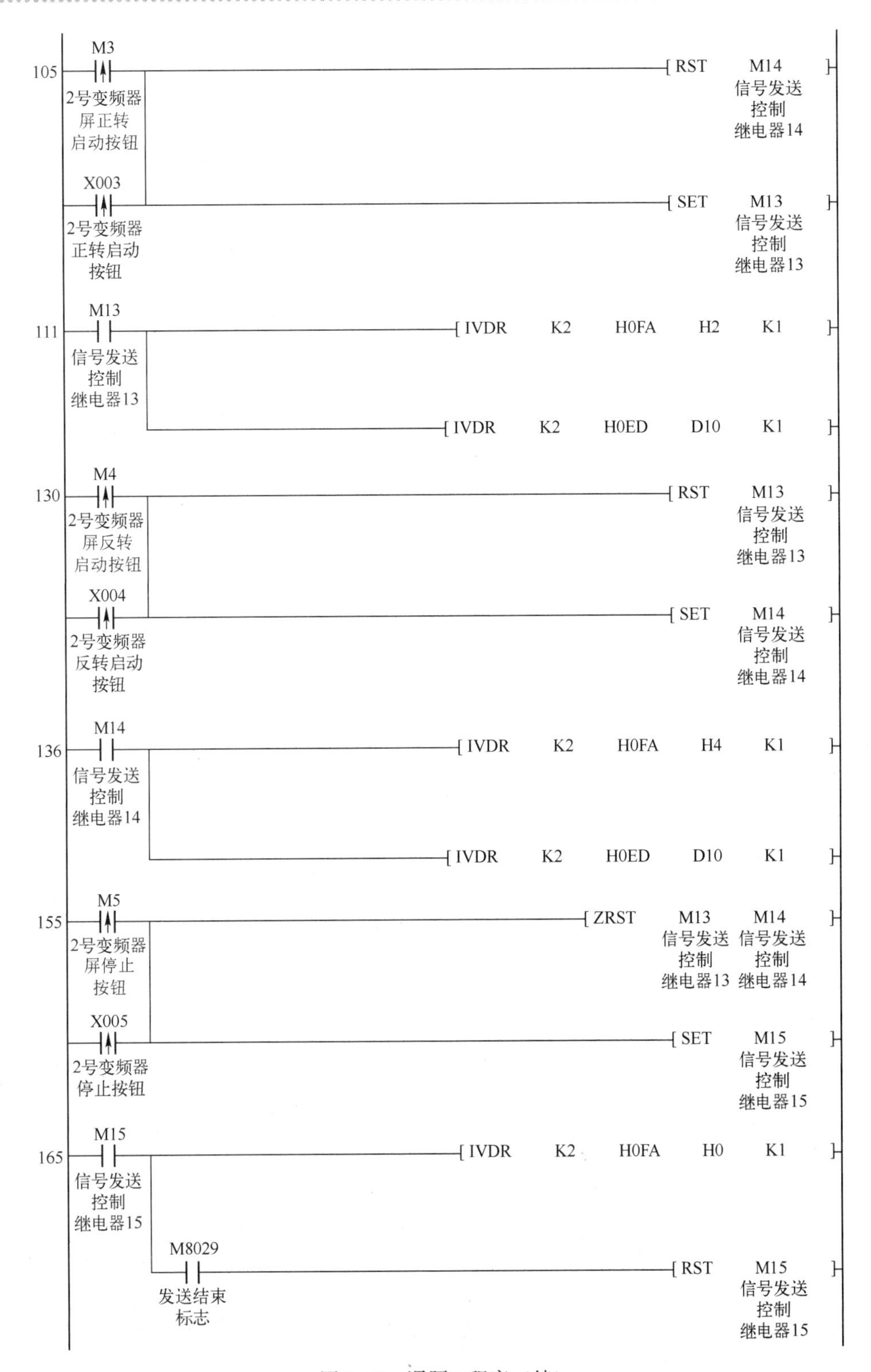
105
M3
2号变频器屏正转启动按钮
RST M14 信号发送控制继电器14
X003
2号变频器正转启动按钮
SET M13 信号发送控制继电器13
111
M13
信号发送控制继电器13
IVDR K2 H0FA H2 K1
IVDR K2 H0ED D10 K1
130
M4
2号变频器屏反转启动按钮
RST M13 信号发送控制继电器13
X004
2号变频器反转启动按钮
SET M14 信号发送控制继电器14
136
M14
信号发送控制继电器14
IVDR K2 H0FA H4 K1
IVDR K2 H0ED D10 K1
155
M5
2号变频器屏停止按钮
ZRST M13 信号发送控制继电器13 M14 信号发送控制继电器14
X005
2号变频器停止按钮
SET M15 信号发送控制继电器15
165
M15
信号发送控制继电器15
IVDR K2 H0FA H0 K1
M8029
发送结束标志
RST M15 信号发送控制继电器15

图 8.52　课题 3 程序（续）

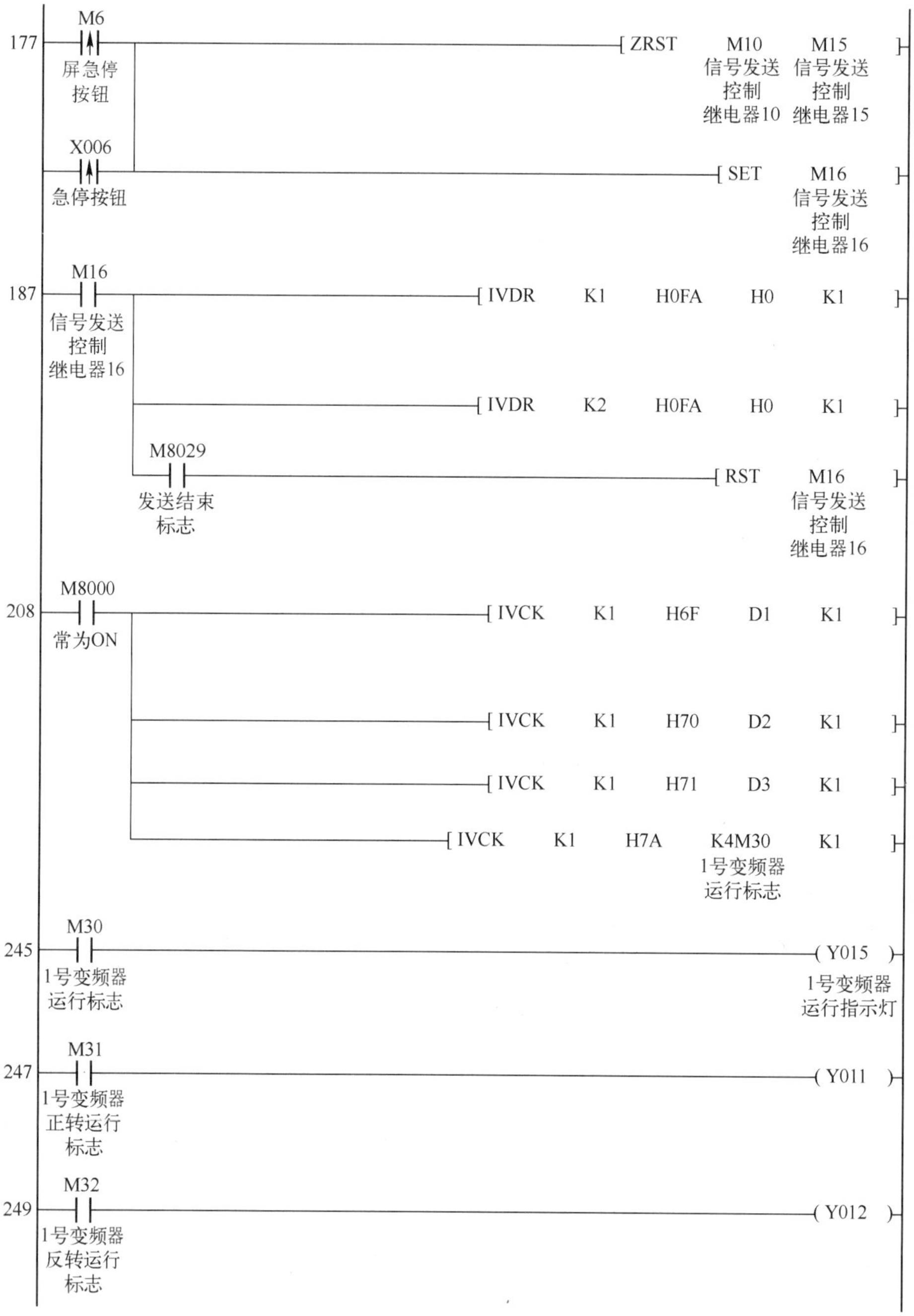

177 M6（屏急停按钮）上升沿 —— [ZRST M10（信号发送控制继电器10） M15（信号发送控制继电器15）]

X006（急停按钮）上升沿 —— [SET M16（信号发送控制继电器16）]

187 M16（信号发送控制继电器16）—— [IVDR K1 H0FA H0 K1]

—— [IVDR K2 H0FA H0 K1]

M8029（发送结束标志）—— [RST M16（信号发送控制继电器16）]

208 M8000（常为ON）—— [IVCK K1 H6F D1 K1]

—— [IVCK K1 H70 D2 K1]

—— [IVCK K1 H71 D3 K1]

—— [IVCK K1 H7A K4M30（1号变频器运行标志） K1]

245 M30（1号变频器运行标志）—— (Y015)（1号变频器运行指示灯）

247 M31（1号变频器正转运行标志）—— (Y011)

249 M32（1号变频器反转运行标志）—— (Y012)

图 8.52　课题3程序（续）

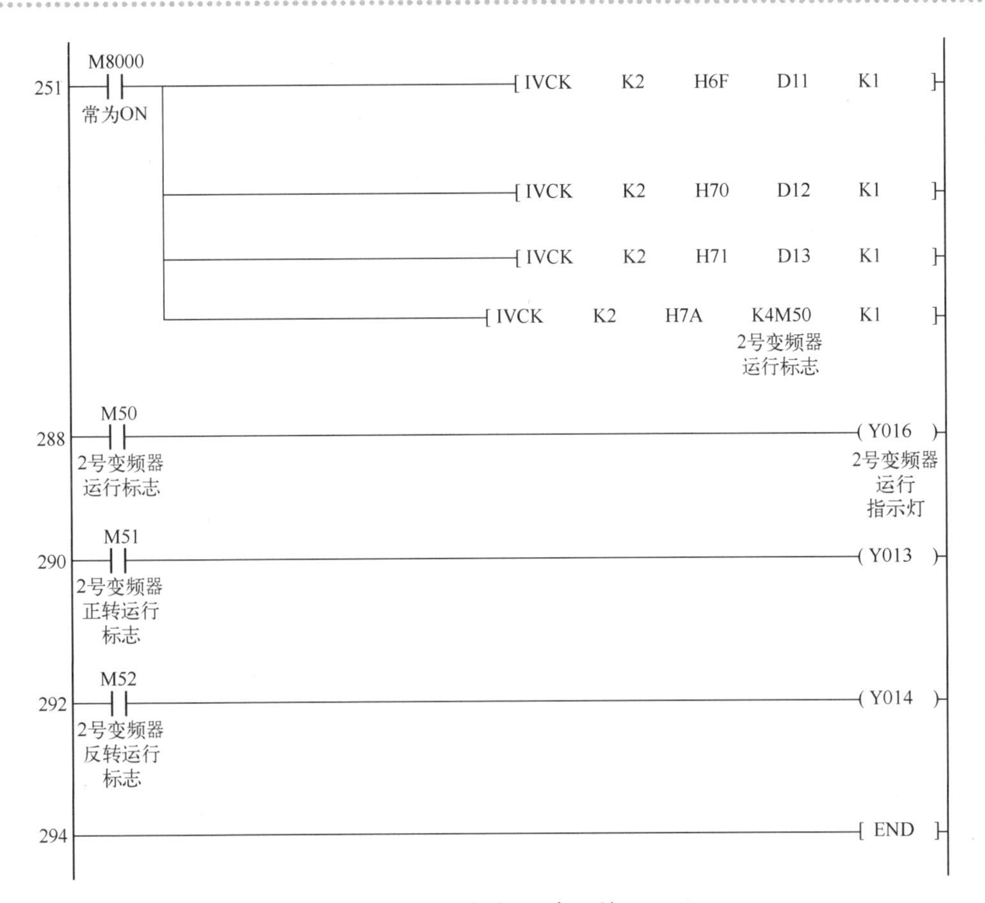

图 8.52　课题 3 程序（续）

（3）系统调试。

检查控制系统的硬件接线是否与图 8.51 一致；检查接线端子的压接情况；观察接线是否有松脱现象。只有在硬件电路经确认正常后，系统才可以上电调试运行。

① 通信设置。

由于课题 3 的通信设置过程与课题 1 的通信设置过程相似，所以此过程的叙述省略。

② 功能调试。

【第一步】启动 1 号变频器正转运行。

操作过程：点动按压外设的 1 号变频器的正转启动按钮或触碰触摸屏上的正转启动按钮，启动 1 号变频器正转运行。

观察项目：观察 PLC 面板上的指示灯；观察变频器操作单元上的指示灯和显示器上显示的字符；观察电动机的转向和转速。

现场状况：PLC 的 Y2 指示灯点亮；1 号变频器的 FWD 指示灯点亮，显示器上显示的字符为当前值；触摸屏显示输出频率、输出电流和输出电压的当前值；1 号电动机正向旋转。

【第二步】精细调节 1 号变频器的输出频率。

操作过程：旋转触摸屏上 1 号变频器的速度调节旋钮。

观察项目：观察 PLC 面板上的指示灯；观察变频器操作单元上的指示灯和显示器上显示的字符；观察电动机的转向和转速。

现场状况：PLC 的 Y2 指示灯点亮；1 号变频器的 FWD 指示灯点亮，显示器上显示的字符为当前值；触摸屏显示输出频率、输出电流和输出电压的当前值；电动机正向旋转。结论是 1 号变频器的输出频率和 1 号电动机的转速均可以连续调节。

【第三步】启动 1 号变频器反转运行。

操作过程：点动按压外设的 1 号变频器的反转启动按钮或触碰触摸屏上的反转启动按钮，启动 1 号变频器反转运行。

观察项目：观察 PLC 面板上的指示灯；观察变频器操作单元上的指示灯和显示器上显示的字符；观察电动机的转向和转速。

现场状况：PLC 的 Y3 指示灯点亮；1 号变频器的 REV 指示灯点亮，显示器上显示的字符为当前值；触摸屏显示输出频率、输出电流和输出电压的当前值；1 号电动机反向旋转。

【第四步】停止 1 号变频器运行。

操作过程：点动按压外设的 1 号变频器的停止按钮或触碰触摸屏上的停止按钮，停止 1 号变频器运行。

观察项目：观察 PLC 面板上的指示灯；观察变频器操作单元上的指示灯和显示器上显示的字符；观察电动机的转向和转速。

现场状况：PLC 的 Y3 指示灯熄灭；1 号变频器的 REV 指示灯熄灭，显示器上显示的字符为“0.00”；触摸屏显示当前的各项输出值（均为 0）；1 号电动机停止旋转。

【第五步】急停 1 号变频器。

操作过程：触碰触摸屏上的 1 号变频器和 2 号变频器的正转启动按钮，启动 1 号和 2 号变频器正转运行。待系统运行进入稳态后，点动按压外设的急停按钮或触碰触摸屏上的急停按钮，紧急停止 1 号和 2 号变频器的运行。

观察项目：观察 PLC 面板上的指示灯；观察变频器操作单元上的指示灯和显示器上显示的字符；观察电动机的转向和转速。

现场状况：PLC 的 Y2 和 Y4 指示灯熄灭；1 号和 2 号变频器的 FWD 指示灯熄灭、1 号和 2 号变频器的显示器上显示的字符均为“0.00”；触摸屏显示当前的各项输出值（均为 0）；电动机处于停止状态。

【第六步】调试 2 号变频器。

由于 2 号变频器与 1 号变频器的调试过程相似，所以此过程的叙述省略。

【工程素质培养】

1. 职业素质培养要求

本次实训的硬件接线首次涉及通信线的连接。由于 FX_{3G}-485-BD 通信板与 FR-A740 变频器之间的信号线采用调换位置专用网线，因此，为防止接线错误，可将网线端头上多余的线芯剪断。接线时应注意区分线芯颜色，养成严谨细致的工作习惯。为防止通信接口损坏，通信板不能带电拔插和接线，养成规范安全的操作习惯。

2. 专业素质培养问题

问题 1：在通信控制程序成功下传以后，发现通信板上的 SD 指示灯和 RD 指示灯均不亮。

解答：出现这种现象的原因可能是通信板和 PLC 通信口接触不良，也可能是通信板损坏或 PLC 通信口损坏。在实践中，往往是前一种情况发生的概率较大。

问题2：在通信控制程序成功下传以后，发现通信板上的 SD 指示灯和 RD 指示灯虽然闪烁，但变频器上的 NET 指示灯始终不亮。

解答：出现这种现象的原因可能是通信系统的参数设置错误，应分别检查 PLC 和变频器的通信参数设置是否正确、是否有遗漏。

问题3：当 PLC 以通信方式控制多台变频器运行时，发现只有第一台变频器的 NET 指示灯点亮，其余各台变频器的 NET 指示灯均不亮。

解答：出现这种现象的原因除变频器的通信参数设置可能有错误以外，还可能是各台变频器之间的通信硬件接线有错误，较常见的接线错误如图 8.53 所示。

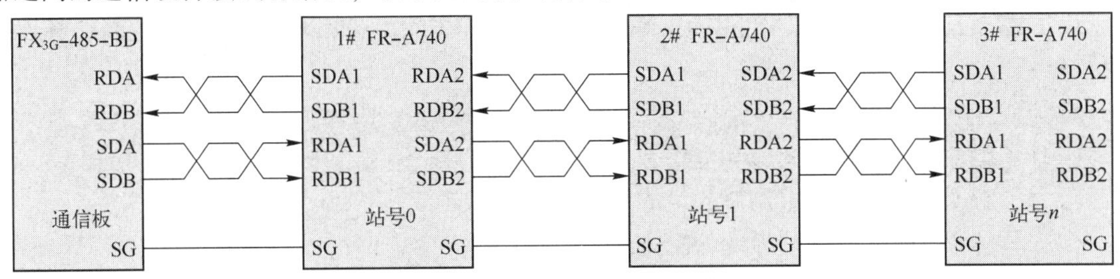

图 8.53　串行通信接线错误

问题4：当 PLC 以通信方式控制两台变频器运行时，发现即使在通信正常的情况下，变频器的运行状态也不受 PLC 的控制。

解答：出现这种现象的原因可能是变频器的站号设置错误，应检查变频器的实际站号与通信程序中的编号是否一致。

问题5：在调试如图 8.44 所示的程序时，如果将频率设定值的寻址方式由直接赋值改为间接赋值，则会发现变频器的输出频率和电动机的转速都不能调节。

解答：这是因为在图 8.44 中，中间继电器 M10 的常开触点只在通信阶段会短暂闭合，而在通信结束后又恢复分断状态。在这种情况下，如果采用间接赋值方式，则新的频率设定值不能被写入变频器中，所以变频器的输出频率和电动机的转速都不能调节。

3. 解答工程实际问题

问题情境：PLC 既可以采用模拟量控制方式，又可以采用 RS-485 通信控制方式对变频器的输出频率实施精细调节，而且这两种控制方式的频率调节精度都很高。

实际问题：在实际工程应用中，为什么多采用 RS-485 通信控制方式呢?

工程答案：随着电气传动控制技术的发展，PLC 采用模拟量控制变频器的方式逐渐被 RS-485 通信控制方式取代。这是因为，从成本造价的角度来看，1 块三菱 FX_{2N}-5A 模块的市场价格是 1360 元，而 1 块三菱 FX_{3G}-485-BD 通信板的市场价格只有 200 元。从系统组成的角度来看，1 块三菱 FX_{2N}-5A 模块只能控制 1 台变频器，而 1 块三菱 FX_{3G}-485-BD 通信板能同时控制 32 台变频器。从信号传输的角度来看，模拟信号的传输距离较近，一般只有几十米，而且信号在传输过程中容易受到干扰，影响系统工作的稳定性，相反，通信信号的传输距离较远，最远可达 3km，而且信号在传输过程中不容易受到干扰，系统工作的稳定性较强。从控制性能的角度来看，RS-485 通信控制方式很容易对变频器的运行参数和运行状态进行实时精确的监视，而模拟量控制方式则很难做到。从网络控制的角度来看，RS-485 通信控制方式很容易实现上位机与变频器之间的通信，形成一个以 PLC 为核心的工控网络。

任务9　PLC网络控制变频器运行操作训练

【任务要求】

以CC-Link网络通信方式控制变频器运行为训练任务，通过对CC-Link基础知识的学习，使学生了解CC-Link网络的架构和应用，进而掌握PLC以CC-Link网络通信方式控制变频器运行的方法。

1. 知识目标

（1）了解CC-Link网络架构和应用

（2）了解CC-Link网络占用站的组成和作用

（3）了解CC-Link网络站号的分配方法

（4）了解CC-Link通信模块的结构和作用

（5）了解CC-Link网络配置和设置的方法。

2. 技能目标

（1）能完成CC-Link通信网络的硬件接线。

（2）认识主站和从站通信模块；能正确设置站号和数据传输速度。

（3）能正确设置主站PLC的CC-Link网络参数。

（4）能正确设置从站变频器的CC-Link网络参数。

（5）能建立CC-Link网络通信链接。

（6）能以CC-Link网络通信方式控制变频器运行。

【知识储备】

CC-Link（Control and Communication Link，控制与通信链路）是一种源于亚洲的开放式现场总线，这种总线具有通信速度快、数据容量大、使用简单、通信稳定性高、使用范围广等特点。CC-Link主要应用在设备层，它既可以对设备层的各站点设备进行有效的控制，又可以对设备层的数据进行高效的传输。

1. CC-Link通信网络结构

在工业生产中，通过CC-Link可以将现场电气设备的通信和控制链接在一起，搭建一种基于设备层级的工业控制通信网络，如图9.1所示。CC-Link网络由1个主站和若干从站构成：主站负责控制整个网络中的所有从站，具有唯一性，站号固定为0号，通常由中大型PLC担当；从站有远程I/O站、远程设备站、智能设备站、本地站、备用主站等类型，不具有唯一性，站号也不固定，通常由PLC、远程I/O模块 、人机界面、变频器及机器人等设备担当。

在CC-Link网络中，各站的功能如表9.1所示。

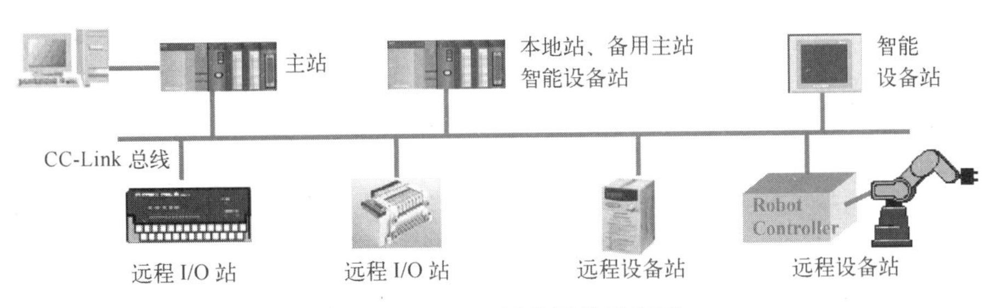

图 9.1　CC-Link 网络架构示意图

表 9.1　CC-Link 各站的功能

名　称	功能描述
主站	主站负责控制所有的远程 I/O 站、远程设备站、智能设备站和本地站
远程 I/O 站	远程 I/O 站仅能处理 bit 数据，只能与主站做远程输入 RX 和远程输出 RY 通信
远程设备站	远程设备站能处理 bit 数据和 Word 数据，与主站既能做远程输入 RX 和远程输出 RY 通信，又能做远程写 RWw 和远程读 RWr 通信，但不可以执行瞬时传送功能
智能设备站	智能设备站的基本功能与远程设备站的功能一样，但它可以执行瞬时传送功能
本地站	本地站能与主站及其他本地站进行通信
备用主站	当主站正常工作时，它相当于一个本地站；当主站出现故障时，它能替代主站进行相应的控制

2. 主站通信模块

在 CC-Link 网络中，每个站点都需要适配一个 CC-Link 模块，如图 9.2 所示。各站点设备必须通过通信模块才能进行数据传送与运行控制。

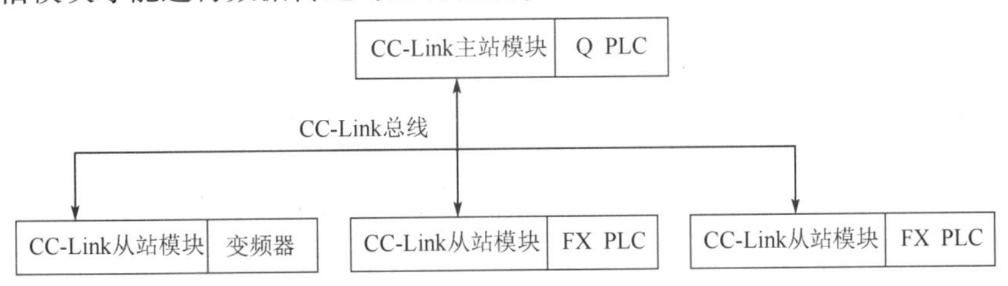

图 9.2　CC-Link 网络结构图

(1) 主站通信模块的结构。

三菱 Q 系列 CC-Link 主站通信模块的型号为 QJ61BT11N，现场使用情况如图 9.3 所示，其各部分名称及设定如图 9.4 所示。

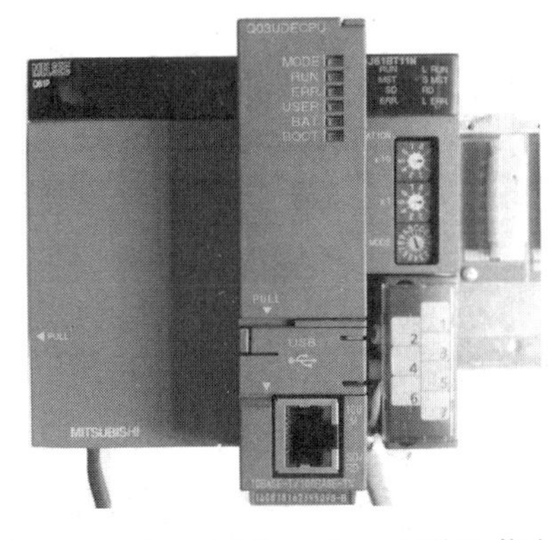

图 9.3　三菱 Q 系列 CC-Link 网络通信主站

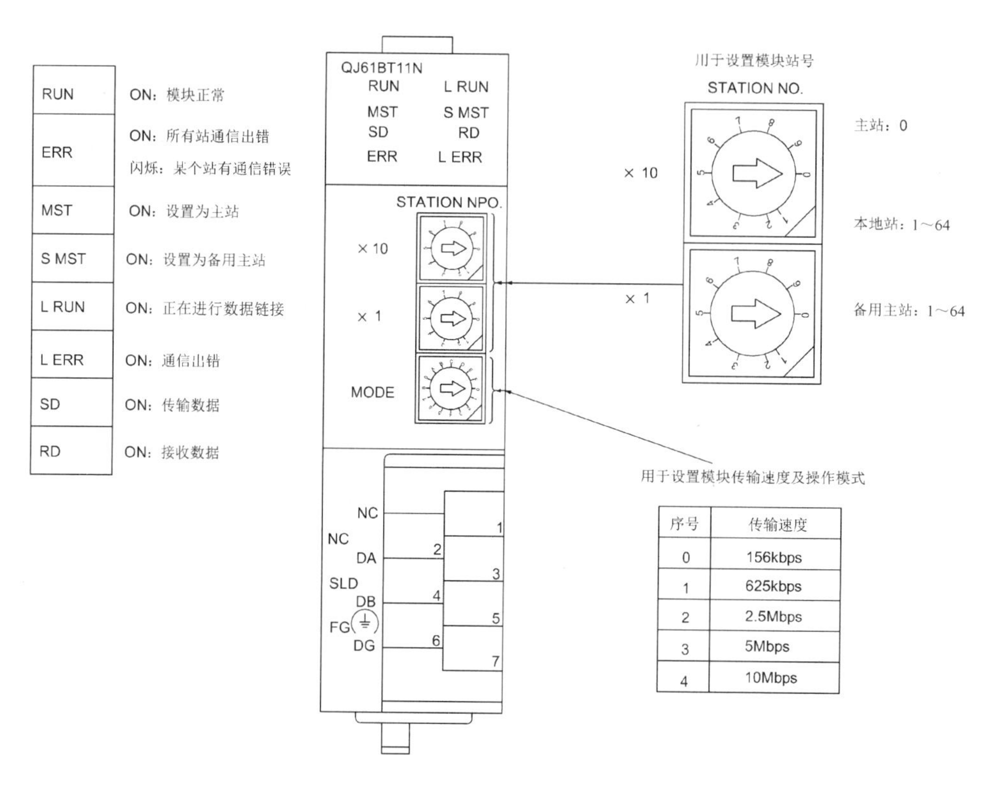

图 9.4　QJ61BT11N 模块各部分名称及设定

【实操经验】

为了实际应用方便，一般将主站通信模块安装在 PLC 的最后一个扩展模块上，如图 9.5 所示，这样可以方便计算 CC-Link 通信中各模块的缓冲存储区地址，避免出现缓冲存储区地址设置错误等问题。

【注意事项】

QJ61BT11N 模块站号设定有两个码盘：一个用来设定十位数，另一个用来设定个位数，两者不能颠倒，防止设置错误。

QJ61BT11N 模块接口如图 9.4 所示，DA 端子和 DB 端子用以传输信号；DG 端子接地，SLD 端子用以接屏蔽层；SLD 端子和 FG 端子在模块内连接；NC 端子是空端子，无意义。QJ61BT11N 模块实物接线如图 9.6 所示。

（2）占用站。

从 CC-Link 通信的角度来看，主站通信模块由若干占用站组成，QJ61BT11N 模块有 64 个占用站。如图 9.7 所示，每个占用站有 32 个远程输入 RX、32 个远程输出 RY、4 个 16 位的远程写寄存器 RWw 和 4 个 16 位的远程读寄存器 RWr。以模块的前 10 个占用站为例，远程资源地址分配如表 9.2 所示。

图 9.5　主站通信模块安装位置

图 9.6　QJ61BT11N 模块实物接线

远程输入RX
RX00～RX0F
RX10～RX1F

远程输出RY
RY00～RY0F
RY10～RY1F

远程寄存器RWr
RWr0
RWr1
RWr2
RWr3

远程寄存器RWr
RWw0
RWw1
RWw2
RWw3

图 9.7　占用站的资源

表 9.2　远程资源地址分配

占用站序号	远程输入 RX 假设首址 X0	远程输出 RY 假设首址 Y0	远程读寄存器 Rwr 假设首址 W0	远程写寄存器 RwW 假设首址 W200
1	X0～XF	Y0～YF	W0～W3	W200～W203
	X10～X1F	Y10～Y1F		
2	X20～X2F	Y20～Y2F	W4～W7	W204～W207
	X30～X3F	Y30～Y3F		
3	X40～X4F	Y40～Y4F	W8～WB	W208～W20B
	X50～X5F	Y50～Y5F		
4	X60～X6F	Y60～Y6F	WC～WF	W20C～W20F
	X70～X7F	Y70～Y7F		
5	X80～X8F	Y80～Y8F	W10～W13	W210～W213
	X90～X9F	Y90～Y9F		
6	XA0～XAF	YA0～YAF	W14～W17	W214～W217
	XB0～XBF	YB0～YBF		
7	XC0～XCF	YC0～YCF	W18～W1B	W218～W21B
	XD0～XDF	YD0～YDF		
8	XE0～XEF	YE0～YEF	W1C～W1F	W21C～W21F
	XF0～XFF	YF0～YFF		

续表

占用站序号	远程输入RX 假设首址X0	远程输出RY 假设首址Y0	远程读寄存器Rwr 假设首址W0	远程写寄存器RwW 假设首址W200
9	X100～X10F	Y100～Y10F	W20～W23	W220～W223
	X110～X11F	Y110～Y11F		
10	X120～X12F	Y120～Y12F	W24～W27	W224～W227
	X130～X13F	Y130～Y13F		

在CC-Link网络中，从站最少占用1个占用站、最多占用4个占用站。主站Q PLC与从站变频器的通信数据较少，1台变频器只占用1个占用站，这个占用站的远程输入RX和远程输出RY有特定的作用，如表9.3所示；这个占用站的远程写寄存器RWw和远程读寄存器RWr也有特定的作用，如表9.4所示。

表9.3　远程输入RX和远程输出RY的特定作用

主站至变频器的控制信号		变频器至主站的反馈信号	
地址编号	作　用	地址编号	作　用
RY0	正转命令	RX0	正转中
RY1	反转命令	RX1	反转中
RY2	高速运行指令	RX2	运行中
RY3	中速运行指令	—	—
RY4	低速运行指令	—	—
RY5	点动运行命令	—	—
RYD	频率设定指令	—	—
RY10～RY17	用户不能使用	RX10～RX17	用户不能使用

表9.4　远程写寄存器RWw和远程读寄存器RWr的特定作用

主站至变频器的控制信号		变频器至主站的反馈信号	
RW*wn*	—	RW*rn*	—
RWw（*n*+1）	设定变频器运行频率	RWr（*n*+1）	读取变频器运行频率
RWw（*n*+2）	—	RWr（*n*+2）	—
RWw（*n*+3）	—	RWr（*n*+3）	—

在CC-Link网络中，站号是识别CC-Link网络通信设备的唯一标志，主站的站号固定为0号；从站的站号以该从站首个占用站的序号作为该从站的站号。站号分配举例如图9.8所示。

占用站序号	1	2	3	4	5	6	7	8	9	10	11
站号	1	2		4			7				11
设备序号	1	2		3			4				5

图9.8　站号分配举例

【实操经验】

为了实际操作和安装方便，如果无特殊要求，则在工程上，站号的编制原则通常是从小到大进行的，且站号唯一、不重复。当然，也可以按照实际应用的特殊需求进行站号分配。

3. 从站变频器通信模块

三菱 FR-A740 变频器的从站模块型号为 FR-A7NC，其结构如图 9.9 所示。

图 9.9　FR-A7NC 从站模块的结构

在 FR-A7NC 从站模块的端子排上有 5 个接口，如图 9.10 所示。其中，DA 端子和 DB 端子用以传输信号；DG 端子用以接地；SLD 端子用以接屏蔽层；SLD 端子和 FG 端子在模块内部连接。模块的端子排采用可拆卸式结构，可将已连接好的端子排直接插到模块电路板上。

FR-A7NC 从站模块面板如图 9.11 所示，面板上的 LED 指示灯用以显示网络的链接状态。FR-A7NC 从站模块 LED 状态显示说明如表 9.5 所示。

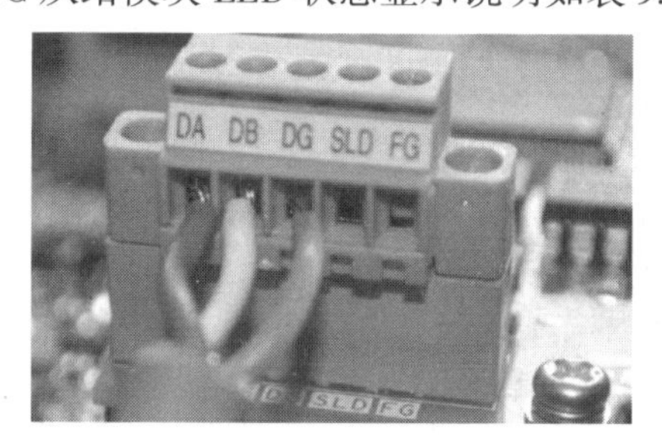

图 9.10　FR-A7NC 从站模块接口

图 9.11　FR-A7NC 从站模块面板

表 9.5　FR-A7NC 从站模块 LED 状态显示说明

LED 名称	含　义
RUN	ON：模块正常
L. RUN	ON：本站数据链接执行中，数据传输停止一段时间后熄灭
L. ERR	ON：本站通信故障
SD	ON：发送数据
RD	ON：接收数据

4. CC-Link 网络配置

（1）CC-Link 模块硬件接线。

CC-Link 网络使用内有三芯、外有屏蔽的专用电缆，蓝色导线连接数据端子 DA，白色导线连接数据端子 DB，黄色导线连接接地端子 DG，屏蔽层连接端子 SLD，SLD 端子和 FG 端子在内部连接，如图 9. 12 所示。

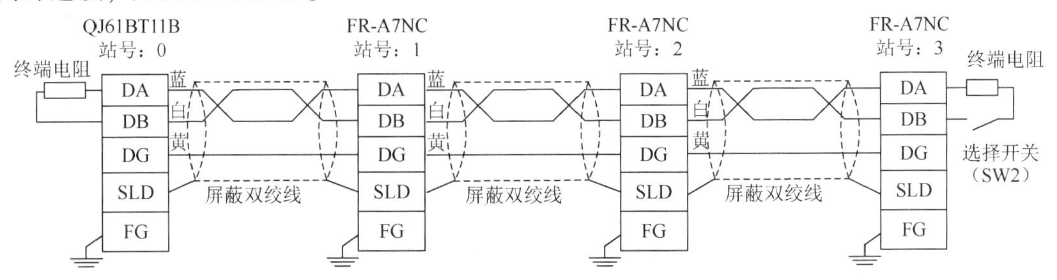

图 9. 12　QJ61BT11N 主站模块与变频器接线示意图

【实操经验】

在进行 CC-Link 接线时，请务必在各模块电源为 OFF 的状态下连接电缆。为了实际操作和安装方便，如果无特殊要求，则在工程上将从站按照由近到远的顺序进行接线。

为提高 CC-Link 网络数据传输的抗干扰能力，需要在主站和网络最远终端连接终端电阻，如图 9. 12 所示。如果网络采用的是专用线缆，则 DA 端子和 DB 端子之间接 130Ω 的终端电阻；如果网络采用的是普通线缆，则 DA 端子和 DB 端子之间接 110Ω 的终端电阻。

在 FR-A7NC 从站模块上，有一个终端电阻选择开关，如图 9. 13 所示。如果变频器处在中间站位置，则不需要接入终端电阻；如果变频器处在终端站位置，则需要接入终端电阻，具体接法参照表 9. 6。

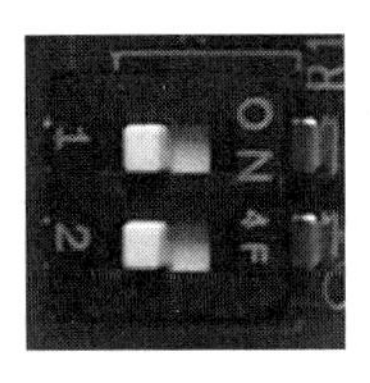

图 9. 13　终端电阻选择开关

表 9. 6　FR-A7NC 从站模块终端电阻的设置

SW2	1	2	说　明
OFF 1 2	OFF	OFF	无终端电阻
OFF 1 2	OFF	ON	130Ω
OFF 1 2	ON	ON	110Ω

【工程实践】

虽然 A740 变频器有内置的终端电阻，但在 FR-A7NC 从站模块的包装物中仍然附带了 1 个 110Ω 和 1 个 130Ω 的终端电阻，这些电阻是生产商专门为主站和终端站接终端电阻准备的，目的是方便用户现场选用，千万不要觉得无用不接，更不要随意丢弃。

（2）CC-Link 主站模块设定。

如图 9.4 所示，QJ61BT11N 模块有两个站号设定码盘，其中“×10”的码盘用于设定站号的十位数，×1 的码盘用于设定站号的个位数，QJ61BT11N 模块通常作为主站，其站号应设定为 0 号，因此两个码盘的指针都应指向 0 位。

如图 9.4 所示，在 QJ61BT11N 模块传输速度码盘上设有多个刻度，这些刻度分别对应不同的数据传输速度。例如，将指针指向 0 位，设定的传输速度为 156 kbps。

【注意事项】

① 在设定站号时，指针一定要对准码盘上的数字。若指针偏离数字，则不能正常通信，如图 9.14 所示。

② 在设定传输速度时，所有站的设定值必须相同，否则会出现 CC-Link 网络通信异常，无法进行数据链接的现象。

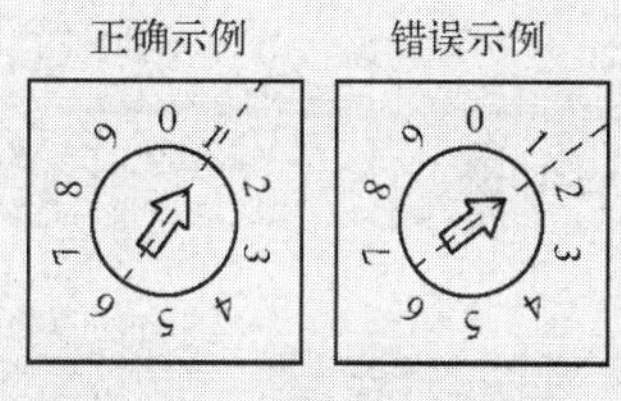

图 9.14　设定站号举例

（3）主站 PLC 的 CC-Link 网络参数设置。

主站 PLC 的网络参数需要在三菱 GX Works2 编程软件中进行设置。假设远程输入 RX 的首地址为 X100、远程输出 RY 的首地址为 Y100、远程读寄存器 RWr 的首地址为 W0、远程写寄存器 RWw 的首地址为 W200、总连接台数为 2、站类型为智能设备站，主站 PLC 的 CC-Link 网络参数设置过程如图 9.15 所示。

（4）变频器从站参数设置。

FR-A740 变频器的参数设置如表 9.7 所示。

表 9.7　FR-A740 变频器的参数设置

参　数　号	名　　称	设　定　值
Pr. 79	运行模式选择	6
Pr. 338	通信运行指令权	0
Pr. 339	通信速率指令权	0
Pr. 340	通信启动模式选择	10
Pr. 349	通信复位选择	0
Pr. 500	通信异常执行等待时间	1
Pr. 502	通信异常时停止模式选择	0
Pr. 542	通信站号	1～64
Pr. 543	通信速率选择	0（156kbps）

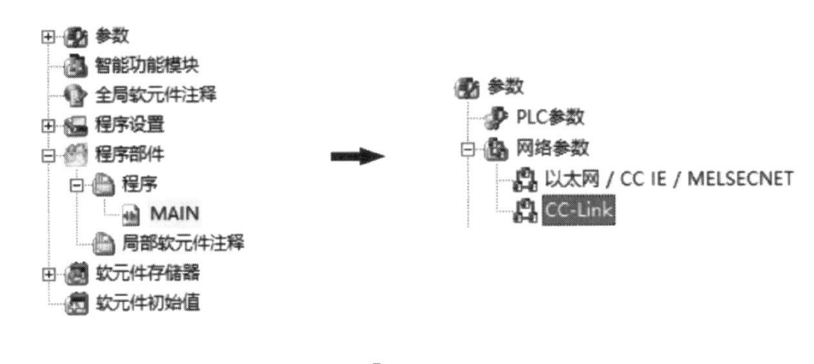

通信参数设置

站信息设置

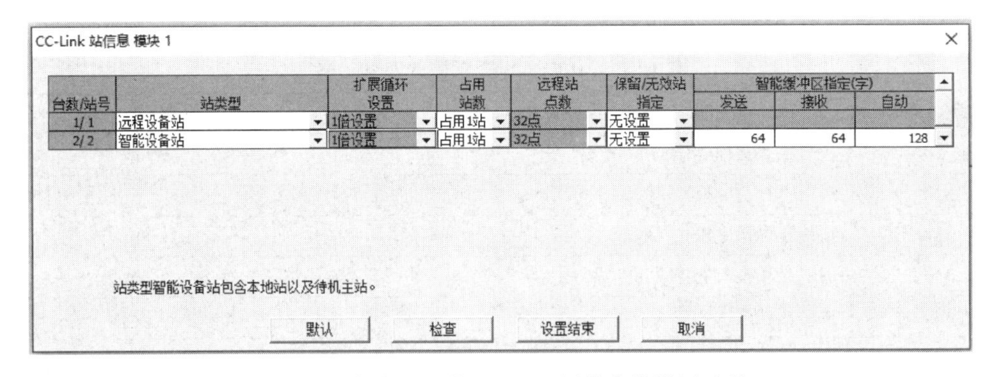

图 9.15　主站 PLC 的 CC-Link 网络参数设置过程

（5）执行数据链接。

在完成 CC-Link 网络系统中所有站点的模块设定和 PLC 的网络参数设置后，需要检测 CC-Link 网络是否链接成功。先将 PLC 的 CC-Link 网络参数设置下载到主站 PLC 中，写入以后掉电。检查所有远程站的硬件设置和接线是否正确，正确无误后接通所有从站电源，最后接通主站电源。观察主站和从站指示灯的状态，如果 CC-Link 网络设备链接正常，主站 L. RUN 等指示灯点亮，如图 9.16 所示；如果 CC-Link 网络设备链接异常，则可以通过编程软件 GX Works2 的 CC-Link 诊断功能检测通信异常模块的站号和设置情况，如图 9.17 所示。

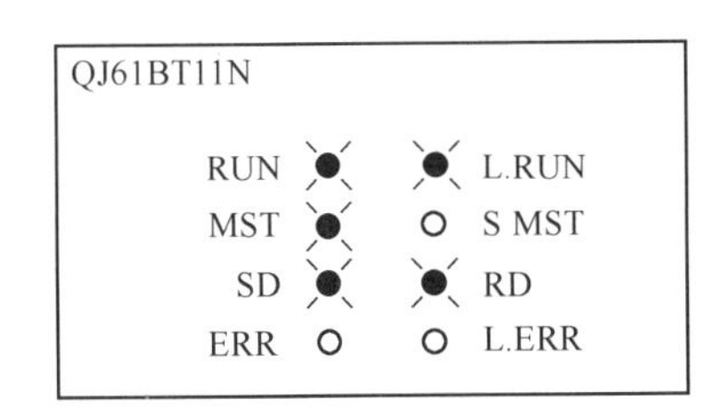

图 9.16　主站模块 LED 正常状态显示

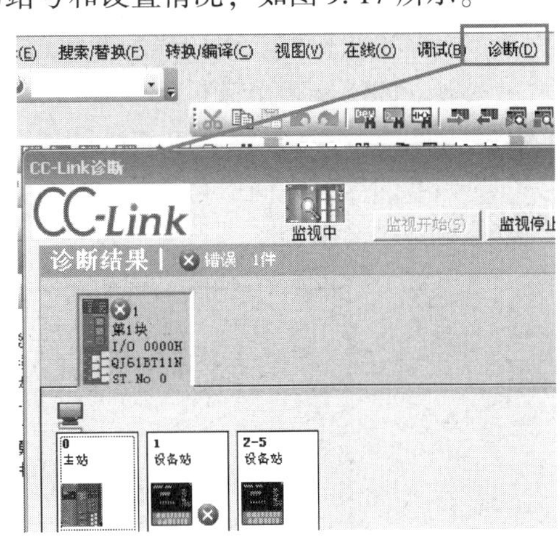

图 9.17　CC-Link 诊断

【工程实践】

由于工业现场的电磁干扰比较大，因此，很可能会使 CC-Link 网络通信不稳定。为了解决这个问题，可以采用如下措施：在网络终端连接终端电阻；降低网络的数据传输速度；使用高性能专用通信电缆；电源线和通信线分开布线。

【任务实施】

1. 实训器材

(1) 三菱 FR-A740 系列变频器，型号为 FR-A740-0.75K-CHT，2 台/组。

(2) 三菱 Q 系列 PLC，包括 Q02UDECPU、电源模块 Q61P 和基板 Q38B，1 套/组。

(3) CC-Link 主站模块，型号为三菱 QJ61BT11N，1 块/组。

(4) CC-Link 从站模块，型号为三菱 FR-A7NC，2 块/组。

(5) 触摸屏，型号为昆仑通态 TPC1163KX，1 个/组。

(6) 三相异步电动机，型号为 A05024、功率为 60W，2 台/组。

(7) 电工常用仪表和工具，1 套/组。

(8) 对称三相交流电源，线电压为 380V，2 个/组。

2. 实训步骤

课题 1　PLC 通过 CC-Link 控制 1 台变频器运行。

(1) 控制要求。

已知变频器通信站号为 1，网络传输速率为 5 Mbps，远程输入 RX 的首地址为 X100，远程输出 RY 的首地址为 Y100，远程读寄存器 RWr 的首地址为 W0，远程写寄存器 RWw 的首地址为 W200，组态界面如图 9.18 所示。

基本要求如下。

① 根据 CC-Link 网络要求，对本课题的通信网络进行设置。

② 编写通信控制程序，并将控制程序下载到主站 PLC 中。

③ 当按压启动按钮时，PLC 控制变频器输出 30Hz 的频率，电机正转运行。

④ 当按压停止按钮时，PLC 控制变频器停止输出，电机停止运行。

⑤ 对变频器的输出频率进行实时监视。

进阶要求如下。

① 对变频器的运行方向进行选择。

② 对变频器的输出频率进行精细调节。

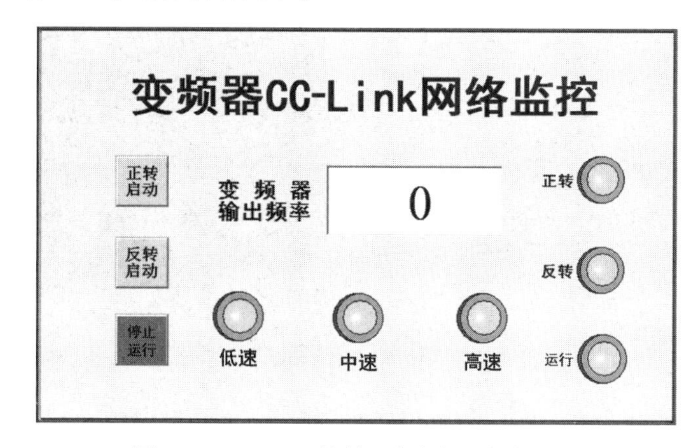

图 9.18　CC-Link 控制 1 台变频器运行组态

（2）控制系统设计。

根据控制要求编制 PLC 的输入地址分配表，如表 9.8 所示；编制 CC-Link 远程软元件地址分配表，如表 9.9 所示；主站和从站连接示意图如图 9.19 所示；主站模块和从站模块之间的硬件接线如图 9.20 所示；满足基本要求的梯形图程序如图 9.21 所示；满足进阶要求的梯形图程序如图 9.22 所示。

表 9.8　PLC 的输入地址分配表 1

设 备 名 称	PLC 地址	触摸屏地址
正转按钮	X0	M0
反转按钮	X1	M1
停止按钮	X2	M2
正转指示灯	Y0	—
反转指示灯	Y1	—
运行指示灯	Y2	—
频率设置单元	D0	—
频率反馈单元	D10	—

表 9.9　CC-Link 远程软元件地址分配表 1

设　备	占用站	远程 RX	远程 RY	远程 RWr	远程 RWw	作　用
变频器	1 号占用站	X100	—	—	—	正转中
		X101	—	—	—	反转中
		X102	—	—	—	运行中
		—	—	W1	—	读频率
		—	Y100	—	—	正转运行
		—	Y101	—	—	反转运行
		—	Y102	—	—	高速运行（默认 50Hz）
		—	Y103	—	—	中速运行（默认 30Hz）
		—	Y104	—	—	低速运行（默认 10Hz）
		—	Y10D	—	—	频率设定有效
		—	—	—	W201	写频率

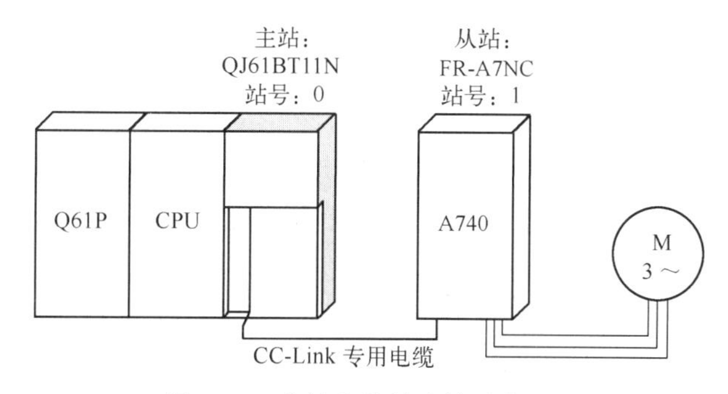

图 9.19　主站和从站连接示意图 1

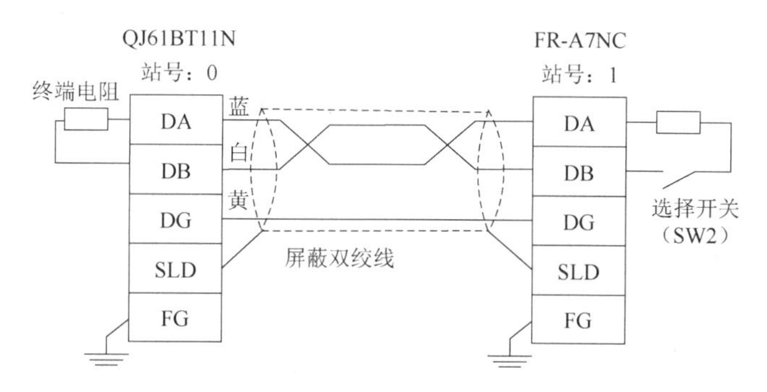

图 9.20　主站模块和从站模块之间的硬件接线 1

（3）CC-Link 网络设置。

① QJ61BT11N 主站模块参数设置。

【第一步】设置主站站号。

操作过程：旋转模块的站号码盘指针，均将指针对准 0 位，如图 9.23 所示。

【第二步】设置主站通信速率。

操作过程：旋转模块的传输速度码盘指针，将指针对准 3 位，如图 9. 23 所示。

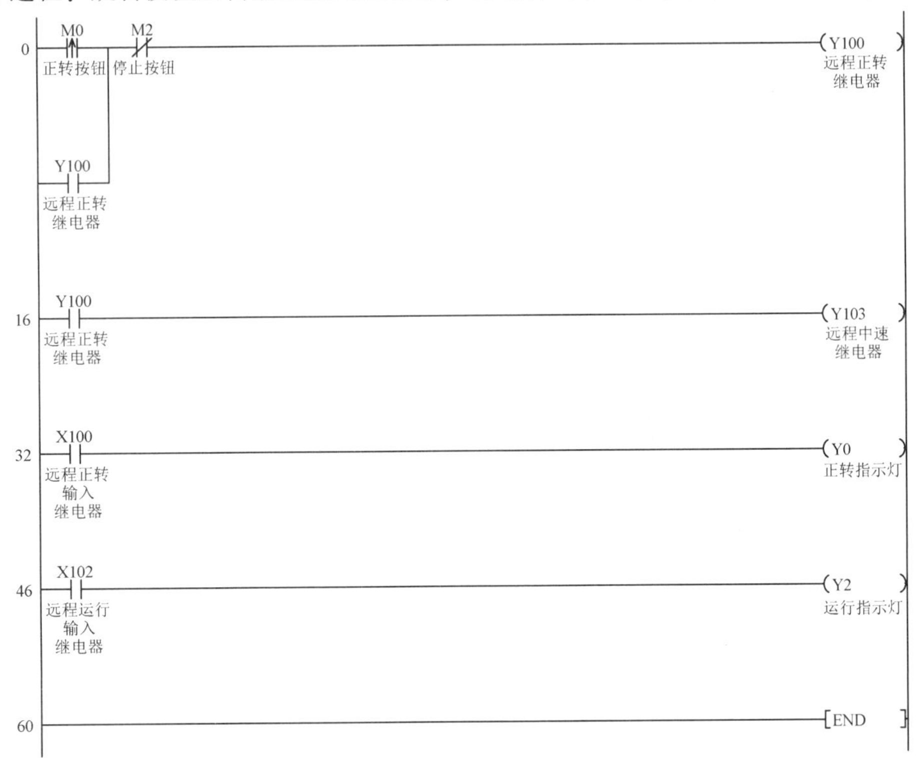

图 9. 21 课题 1 基本程序

0
M0
正转按钮
M2
停止按钮
M1
反转按钮
Y100
正转
Y100
正转
19
M1
反转按钮
M2
停止按钮
M0
正转按钮
Y101
反转
Y101
反转

图 9. 22 课题 1 进阶程序

```
38   Y100 正转 ──┬──────────────[MOV  D0   W201 频率设定单元]
     Y101 反转 ──┤──────────────(Y10D)
                 └──────────────[MOV  W1 运行频率单元  D10]
81   X100 ────────────────────────(Y0 正转指示灯)
92   X101 ────────────────────────(Y1 反转指示灯)
103  X102 ────────────────────────(Y2 运行指示灯)
114  ─────────────────────────────[END]
```

图 9. 22　课题 1 进阶程序（续）

图 9. 23　主站模块设置

② 变频器参数设置。

【第一步】恢复出厂设置。

操作过程：将变频器上电，点击操作面板上的编程键，进入功能参数设置状态，对变频器进行初始化设置。

【第二步】参数设置。

操作过程：将功能参数 Pr. 542（变频器站号）设置为 1，将功能参数 Pr. 543（传输速度）

设置为3，将功能参数 Pr. 340（网络模式）设置为1，将功能参数 Pr. 79 设置为0，设置完成后断电。

③ PLC 参数设置。

【第一步】设置网络参数。

操作过程：基本程序的 PLC 参数设置如图 9.24 所示，进阶程序的 PLC 参数设置如图 9.25 所示：将模块数设置为 1；将“起始 I/O 号”设置为“0000”；将“总连接台数”设置为“1”；将“远程输入（RX）刷新软元件”设置为“X100”；将“远程输出（RY）刷新软元件”设置为“Y100”；将“远程寄存器（RWr）刷新软元件”设置为“W0”；将“远程寄存器（RWw）刷新软元件”设置为“W200”。

	1
起始I/O号	0000
运行设置	运行设置
类型	主站
数据链接类型	主站CPU参数自动起动
模式设置	远程网络(Ver.1模式)
总连接台数	1
远程输入(RX)刷新软元件	X100
远程输出(RY)刷新软元件	Y100
远程寄存器(RWr)刷新软元件	
远程寄存器(RWw)刷新软元件	

图 9.24　基本程序的 PLC 参数设置

	1
起始I/O号	0000
运行设置	运行设置
类型	主站
数据链接类型	主站CPU参数自动起动
模式设置	远程网络(Ver.1模式)
总连接台数	1
远程输入(RX)刷新软元件	X100
远程输出(RY)刷新软元件	Y100
远程寄存器(RWr)刷新软元件	W0
远程寄存器(RWw)刷新软元件	W200

图 9.25　进阶程序的 PLC 参数设置

【第二步】设置站信息。

操作过程：如图 9.26 所示，将“站类型”设置为“智能设备站”；将“占用站数”设置为“占用1站”。

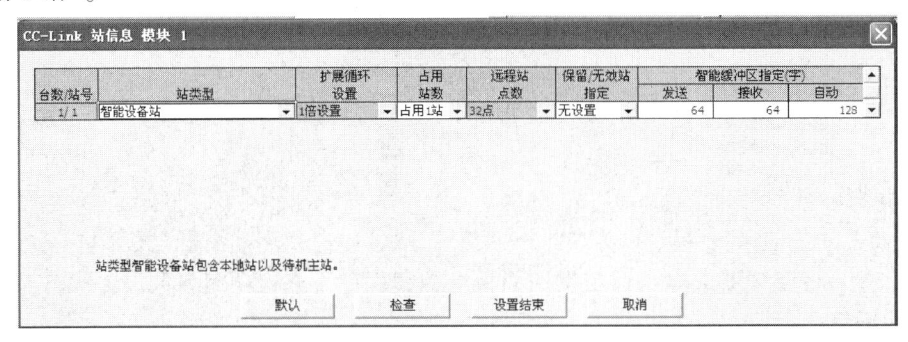

图 9.26　站信息设置 1

（4）CC-Link 通信链接调试。

首先检查 CC-Link 网络的硬件接线是否正确、端子是否压实，硬件检查无误后，将主站 PLC 上电，将图 9.21 所示的程序下载到 PLC 中，写入后掉电，准备调试。

操作过程：闭合空气断路器，先将变频器上电，再将 PLC 上电。

观察项目：观察 PLC 面板、主站模块和从站模块指示灯的状况；观察变频器操作单元上的指示灯和显示器上显示的字符；观察电动机的转向和转速。

现场状况：PLC 的 POW 和 RUN 指示灯点亮；QJ61BT11N 模块的 RUN、L. RUN、MST、SD 和 RD 指示灯点亮；变频器的 MON 和 NET 指示灯点亮，显示器上显示的字符为“0. 00”；电动机没有旋转；FR-A7NC 从站模块的 RUN、L. RUN、SD 和 RD 指示灯点亮。

（5）基本功能调试。

【第一步】启动正转。

操作过程：点动正转按钮。

观察项目：观察变频器操作单元上的指示灯和显示器上的显示字符；观察电动机的转向和转速。

现场状况：变频器的 FWD 指示灯常亮，电动机正向旋转，显示器上显示的字符为“30. 00”。

【第二步】停止运行。

操作过程：点动停止按钮。

观察项目：观察变频器操作单元上的指示灯和显示器上显示的字符；观察电动机的转向和转速。

现场状况：变频器的 FWD 指示灯熄灭，显示器上显示的字符为“00. 00”；电动机停止旋转。

（6）进阶功能调试。

【第一步】建立通信链接。

操作过程：将图 9.22 所示的程序下载到 PLC 中，写入后掉电。

操作过程：闭合空气断路器，先将变频器上电，再将 PLC 上电。

观察项目：观察 PLC 面板、主站模块和从站模块指示灯的状况；观察变频器操作单元上的指示灯和显示器上显示的字符；观察电动机的转向和转速。

现场状况：PLC 的 POW 和 RUN 指示灯常亮；QJ61BT11N 模块的 RUN、L. RUN、MST、SD 和 RD 指示灯常亮；变频器的 MON 和 NET 指示灯常亮，显示器上显示的字符为“00. 00”；FR-A7NC 从站模块的 RUN、L. RUN、SD 和 RD 指示灯常亮；电动机没有旋转。

【第二步】启动正转。

操作过程：点动正转按钮。

观察项目：观察变频器操作单元上的指示灯和显示器上的显示字符；观察电动机的转向和转速。

现场状况：变频器的 FWD 指示灯闪烁，电动机没有旋转，显示器上显示的字符为“00. 00”。

【第三步】加速运行。

操作过程：以递增方式旋转触摸屏上的频率调节旋钮。

观察项目：观察变频器操作单元上的指示灯和显示器上显示的字符；观察电动机的转向和转速。

现场状况：变频器的FWD指示灯常亮，显示器上显示的数值呈递增状态；电动机正转加速运行。

【第四步】减速运行。

操作过程：以递减方式旋转触摸屏上的频率调节旋钮。

观察项目：观察变频器操作单元上的指示灯和显示器上显示的字符；观察电动机的转向和转速。

现场状况：变频器的FWD指示灯常亮，显示器上显示的数值呈递减状态；电动机正转减速运行。

【第五步】启动反转。

操作过程：在正转状态下，点动反转按钮，直接切换运行方向。

观察项目：观察变频器操作单元上的指示灯和显示器上显示的字符；观察电动机的转向和转速。

现场状况：变频器的REV指示灯常亮，电动机反转运行。

【第六步】停止运行。

操作过程：点动停止按钮。

观察项目：观察变频器操作单元上的指示灯和显示器上显示的字符；观察电动机的转向和转速。

现场状况：变频器的REV指示灯熄灭，显示器上显示的字符为“00.00”；电动机停止旋转。

课题2　PLC通过CC-Link控制两台变频器运行。

（1）控制要求。

已知第1台变频器通信站号为1，第2台变频器通信站号为2，网络传输速率为5Mbps，远程输入RX的首地址为X100，远程输出RY的首地址为Y100，远程读寄存器RWr的首地址为W0，远程写寄存器RWw的首地址为W200，组态界面如图9.27所示。

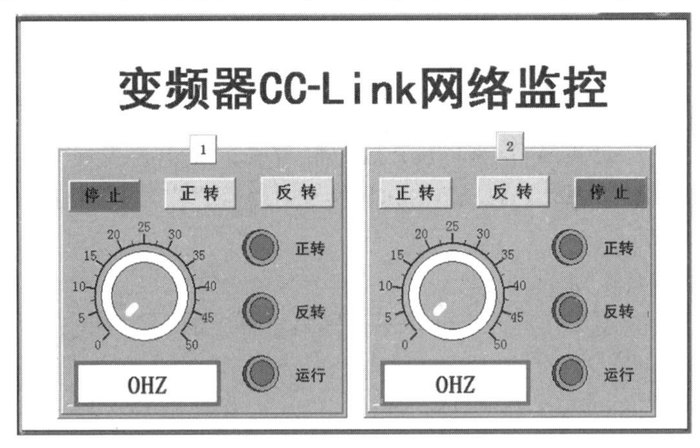

图9.27　CC-Link控制两台变频器运行组态

基本要求如下。

① 根据CC-Link网络要求，对本课题的通信网络进行设置。

② 编写CC-Link控制程序，并将控制程序下载到主站PLC中。

③ 当点动第一台变频器的正转按钮时，PLC控制第1台变频器以12.34Hz的频率正转运行。

④ 当点动第二台变频器的反转按钮时，PLC控制第2台变频器以43.21Hz的频率反转运行。

⑤ 当点动停止按钮时，PLC控制变频器停止运行。

⑥ 对两台变频器的输出频率进行实时监视。

进阶要求如下。

① 对两台变频器的运行方向分别进行选择。

② 对两台变频器的输出频率分别进行精细调节。

（2）控制系统设计。

根据控制要求编制PLC的输入地址分配表，如表9.10所示；编制CC-Link远程软元件地址分配表，如表9.11所示；主站和从站连接示意图如图9.28所示；主站模块和从站模块之间的硬件接线如图9.29所示；满足基本要求的梯形图程序如图9.30所示；满足进阶要求的梯形图程序如图9.31所示。

表9.10　PLC的输入地址分配表2

设备名称		PLC地址	触摸屏地址
1号变频器	正转按钮	X0	M0
	反转按钮	X1	M1
	停止按钮	X2	M2
	正转指示灯	Y0	—
	反转指示灯	Y1	—
	运行指示灯	Y2	—
	频率设置单元	D0	
	频率反馈单元	D10	—
2号变频器	正转按钮	X3	M3
	反转按钮	X4	M4
	停止按钮	X5	M5
	正转指示灯	Y3	—
	反转指示灯	Y4	—
	运行指示灯	Y5	—
	频率设置单元	D20	—
	频率反馈单元	D30	—

表 9.11　CC-Link 远程软元件地址分配表 2

设备名称	占用站	远程 RX	远程 RY	远程 RWr	远程 RWw	作用
第 1 台变频器	1 号占用站	X100	—	—	—	正转中
		X101	—	—	—	反转中
		X102	—	—	—	运行中
		—	—	W1	—	运行频率
		—	Y100	—	—	正转运行
		—	Y101	—	—	反转运行
		—	Y10D	—	—	频率设定有效
		—	—	—	W201	设定频率
第 2 台变频器	2 号占用站	X120	—	—	—	正转中
		X121	—	—	—	反转中
		X122	—	—	—	运行中
		—	—	W5	—	运行频率
		—	Y120	—	—	正转运行
		—	Y121	—	—	反转运行
		—	Y12D	—	—	频率设定有效
		—	—	—	W205	设定频率

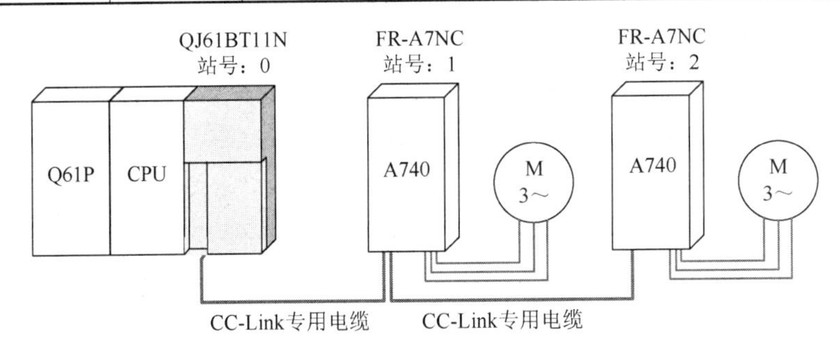

图 9.28　主站和从站连接示意图 2

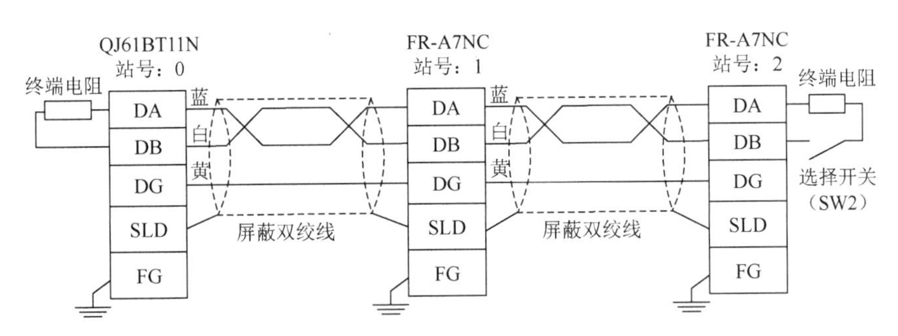

图 9.29　主站模块和从站模块之间的硬件接线 2

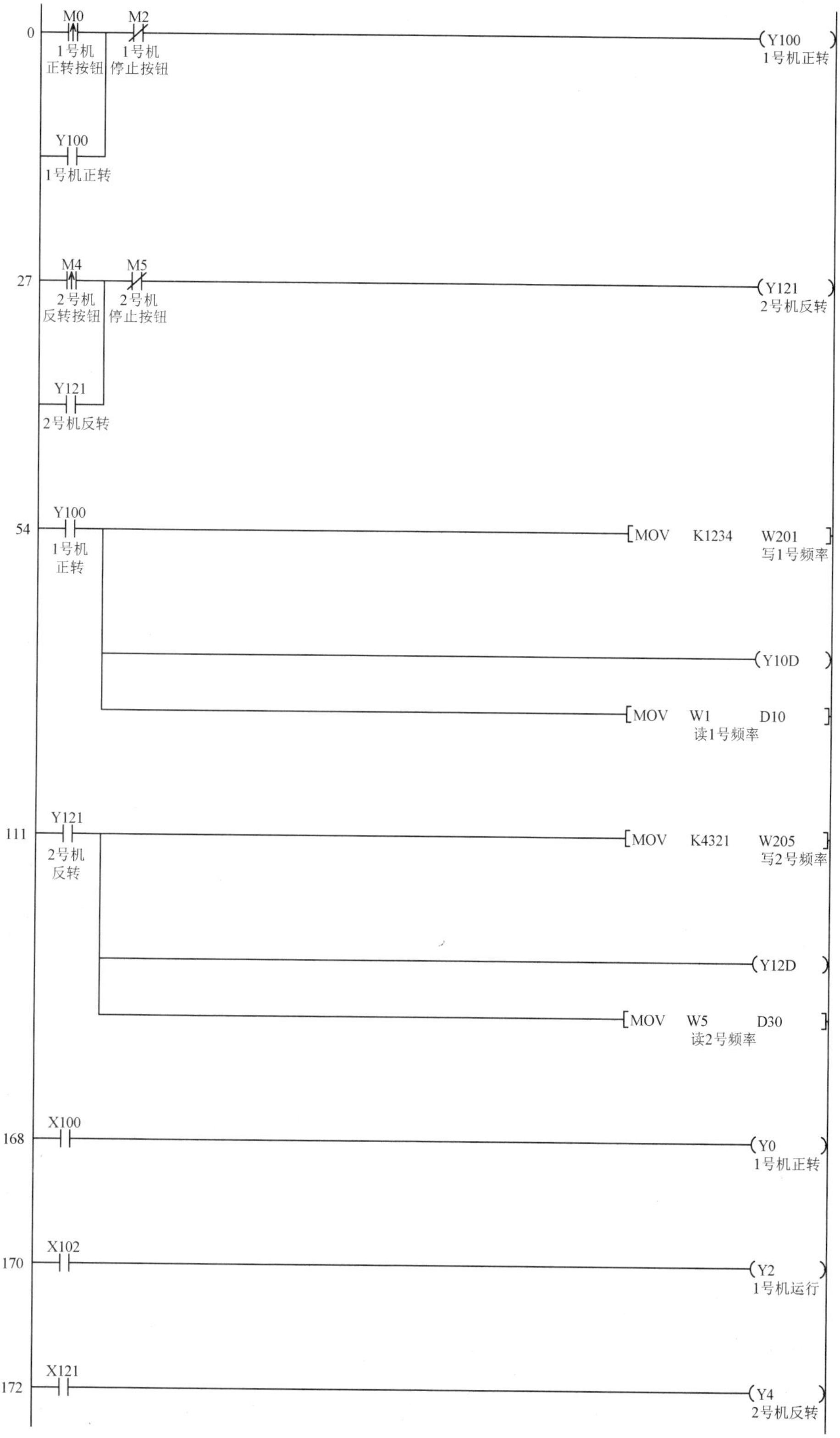

0 M0 1号机正转按钮 M2 1号机停止按钮 (Y100 1号机正转)

Y100 1号机正转

27 M4 2号机反转按钮 M5 2号机停止按钮 (Y121 2号机反转)

Y121 2号机反转

54 Y100 1号机正转 [MOV K1234 W201 写1号频率]

(Y10D)

[MOV W1 读1号频率 D10]

111 Y121 2号机反转 [MOV K4321 W205 写2号频率]

(Y12D)

[MOV W5 读2号频率 D30]

168 X100 (Y0 1号机正转)

170 X102 (Y2 1号机运行)

172 X121 (Y4 2号机反转)

图9.30 课题2基本程序

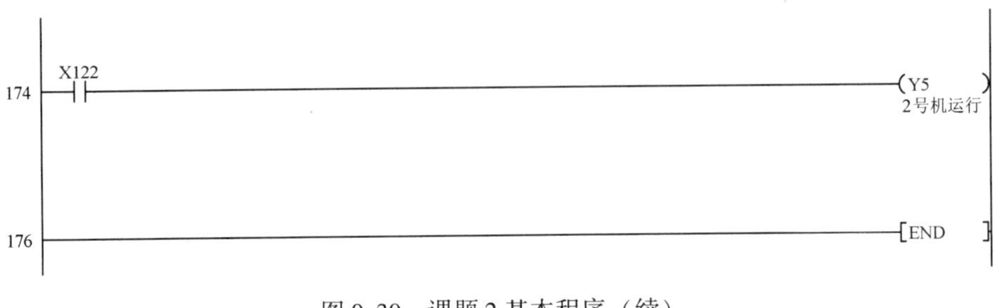

图 9.30　课题 2 基本程序（续）

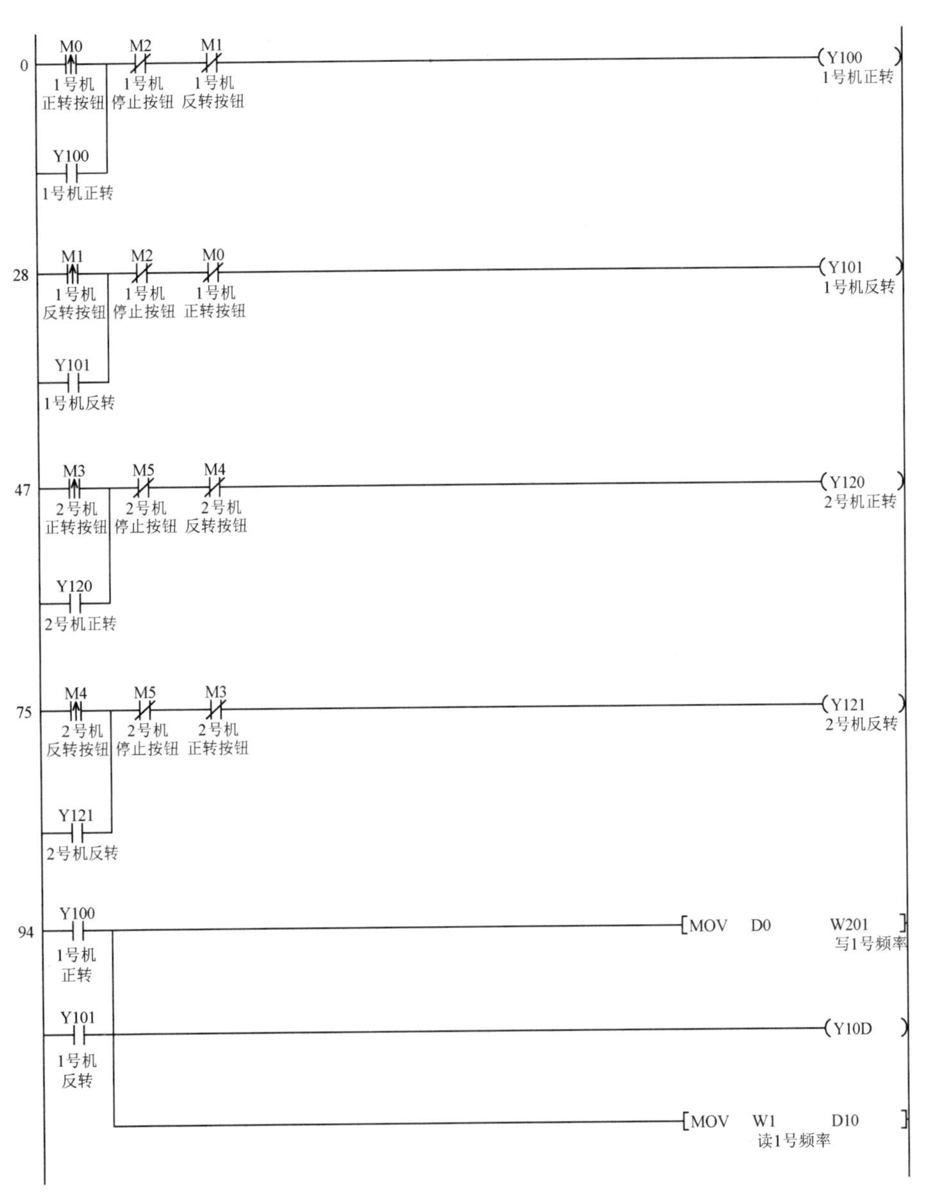

图 9.31　课题 2 进阶程序

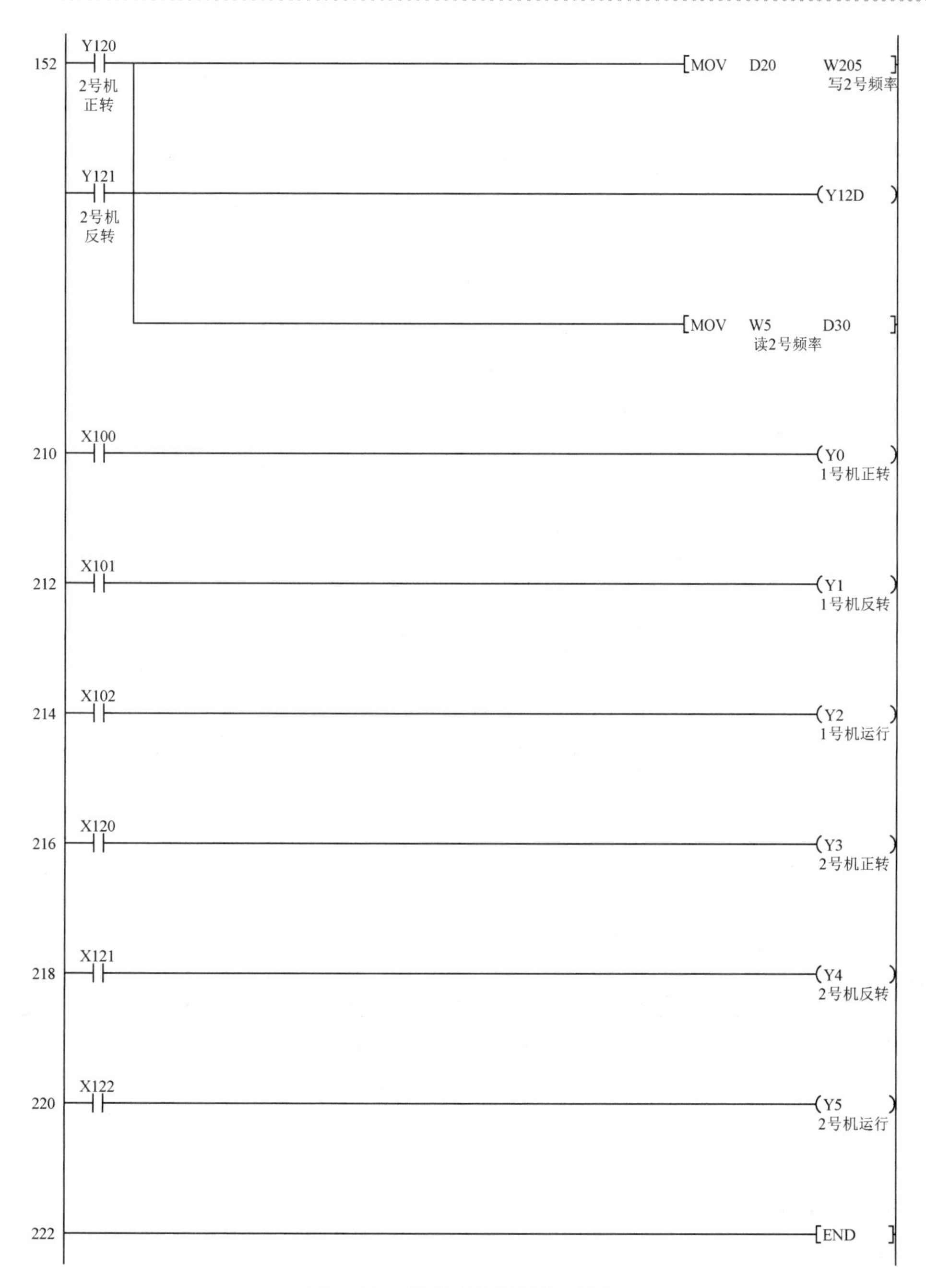

图 9.31　课题 2 进阶程序（续）

（3）CC-Link 网络设置。

① 主站模块参数设置。

将主站设置为 0 号站，将传输速度设置为 5Mbps，其设置方法与课题 1 的设置方法相同。

② 变频器参数设置。

将第 1 台变频器的功能参数 Pr. 542 设置为 1，将第 2 台变频器的功能参数 Pr. 542 设置为 2，其他功能参数的设置方法与课题 1 的设置方法相同。

③ PLC 参数设置。

【第一步】设置网络参数。

操作过程：如图9.32所示，将“总连接台数”设置为“2”，其他参数设置方法与课题1的参数设置方法相同。

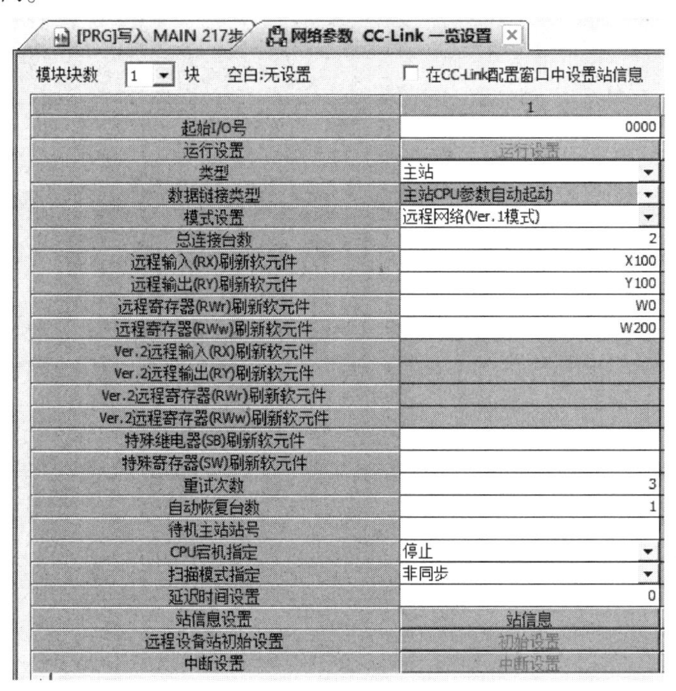

图9.32　PLC参数设置

【第二步】设置站信息。

操作过程：如图9.33所示，其设置方法与课题1的设置方法相同。

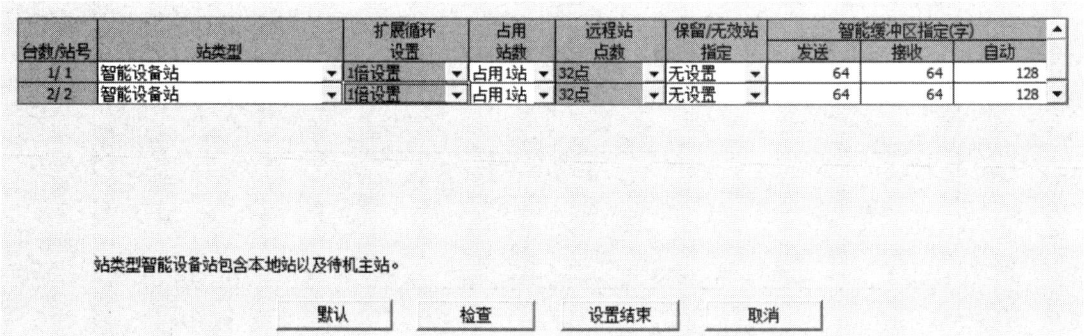

台数/站号	站类型	扩展循环设置	占用站数	远程站点数	保留/无效站指定	智能缓冲区指定(字)		
						发送	接收	自动
1/1	智能设备站	1倍设置	占用1站	32点	无设置	64	64	128
2/2	智能设备站	1倍设置	占用1站	32点	无设置	64	64	128

站类型智能设备站包含本地站以及待机主站。

默认　检查　设置结束　取消

图9.33　站信息设置2

（4）CC-Link通信链接调试。

将图9.30所示的程序下载到PLC中，其链接调试方法与课题1的链接调试方法相同。

（5）基本功能调试。

【第一步】启动1号变频器正转。

操作过程：点动1号变频器的正转按钮。

观察项目：观察变频器操作单元上的指示灯和显示器上的显示字符；观察电动机的转向和

转速。

现场状况：变频器的 FWD 指示灯常亮，电动机正向旋转，显示器上显示的字符为“12.34”。

【第二步】停止运行。

操作过程：点动 1 号变频器的停止按钮。

观察项目：观察变频器操作单元上的指示灯和显示器上显示的字符；观察电动机的转向和转速。

现场状况：变频器的 FWD 指示灯熄灭，显示器上显示的字符为“00.00”；电动机停止旋转。

【第三步】启动 2 号变频器反转。

操作过程：点动 2 号变频器的反转按钮。

观察项目：观察变频器操作单元上的指示灯和显示器上的显示字符；观察电动机的转向和转速。

现场状况：变频器上的 REV 指示灯常亮，电动机反向旋转，显示器上显示的字符为“43.21”。

【第四步】停止运行。

操作过程：点动 2 号变频器的停止按钮。

观察项目：观察变频器操作单元上的指示灯和显示器上显示的字符；观察电动机的转向和转速。

现场状况：变频器的 REV 指示灯熄灭，显示器上显示的字符为“00.00”；电动机停止旋转。

（6）进阶功能调试。

【第一步】建立通信链接。

将图 9.31 所示的程序下载到 PLC 中，其链接调试方法与课题 1 的链接调试方法相同。

【第二步】启动 1 号变频器正转、启动 2 号变频器反转。

操作过程：点动 1 号变频器的正转按钮、点动 2 号变频器的反转按钮。

观察项目：观察 1 号和 2 号变频器操作单元上的指示灯和显示器上显示的字符；观察两台电动机的转向和转速。

现场状况：1 号变频器的 FWD 指示灯闪烁，1 号电动机没有旋转，显示器上显示的字符为“00.00”；2 号变频器的 REV 指示灯闪烁，2 号电动机没有旋转，显示器上显示的字符为“00.00”。

【第三步】加速运行。

操作过程：以递增方式旋转 1 号和 2 号变频器触摸屏上的频率调节旋钮。

观察项目：观察 1 号和 2 号变频器操作单元上的指示灯和显示器上显示的字符；观察电动机的转向和转速。

现场状况：1 号变频器的 FWD 指示灯常亮，显示器上显示的数值呈递增状态，1 号电动机正转加速运行；2 号变频器的 REV 指示灯常亮，显示器上显示的数值呈递增状态，2 号电动机反转加速运行。

【第四步】减速运行。

操作过程：以递减方式旋转1号和2号变频器触摸屏上的频率调节旋钮。

观察项目：观察1号和2号变频器操作单元上的指示灯和显示器上显示的字符；观察电动机的转向和转速。

现场状况：1号变频器的FWD指示灯常亮，显示器上显示的数值呈递减状态，1号电动机正转减速运行；2号变频器的REV指示灯常亮，显示器上显示的数值呈递减状态，2号电动机反转减速运行。

【第五步】停止两台变频器运行。

操作过程：点动1号和2号变频器的停止按钮。

观察项目：观察1号和2号变频器操作单元上的指示灯和显示器上显示的字符；观察两台电动机的转向和转速。

现场状况：1号变频器的FWD指示灯熄灭，显示器上显示的字符为“00.00”，1号电动机停止转动；2号变频器的REV指示灯熄灭，显示器上显示的字符为“00.00”，2号电动机停止转动。

【工程素质培养】

1. 职业素质培养要求

CC-Link通信网络使用专用的三芯电缆，剥线时一定要注意观察线芯的颜色，接线时也一定要按照颜色规定接线。为防止电磁干扰，电缆的屏蔽层一定要做好接地处理。在对通信模块进行参数设置时，一定要先断电后设置，养成规范安全的操作习惯。

2. 专业素质培养问题

问题1：在通信控制程序成功下传以后，发现主站通信模块上的ERR指示灯一直在闪烁。

解答：出现这种现象的原因是某个站产生了通信错误，可以通过编程软件GX Works2的CC-Link诊断功能检测通信异常模块的站号和设置情况。在以下几方面进行重点检查：检查站号设置是否有误；检查传输速度设置与主站CC-Link模块是否相符；检查站类型选择是否正确；检查占用站数选择是否正确。

问题2：在通信控制程序成功下传以后，发现变频器上的NET指示灯始终不亮。

解答：出现这种现象的原因可能是变频器的通信参数设置有误或有遗漏。

问题3：当主站控制多台变频器运行时，站号的编制与物理位置有什么关系呢？

解答：站号的编制与物理位置无关，在一般情况下，变频器所处的物理位置越靠前，其对应的站号就越小。

问题4：当主站控制多台变频器运行时，发现某台变频器的通信出现故障，此时CC-Link网络还能继续工作吗？

解答：当然可以，但需要在CC-Link网络中将出现通信故障的那个变频器站设置为无效站或预留站。

3. 工程实际问题

问题情境：在长网抄纸机上，纸浆要进过压榨、烘干、压光和卷取等多道工序才能变成纸张，对应每道工序的电气控制系统都配置了CC-Link网络通信站，由该通信站对本站电气设备实施实时具体控制。

真实问题：在长网抄纸机的电气设备安装完毕后，如何进行安全的 CC-Link 网络通信调试呢？

参考答案：在调试时，如果多道工序同时动作，则很有可能发生机械干涉现象，进而出现安全问题。因此，整个调试过程必须从单机、单站开始，先将暂时不参与调试的站点设置为无效站，最后在进行总体联机、联调时，再将所有站点设置为正常站。

附录A　三菱FR-A740系列通用变频器的部分功能参数

三菱FR-A740系列通用变频器的部分功能参数如表A.1所示。

表A.1 三菱FR-A740系列通用变频器的部分功能参数

<table>
<tr><th>参数</th><th>名称</th><th>概要</th><th>出厂时设定</th></tr>
<tr><td>Pr. 0</td><td>转矩提升</td><td>可以把低频领域的电动机转矩按负荷要求进行调整</td><td>6%/4%/3%/2%/1%</td></tr>
<tr><td>Pr. 1</td><td>上限频率</td><td rowspan="2">把输出频率的上限和下限钳位（0～120Hz）</td><td>120/60Hz</td></tr>
<tr><td>Pr. 2</td><td>下限频率</td><td>120/60Hz</td></tr>
<tr><td>Pr. 3</td><td>基准频率</td><td>设定电动机的额定转矩的频率（0～400Hz）</td><td>50Hz</td></tr>
<tr><td>Pr. 4</td><td>多段速设定
（高速）</td><td rowspan="3">仅通过外部的接点信号切换即可选择各种速度（RH、RM、RL）<table><tr><td>类别</td><td>RH</td><td>RM</td><td>RL</td></tr><tr><td>高速</td><td>ON</td><td>OFF</td><td>OFF</td></tr><tr><td>中速</td><td>OFF</td><td>ON</td><td>OFF</td></tr><tr><td>低速</td><td>OFF</td><td>OFF</td><td>ON</td></tr></table></td><td>0～400Hz</td></tr>
<tr><td>Pr. 5</td><td>多段速设定
（中速）</td><td>0～400Hz</td></tr>
<tr><td>Pr. 6</td><td>多段速设定
（低速）</td><td>0～400Hz</td></tr>
<tr><td>Pr. 7</td><td>加速时间</td><td rowspan="2">加速时间是指从0Hz开始到加/减速基准频率Pr. 20（出厂时为50Hz）时所需的时间，减速时间是指从Pr. 20（出厂时为50Hz）到0Hz所需的时间</td><td>5/10s</td></tr>
<tr><td>Pr. 8</td><td>减速时间</td><td>5/10s</td></tr>
<tr><td>Pr. 9</td><td>电子过电流保护</td><td>为保护电动机不过热而设定的电流值，通常为50Hz时电动机的额定电流
如果将其设定为0A，则电动机保护功能不动作</td><td>额定输出电流</td></tr>
<tr><td>Pr. 10</td><td>直流制动动作频率</td><td rowspan="3">设定直流制动的切换频率（0～120Hz）、直流制动动作时间（0～10s）、直流制动开始时的制动转矩（0%～15%）</td><td>3/0. 5Hz</td></tr>
<tr><td>Pr. 11</td><td>直流制动动作时间</td><td>0. 5s</td></tr>
<tr><td>Pr. 12</td><td>直流制动电压</td><td>4%/2%/1%</td></tr>
<tr><td>Pr. 13</td><td>启动频率</td><td>启动时，变频器最初输出的频率。它对启动转矩有很大的影响。当用于升降时为1～3Hz，最大也只能到50Hz；当用于升降之外时，出厂值在0. 5Hz左右为好</td><td>0. 5Hz</td></tr>
<tr><td>Pr. 14</td><td>适用负荷选择</td><td>根据用途（负荷特性）选择输出频率和输出电压的形式：
0：恒转矩负荷用（从低速到高速需要比较大的转矩的情况）
1：递减转矩负荷用（风扇、泵类的低速时转矩小的情况）
2：升降负荷用（升降机情况下，反转时提升0%）
3：升降负荷用（升降机情况下，正转时提升0%）</td><td>0</td></tr>
<tr><td>Pr. 15</td><td>点动频率</td><td rowspan="2">点动运行的速度指令（0～120Hz）和加/减速斜率（0～999s）
有RS-485通信功能的型号，当连接FR-PU04时，可以作为基本参数读出</td><td>5Hz</td></tr>
<tr><td>Pr. 16</td><td>点动加/减速时间</td><td>0. 5s</td></tr>
<tr><td>Pr. 17</td><td>运动旋转方向选择</td><td>当用操作面板的【RUN】键运行时，选择旋转方向，
0表示正转；1表示反转</td><td>0</td></tr>
</table>

续表

<table>
<tr><th>参数</th><th>名称</th><th>概要</th><th>出厂时设定</th></tr>
<tr><td>Pr. 19</td><td>基波频率电压</td><td>表示基波频率（Pr. 3）时的输出电压的大小
888：电源电压的 95%
9999：与电源电压相同</td><td>9999</td></tr>
<tr><td>Pr. 20</td><td>加/减速基准频率</td><td>表示用 Pr. 7（加速时间）及 Pr. 8（减速时间）设定的时间（从 0Hz 加速和减速到 0Hz 的基准频率，1～120Hz）</td><td>50Hz</td></tr>
<tr><td>Pr. 21</td><td>失速防止功能选择</td><td>失速防止是指当超过设定电流（0～200%）时，不让过电流报警，中断加速时频率的提升和减速时频率的降低的功能
用 Pr. 21 设定加/减速的状态，可以选择失速防止的有无</td><td>0</td></tr>
<tr><td>Pr. 22</td><td>失速防止动作水平</td><td>因为高频电流限制值为 170%，所以当设定 Pr. 22 的设定值为 170%以上时，将无转矩输出
这时把 Pr. 21 设定为 1</td><td>150%</td></tr>
<tr><td>Pr. 23</td><td>倍数时失速防止
动作水平补正系数</td><td>在基波频率以上时，降低失速防止水平的功能
当设定为 9999 以外时，从基波频率时的失速防止水平 Pr. 22 的值起降低为 120Hz 时设定的电流水平
0～200%，9999</td><td>9999</td></tr>
<tr><td>Pr. 24</td><td>多段速设定
（4 速）</td><td rowspan="4">如果设定为 9999 以外，则设定 4～7 速时的速度。根据接点信号（RH、RM、RL）在 ON/OFF 的组合，阶段地切换运行速度使用的功能
<table><tr><th>RH</th><th>RM</th><th>RL</th><th>状态</th></tr><tr><td>4 速</td><td>OFF</td><td>ON</td><td>ON</td></tr><tr><td>5 速</td><td>ON</td><td>OFF</td><td>ON</td></tr><tr><td>6 速</td><td>ON</td><td>ON</td><td>OFF</td></tr><tr><td>7 速</td><td>ON</td><td>ON</td><td>ON</td></tr></table>0～120Hz，9999 不选择</td><td>9999</td></tr>
<tr><td>Pr. 25</td><td>多段速设定
（5 速）</td><td>9999</td></tr>
<tr><td>Pr. 26</td><td>多段速设定
（6 速）</td><td>9999</td></tr>
<tr><td>Pr. 27</td><td>多段速设定
（7 速）</td><td>9999</td></tr>
<tr><td>Pr. 28</td><td>失速防止动作
递减开始频率</td><td>可以在高频率范围下降低失速防止水平
0～120Hz</td><td>50Hz</td></tr>
<tr><td>Pr. 29</td><td>加/减速曲线</td><td>决定加/减速时的频率变化曲线：
0：直线加/减速
1：S 形加/减速 A（用于工作机械主轴等）
2：S 形加减速 B（防止传送时物品的倒塌）</td><td>0</td></tr>
<tr><td>Pr. 30</td><td>扩张功能显示选择</td><td>显示，设定扩张功能参数时设定。<table><tr><th>设定值</th><th>内容</th></tr><tr><td>0</td><td>仅显示基本功能</td></tr><tr><td>1</td><td>显示全部参数</td></tr></table></td><td>0</td></tr>
<tr><td>Pr. 31</td><td>频率跳跃 1A</td><td rowspan="6">为避免机械共振，当避开某一速度运行时，设定频率为 0～120Hz，功能无效</td><td>9999</td></tr>
<tr><td>Pr. 32</td><td>频率跳跃 1B</td><td>9999</td></tr>
<tr><td>Pr. 33</td><td>频率跳跃 2A</td><td>9999</td></tr>
<tr><td>Pr. 34</td><td>频率跳跃 2B</td><td>9999</td></tr>
<tr><td>Pr. 35</td><td>频率跳跃 3A</td><td>9999</td></tr>
<tr><td>Pr. 36</td><td>频率跳跃 3B</td><td>9999</td></tr>
<tr><td>Pr. 37</td><td>旋转速度显示</td><td>可以把操作面板的频率显示/频率设定变换成负荷速度的显示。0 为输出频率的显示，0.1～999 为负荷速度的显示（设定 60Hz 运行时的速度）
0，0.1～999</td><td>0</td></tr>
</table>

续表

参数	名称	概要	出厂时设定
Pr. 38	频率设定电压增益频率	可以任意设定来自外部的频率设定电压信号（0～5V 或 0～10V）与输出频率的联系（斜率） 1～120Hz	50Hz
Pr. 39	频率设定 电流增益频率	可以任意设定来自外部的频率设定电流信号（4～20mA）与输出频率的联系（斜率） 1～120Hz	50Hz
Pr. 40	启动时接地检测选择	设定启动时是否运行接地检测 0：不检测 1：检测	1
Pr. 41	频率到达动作幅度	可以调整当输出频率到达运行频率时，输出频率到达信号（SU）的动作幅度；确认运行频率的到达，关联机械的动作开始信号等 用于 SU 信号的端子，请用 Pr. 64 或 Pr. 65 安排 0%～100%	10%
Pr. 42	输出频率检测	当输出频率高于一定的频率时，输出信号（FU）的基准值。可以用于控制电磁制动的动作、开放信号等 用于 SU 信号的端子，请用 Pr. 64 或 Pr. 65 安排 0～120Hz	6Hz
Pr. 43	反转时输出频率检测	当输出频率高于一定的频率时，输出信号（FU）的基准值（反转时有效） 0～120Hz，9999 与 Pr. 42 设定值一样	9999
Pr. 44	第 2 加速时间	Pr. 7 的加速时间设定的第 2 功能 0～999s	5s
Pr. 45	第 2 减速时间	Pr. 8 的减速时间设定的第 2 功能 0～999s，9999 时加速时间＝减速时间	9999
Pr. 46	第 2 转矩提升	Pr. 0 转矩提升设定的第 2 功能 0%～30%，9999 无第 2 转矩提升	9999
Pr. 47	第 2V/F（基波频率）	Pr. 3 基波频率的第 2 功能 0～4000Hz，9999 第 2V/F 无效	9999
Pr. 48	输出电流检测水平	设定输出电流检测信号（Y12）的输出水平 0%～200%	150%
Pr. 49	输出电流检测 信号延时时间	当输出电流高于输出电流检测水平（Pr. 48），且持续时间超过此时间（Pr. 49）时，输出输出电流检测信号（Y12） 0～10s	0s
Pr. 50	零电流检测时间	设定零电流检测信号（Y13）的输出水平 0%～200%	5%
Pr. 51	零电流检测时间	当输出电流低于零电流检测水平（Pr. 50），且持续时间超过此时间（Pr. 51）时，输出零电流检测信号（Y13） 0. 05～1s	0. 5s
Pr. 52	操作面板显示数据选择	选择操作面板的显示数据 0：输出频率 1：输出电流 100：停止中设定频率/运行中输出频率	0
Pr. 53	频率设定操作选择	可以用设定用旋钮像调节音量一样运行 0：设定用旋钮频率设定模式 1：设定用旋钮音量调节模式	0
Pr. 54	CA 端子功能选择	选择 CA 端子连接的显示仪表 1：输出频率监视 2：输出电流监视	1

续表

参数	名称	概要	出厂时设定
Pr. 55	频率监视标准	设定频率监视标准值 0～120Hz	50Hz
Pr. 56	电流监视标准	设定电流监视标准值 0～50A	额定输出电流
Pr. 57	再启动自由运行时间	瞬时停电后，当再通电时，电动机不是停止（惯性）状态，可以启动变频器 再通电后，经过（Pr. 57）这段时间再开始启动 当将其设定为 9999 时，不再启动，一般将其设定为 0 是没有问题的，可根据负荷大小调整时间（0～5s，9999）	9999
Pr. 58	再启上升性时间	设定这个上升时间（0～60s）通常在出厂值的状态下可以运行，也可以根据负荷大小进行调整	1s
Pr. 59	遥控设定功能选择	在操作盘和控制盘分开的情况下，可以设定遥控设定功能 0：无遥控设定功能 1：有遥控设定功能 有频率设定值记忆功能 2：有遥控设定功能 无频率设定值记忆功能	0
Pr. 65	再试选择	可选择保护功能动作时再试报警 0：OC1～3，OV1～3，THM，THT，GF，OHT，OLT，PE，OPT 1：OC1～3 2：OV1～3 3：OC1～3，OV1～3	0
Pr. 67	报警发生时再试次数	可设定保护功能动作时的再试次数 0：不再试 1～10：再试动作时无异常输出 101～110：再试动作时有异常输出	0
Pr. 68	再试实施等待时间	可以设定从保护功能动作到再试实施时的等待时间（0.1～360s）	1s
Pr. 69	再试实施次数显示消除	可以显示保护功能动作时再试实施成功的累计次数（0：累计次数消除）	0
Pr. 70	特殊再生制动器使用率	根据变频器容量的不同而不同	0%～30%
Pr. 71	适用电动机	设定使用电动机 0：三菱标准电动机的热特性 1：三菱恒转矩电动机的热特性	0
Pr. 72	PWM 频率选择	可以改变 PWM 载波频率。频率越大噪声越小，但电子噪声、漏电流会增加 设定用 kHz 显示 0：0.7kHz；15：14.5kHz 实行无传感器矢量控制，矢量控制时设定内容如下： 0～5：2kHz；6～9：6kHz 10～13：10kHz；14，15：14kHz 根据变频器容量不同而不同 设定范围为 0～15 备注：在急减速时，电动机可能会发出金属声，这不是异常	2

续表

<table>
<tr><th>参数</th><th>名称</th><th>概要</th><th>出厂时设定</th></tr>
<tr><td>Pr. 73</td><td>模拟量输入选择</td><td>可设定端子2的输出电压规格
0～7，10～17</td><td>1</td></tr>
<tr><td>Pr. 74</td><td>输入滤波时间常数</td><td>对除去频率设定回路的噪声是有效的，设定值越大，时间常数越长</td><td>1</td></tr>
<tr><td>Pr. 75</td><td>复位选择/PU停止选择</td><td>可选择操作面板【STOP/RESET】键的功能
<table>
<tr><td></td><td>输入复位</td><td>输入PU停止键</td></tr>
<tr><td>0</td><td>随时可以</td><td rowspan="2">无效［仅在PU操作模式或组合操作模式（Pr. 79＝4）时有效］</td></tr>
<tr><td>1</td><td>仅在保护功能动作时，可输入复位</td></tr>
<tr><td>14</td><td>随时可以</td><td rowspan="2">有效</td></tr>
<tr><td colspan="2">仅在保护功能动作时可输入复位</td></tr>
</table></td><td>14</td></tr>
<tr><td>Pr. 77</td><td>参数写入禁止选择</td><td>可选择参数是否可写入
0：在PU操作模式下，仅在停止时可以写入
1：不可写入（一部分除外）
2：运行时可写入（除外模式及运行中）</td><td>0</td></tr>
<tr><td>Pr. 78</td><td>反转防止选择</td><td>可防止启动信号误输入引起的事故
0：正转、反转均可
1：反转不可
2：正转不可</td><td>0</td></tr>
<tr><td>Pr. 79</td><td>运行模式选择</td><td>0：外部/PU切换模式
1：PU运行模式固定
2：外部运行模式固定
3：外部/PU组合运行模式1
4：外部/PU组合运行模式2</td><td>0</td></tr>
<tr><td>Pr. 128</td><td>PID动作选择</td><td>选择PID控制的动作
10、20：PID反动作；11、21：PID正动作</td><td>10</td></tr>
<tr><td>Pr. 129</td><td>PID比例带</td><td>设定PID控制时的比例带
0.1%～1000%，9999无功能</td><td>100%</td></tr>
<tr><td>Pr. 130</td><td>PID积分时间</td><td>设定PID控制时的积分带
0.1～3600s，9999无功能</td><td>1s</td></tr>
<tr><td>Pr. 131</td><td>PID上限限定值</td><td>设定PID控制时的上限限定值
0.1%～100%，9999无功能</td><td>9999</td></tr>
<tr><td>Pr. 132</td><td>PID下限限定值</td><td>设定PID控制时的下限限定值
0.1%～100%，9999无功能</td><td>9999</td></tr>
<tr><td>Pr. 133</td><td>PU操作时的PID控制目标值</td><td>设定PU操作时PID的动作目标值
0%～100%，9999无功能</td><td>9999</td></tr>
<tr><td>Pr. 134</td><td>PID微分时间</td><td>设定PID控制时的PID微分时间
0.01～10s，9999无功能</td><td>9999</td></tr>
</table>

续表

<table>
<tr><th>参数</th><th>名称</th><th>概要</th><th>出厂时设定</th></tr>
<tr><td>Pr. 180</td><td>RL 端子功能选择</td><td rowspan="4">可以选择下述输入信号：
0：RL（多段速低速运行指令）
1：RM（多段速中速运行指令）
2：RH（多段速高速运行指令）
3：RT（第 2 功能选择）
4：AU（输入电流选择）
5：STOP（启动自保持选择）
6：MRS（输出停止）
7：PH（外部过流保护选择）
8：REX（多段速 15 速选择）
9：JOG（点动运行选择）
10：RES（复位）
14：X14（PID 控制有效端子）
16：X16（PU 操作/外部操作切换）
---：STR［反转启动（仅在 STR 端子上可安排）］</td><td>0</td></tr>
<tr><td>Pr. 181</td><td>RM 端子功能选择</td><td>1</td></tr>
<tr><td>Pr. 182</td><td>RH 端子功能选择</td><td>2</td></tr>
<tr><td>Pr. 183</td><td>RT 端子功能选择</td><td>3</td></tr>
<tr><td>Pr. 190</td><td>RUN 端子功能选择</td><td rowspan="2">可以选择下述输入信号：
0：100（变频器运行中）
1：101（频率到达）
3：103（过负荷警报）
4：104（输出频率检测）
11：111（运行准备完毕）
12：112（输出电流检测）
13：113（零电流检测）
14：114（PID 下限限定信号）
15：115（PID 上限限定信号）
16：116（PID 正转/反转信号）
98：198（轻故障输出）
99：199（报警输出）</td><td>0</td></tr>
<tr><td>Pr. 195</td><td>ABC1 端子功能选择</td><td>99</td></tr>
<tr><td>Pr. 232</td><td>多转速设定（8 速）</td><td rowspan="8">如果将其设定在 9999 以外，则设定 8～15 速时的速度。根据接点信号（RH、RM、RL、REX 信号）的 ON/OFF 的组合，阶段地切换运行速度使用的功能
REX 信号用 Pr. 63 分配
<table><tr><th></th><th>RH</th><th>RM</th><th>RL</th><th>REX</th></tr><tr><td>8 速</td><td>OFF</td><td>OFF</td><td>OFF</td><td>ON</td></tr><tr><td>9 速</td><td>OFF</td><td>OFF</td><td>ON</td><td>ON</td></tr><tr><td>10 速</td><td>OFF</td><td>ON</td><td>OFF</td><td>ON</td></tr><tr><td>11 速</td><td>OFF</td><td>ON</td><td>ON</td><td>ON</td></tr><tr><td>12 速</td><td>ON</td><td>OFF</td><td>OFF</td><td>ON</td></tr><tr><td>13 速</td><td>ON</td><td>OFF</td><td>ON</td><td>ON</td></tr><tr><td>14 速</td><td>ON</td><td>ON</td><td>OFF</td><td>ON</td></tr><tr><td>15 速</td><td>ON</td><td>ON</td><td>ON</td><td>ON</td></tr></table>0～120Hz，9999 不选择</td><td>9999</td></tr>
<tr><td>Pr. 233</td><td>多转速设定（9 速）</td><td>9999</td></tr>
<tr><td>Pr. 234</td><td>多转速设定（10）</td><td>9999</td></tr>
<tr><td>Pr. 235</td><td>多转速设定（11）</td><td>9999</td></tr>
<tr><td>Pr. 236</td><td>多转速设定（12）</td><td>9999</td></tr>
<tr><td>Pr. 237</td><td>多转速设定（13）</td><td>9999</td></tr>
<tr><td>Pr. 238</td><td>多转速设定（14）</td><td>9999</td></tr>
<tr><td>Pr. 239</td><td>多转速设定（15）</td><td>9999</td></tr>
</table>

续表

参数	名称	概要	出厂时设定
Pr. 244	冷却风扇动作选择	可控制变频器内置的冷却风扇的动作（用电源ON使其动作） 0：变频器电源ON，风扇一直动作 1：变频器在运行时，一直ON；停止时，监视变频器的状态，根据温度进行开/关	1
Pr. 245	电动机额定转差	设定电动机的额定转差，进行转差补正 0%～50%，9999无功能	9999
Pr. 246	转差补正时间常数	设定转差补正的响应时间 0.01～10s	0.5s
Pr. 247	恒定输出领域内转差补正选择	选择恒定输出领域内有无转差补正 0，9999无功能	9999